中央大学社会科学研究所研究叢書……17

地域メディアの新展開

CATVを中心として

林　　茂　樹　編著

中央大学出版部

はじめに

近年の地域情報化や地域メディアの有り様は、急速かつ多様に変化しつつある。これを発展とみるか改革とみるか混乱とみるかは議論の余地があろう。しかし、変化の要因には情報技術の目まぐるしい移行、すなわちコンピュータリゼーション、デジタル化、ネットワーク化、ブロードバンド化、携帯化等々があり、それらが入り混じりながら、まさに日進月歩の勢いで社会や市場を攪乱していると言っても過言ではない。

さらに、法律をはじめとする諸制度の変更によって、メディア自体が或いはメディア環境が大きく変わらざるを得ないという状況も指摘できよう。地域メディアとしてのＣＡＴＶに限定しても、外国資本をはじめとする外圧から、国内の同業者間における競合ひいては吸収や合併といったことまでも各地で起こっている。また平成の大合併と言われている市町村合併の影響も大きい。

他方で、無規律、猥雑に侵入が著しい情報化に対して、さまざまな領域から情報における自覚的、自主的な対応を求め、その教育や啓発の重要性も主張されてきているのも偶然ではない。このころ雨後の筍に喩えられる如く、全国にさまざまなＮＰＯが誕生しそのなかに市民・住民メディアの立ち上げやそれらへの主体的な参加や、志を同じくする人びとの仲間づくりといった現象が起こってきた。それはメディア・リテラシーやパブリック・アクセスとの関係とも絡まりながら、情報の自主制作を行い、地域社会にかれらに身近なメディアすなわちＣＡＴＶとか地域ＦＭを使って発信する態勢を造りはじめたことに見られる。

以上のような状況を反映させながら地域メディアとくにCATVの組織機構や番組の制作過程、番組内容といったことについて、本書で述べるようないくつかの変化を見ることができる。

ところで、私たちは一九九八年以来、筆者を主査として今日まで中央大学社会科学研究所における研究チーム「地域メディア研究会」という名称のもとに地域メディアとくにCATVを中心とした実証研究を行ってきた。この間研究会のメンバーにも異動はあったが、テーマと対象はほぼ一貫している。

最初の三年間の研究成果は、『日本の地方CATV』というタイトルで当研究叢書として二〇〇一年に上梓している。本書は、その延長線上にあってその後の約三年間の調査研究を纏めたものである。上に挙げたように、地域メディア状況については直近の三年間に限ってもその前の数年間とは著しい変化を実感した。勿論、前著では主としてMPISの施設や事業活動を中心に検討したという限定性はあるが、今回は、事業体の対象を総ての領域のCATVに広げ調査を行い、各番組制作の取組に焦点をあてたというスタンスの変化もある。しかし、具体的な調査対象としては六年以上にわたる調査を行い、この間の変化の過程を追ったものもあり、また新たな対象に加えたものも多くある。

私たちの研究会としてこの数年間調査に協力を得た地域や事業体は、北海道から沖縄まで数十にわたる。地域に集約して挙げれば、北海道紋別郡西興部村・札幌市・帯広市、岩手県盛岡市他、秋田県大内町（合併後は由利本庄市）・秋田市、富山県八尾市他、東京都武蔵野市・三鷹市、京都府京都市、鳥取県米子市・鳥取市他、熊本県熊本市・山江村、大分県大分市、沖縄県那覇市・宮古市・石垣市などである。各地域の行政体とメディア事業体はさらに細分化されているのでいちいちここには挙げないが、研究会のメンバーが何度も訪れ調査にご協力をいただいた各位にこの場を借りて心より感謝を申し上げたい。

今回の研究が六年以上にわたって継続できたのも、中央大学社会科学研究所における研究プロジェクトの研究費に依るところが極めて大きいが、同時に筆者は二〇〇三年度「高橋信三記念放送文化振興基金」の助成を受けた。ほぼ研究内容が共通であるため、当研究基金を有機的に利用させていただいた。これらの助成を受けられたことに心より感謝を申し上げる。

二〇〇五年八月二五日

研究者代表　林　茂　樹

目次

第一章　市民・住民メディアとしての地域メディア(1)

——CATVを中心として——

林　茂　樹

第一節　地域メディアの変容
——デジタル化・ブロードバンド化・ネットワーク化の攻勢

一　情報技術の進化

コンピュータ技術、衛星技術、光技術などの電気通信技術の飛躍的な進化は二〇世紀後半に進行し、今日それらを統合しながらデジタル化、ブロードバンド化、ネットワーク化が各種情報機器に反映され、人びとの日常的なコミュニケーション生活に迫っている。

これらの傾向を集約した将来のメディアのひとつとして、CATVがにわかに注目を集めその可能性を実現すべく、各地でさまざまな事業展開がなされている。あるいはCATVと類似の指向性をもって地域FM放送も新たに生まれつつある。とりわけ、CATVはブロードバンド以前からブロードバンドであった、と言われるようにその成立当初からたとえばMPIS施設のように多目的メディアとしての可能性を追求し、大容量の情報伝達にチャレンジしてきた。これらは、CATVのネットワークを活用することで、従来からあった電話回線に依存することなく、ブロードバンド・サービスを提供することが可能となったのである。

また、インターネットに見られるように、ネットワークに接続したままで常時利用でき大容量で高速なデジタル・ネットワーク社会の構築が可能となり、誰もがさまざまな情報やサービスを享受でき、個人、家庭、職場、地域、公共機関などを結んだネットワーク内を流通する情報の授受が多様化し日常化しつつある。これらの技術もCATVのケーブルを使いながら放送と通信の併存あるいは融合がもたらされつつある。

各地のCATV局には、同じケーブルを使ってCATV電話や高速インターネット接続サービスなどの通信系サービスも手がけるCATV事業者が増えつつある。このことからもわかるように、今後のデジタル・ネットワーク社会においては地域社会との連携も重要となり、さまざまなレベルで問題解決に向けての具体化が進むであろう。また自治体経営や第三セクターによるCATVは、とりわけ高齢者向けサービスや緊急情報サービスなどの充実を目指してネットワーク構築を図っている。

情報技術（IT）の進化によって、テレワーク（在宅勤務）やSOHOも現実のものとなりつつあるなかで、かつてない高齢化社会や価値の多様化、文化の混在化、ライフスタイルの多様化などが進めば、地域社会に基盤をもつCATVなど地域メディアの役割はいっそう重要性を増すと言える。

上記のように、CATVはいろいろな可能性を秘めたメディアということが言えるが、そのことに注目した国内外の企業や自治体が、出資や提携などを行うことにより、CATVへのより広いアプローチをはかっているのが現状である。従来、中小規模の事業者と一自治体一事業者という制度的な制約を、規制緩和によって大きく様変わりをしはじめたCATV事業者も、ハード面の高度化やデジタル化に対応してゆくために、経営統合や提携を進めつつある。またとくに、自治体経営や小規模経営のCATV事業体は、今回の市町村合併特例法（いわゆる平成の大合併）のもとで、組織の提携や統合、ネットワーク化といった現象が全国的に広がった。したがって、この数年の間にCATV事業体のシステムやサービス内容も大きく変わりつつある。

二　地域からの映像・情報の発信

前項で記したように、今日の急激なメディアの変容は電子メディアを核としてさらなる変化と重層化を促している。パソコン通信やインターネットの浸透は、一種の共同体的電子的空間＝「地図にないコミュニティ」を形成し、人びととの新たな社会的表現活動を促した。同時にこのことは、地域社会のみならず、より多くの人びととの新たな交流や協同のきっかけを造ることにも寄与している。

一方、ビデオカメラやデジタルカメラが普及し、パソコンによる写真や映像の編集が手軽にできるようになった今日、映像による新たな表現、伝達や、あるいは身近な生活圏での環境監視がＣＡＴＶや地域ＦＭを使いそれらメディアに参加することで、市民・住民レベルの社会的表現活動が従来とは異なった形で表出してきた。それは、新たな情報技術の普及とそれに伴う情報リテラシーの浸透、それらを踏み台として表現し、伝達したいという共通の欲求をもった市民・住民らの素人が同志を集め、サークルをつくり、さらにはＮＰＯに発展したり結びつくことによって社会的表現活動として結実してきた。さらにそれら素人集団の欲求を受け入れる行政やＣＡＴＶ事業体の協力によって、市民・住民からの映像・情報の発信が制度として確立されるようになった。ここに来て、日本におけるＣＡＴＶなどのメディアを利用したパブリック・アクセスが現実性を見ることになる。

ただその現実性は容易に実現されるものではない。既存のマス・メディアの制度や情報内容に対する不満や不信をもちながら、そして意思表示をしたくても具体的なメディアの不在などの理由からそれらを解消できなかった。がしかし、かれらの内発的欲求をかれらの目線で組織化するリーダーやＮＰＯが随所に現れ、地道にその欲求を掘り起こし表現活動に昇華していったプロセスをいくつかの事例から読み取ることができる。（後述章）

確かに、従来、個人的に発信するためのメディアは、手紙や電話が主流であったが、パソコン通信の普及に伴い発信相手が必ずしも特定個人に限らず、不特定多数に受発信を可能とするネットワークが実現した。そして、情報リテラシーやコンピュータ・リテラシーを得させる教育も学校のみならず地域やさまざまな団体で浸透するにつけ、市民・住民・学生たちにメディア操作能力の高度化が徐々に浸透してきた。(2)

これらのことは、さまざまなレベルで行政と市民・住民の対立、新旧住民の対立、年長者と若者の対立、男女の対立、常識と非常識の対立、支配するものとされるものとの対立等々、表現活動の新しいキザシを新たな情報機器を利用することで可能となった。それは、メディア・リテラシーの浸透のなかで発報者と受報者との対立や二極分化が克服され、市民・住民の主体的・能動的なメディア利用者に移行してきたキザシとして見られるようになった。

三　地域問題の新たな解決への動き

人びとは、今日まで日常的、具体的な生活の場としての地域社会でコミュニケーションを行ってきたが、機能社会が発達し肥大化するにつけ職場や学校など機能集団におけるコミュニケーション活動が人びとのコミュニケーションの機会を主要なものとした。かつてのように、地域社会における全生活過程が同時に全コミュニケーション過程を反映し、人びとのコミュニケーション活動における自己完結性が地理的・空間的・場所的な含意をもつ地域社会に収斂された。局地的小宇宙であった地域社会は、コミュニケーション小宇宙でもあった。

しかし、メディアの発達はコミュニケーション小宇宙を大きく解体・変容させた。マス・メディアのみならず、先に述べたインターネットや携帯メディアが普及するにつけ伝統的な地域コミュニケーションも身近で多機能な新しいメディアを利用することによるコミュニケーションに主たる比重が移行しつつある。しかし、かつての地域コミュニケーションが消失したわけではないが、コミュニケーション形態と様式は大きく様変わりした。と同時に、場所のコミュニケーションから電子的コミュニケーションに移行することによって、従来の地域社会に電子コミュニティとでも呼ぶことのできる社会の到来が実現しつつある。

このことは、人類が営々として築き上げてきた伝統的な共同性・協調性・直接的人間関係を希薄化させているという見方もある。伝統的な地域社会は人間のあらゆる営みを統合的に行う空間であったために、地域社会を良くしたり、活性化させたり、豊かな人間関係をもつためには何よりも直接的な人間関係のネットワークをつねに利用し、その持続をはからなければならなかった。このことが前提にないかぎり、いくら便利なコミュニケーション・メディアが普及しても地域社会の健全さや活性化は実を結ばない。とりわけ現代では、全国どこでも都市的生活様式が一般化しているなかで、人びとの相互扶助や協力関係が専門機関（役所などの公的機関や私的な専門部門など）に処理やサービスを依存するため、さまざまな地域的問題解決が公的機関や専門機関に任されがちとなる。したがって、かつての集落や隣近所や血縁関係者が普段の付き合いである人間関係を通して問題解決を行ってきたことが、必ずしも日常的なことではなくなってきている。

しかし、余りにも他者依存で機能合理性のみを良しとする考え方や行動に対する反動として、近年新しい動きが胎動しはじめている。それが市民・住民相互の扶助や協力・協調のシステムのあり方を模索し、それらを実現しようという地域やＮＰＯの動きに見られる。これらは、六〇、七〇年代に見られた市民・住民運動やその組織化とは共通点もあるが、そこではたとえば、体制側が強行した地域開発のデメリットとしての公害被害や環境破壊などに対する反対運動やその組織化が主なものであった。だが、今日の市民・住民の動きは、自分たちの生活をとりまく地域社会に生起するさまざまな問題、たとえば安全、環境、教育、災害、医療、犯罪、福祉、消費などの諸問題に対し、公的機関や専門機関にそれらの問題解決を依存するには限界があったり、早期解決に程遠かったり、実質的な解決にならないといった、いわば形式的・官僚的な処理に任されたりすることを拒否し、かれらの自主的・主体的な意思と行動によって欲求や要求を実現しようとして市民・住民の組織化をはかり、当事者たちにもその意思を反映させようというものである。したがって法的なバックアップも確立されたNPOの活動は、全国に数多く発足しそれぞれ目的に向けて運動が進みつつある。

同時に、かつての「町づくり」や「村づくり」は、行政や地元企業、有識者などが音頭をとって盛んに喧伝されたが、一般の市民・住民はいわば蚊帳の外に放置されたり、関心を抱かないまま美辞麗句の言葉だけが一人歩きをしていた事例が多かった。しかし、近年では、そうした形骸化した「地域づくり」ではなく、同時に、かつての「ムラ」の復活や再生を求めるのでもなく、新しい市民・住民の自立的、積極的な人間関係を通しての地域社会の活性化を求めて行われる運動が各地で見られるようになった。すなわち、従来からの地域社会に存在していた町内会や自治会、また青年団、婦人会などを中心とした「地域づくり」ではなく、年齢も職業も性別も問わず、市民・住民有志の集まりや人間関係が核となって、ゆるやかな組織化であったり運動であったりする。これらは、さまざまな社会貢献をボランティアとして行っている市民・住民の組織やNPOにその典型が見られる。

ところで、このような市民・住民の組織やNPOは、地域の活動や問題解決を行うに際して、それぞれ自立した個人が互いの属性を認め合いながら、相互にかつ自発的に結びついたネットワークが形成される。そこでは濃密なコミュニケーションが自発的かつ自由でランダムにもたれ、そうしたなかで問題解決に向かったり新しい「地域づくり」

や有意義な方法を具体化するといったことが行われている。

四　地域コミュニケーションの新たな動き

従来の情報の受け手は、一方的かつ受け身の存在であったが、メディア・リテラシーが浸透する過程で、それは積極的な送り手への参加にもつながり、さらに創造的な創り手へ変容することの必要性が主張される。そのように変化していったいくつかの受け手の事例を、私たちの調査の対象のなかから見いだすことができたし、報告も随所になされている。それは、自然発生的に変化が生じるのではなく、生活者の身の回りに生じた問題とか地域社会での何らかの争点に対して、日常的な人間関係を通して互いに意思の伝達を行いながら、相互の意味の共有を確認し、問題解決に向かう積極的なコミュニケーション活動が創造性を生みだす。そのためには、一方通行ではなく相互交通のコミュニケーションが前提となる。デジタル化の浸透により、携帯メディアやパソコンで瞬時にコミュニケーションの双方向化が可能となった経験は、そのことを容易ならしめたと言えよう。同時に、ネットワーク化が身近な存在になったことで、受け手のメディアへの参加や主体的な利用のあり方に変化が生じてきた。

これらのことがさらに発展し、テレビやラジオ番組の企画、制作、取材、編集、出演といったことにも参画し、パブリック・アクセスを具体的に顕在化させることが可能となる。以上のプロセスは、強制されたり義務として行われるのではなく、時には使命感をもちながら、時には皆と一緒にできる楽しみを味わいながら、または今まで経験をしたことのない「創造」物＝番組を、多くの人びとに提供することの期待感をもちながら、メディアへの参加を比較的ゆるやかな人間関係や組織のなかで実現することの意味は大きい。そのことが、地域社会の人間関係の密度を濃くしたり、結束をいっそう確かなものとすることにも結びつく。

ところで、視点をメディア史に移して見てみると、日本の主流をなすマス・メディアは新聞も放送も中央（東京）が本社およびキー局として頂点をなし、地方はその傘下にあるというピラミッド型あるいは中央集権型で今日まで持続してきている。他方、ＣＡＴＶをはじめ地域（地方）メディアは、歴史的に見て創設時には相対的独自性をもっていた。しかし、時間の経過とともに、今日では一部には大企業や外国資本によって東京（中央）を中心とし全国に系列化したピラミッド構造が直接・間接に新たに造られつつある。本来、地域メディアであるかぎり、そのことは矛盾しているが、地域メディアをネット化あるいは系列化する過程で中央集権的に収斂されつつあるメディアが経営的に大きな力をもとうとしている。このことは、すでに上で述べてきたことが再度繰り返そうとされていることでもある。

ＣＡＴＶを事例として見てみよう。ＣＡＴＶが各地で立ち上がった一九五〇～六〇年代、地上波の同時再送信だけでなく素朴な自主放送が開始された。当時は地元のラジオ商などによる協同組合方式で事業を立ち上げたり、個人的な資本と構想によってＣＡＴＶを運営し維持するような小規模な事業であった。テレビメディアとしても初期であったが、ＮＨＫや民放に比べれば資金、設備、人員、技術、時間が比較にならないほど小規模で不足していたため、自主放送そのものが見劣りし、視聴者はあまり興味を示さなかったし、事業や番組を大手マス・メディアが支援するようなことはなかった。

再送信メディアとしてのＣＡＴＶは山間地や都市部に広がってゆく過程で、あきチャンネルを使う自主放送から地元専用チャンネルとしての自主放送という積極的な姿勢が芽生えてきた。ＮＨＫや民放では見ることのできない番組づくりとして、当該地域の歴史、名所、年中行事などを再認識させる番組が制作されるようになった。だが、これらの企画は、二、三年で番組が一巡するとあとが続かず、自主放送の番組自体マンネリ化して新鮮味を失うことになる。そうしたなかで、自主放送チャンネルを新たに認識させるもののひとつとして長野県山形村のＣＡＴＶは地元民によるテレビドラマを制作し、全国に話題を提供した。単に小規模で無名のテレビ局がドラマを創ったということのみでなく、地元の青年団を核とした「ホワイトバランスの会」が積極的にドラマづくりに参加したことの意味は大きい。この組織が起点となって以後、村民の連帯意識が生まれた。今日で言えばＮＰＯに相当するが、テレビの番組を制作してゆく過程で付加価値が生まれた意義は評価に値する。

この頃、全国のＣＡＴＶ事業者による連盟や協会、さらにはＮＨＫでもＣＡＴＶの番組コンクールが毎年催され、ＣＡＴＶ事業者たちに自主放送番組の制作に意欲をもたせる効果があった。そのため、全国にパブリック・アクセス番組が登場しはじめた。当初、地元民の番組参加は、カラオケ大会であったり、スタジオに数名の人を呼んで討論や催し物をさせるというものであった。

しかし、そうした試行錯誤を経てパブリック・アクセス・チャンネルを独自にもち、恒常的に市民・住民のテレビ参加を行う鳥取県米子市の「中海テレビ」は、従来のＣＡＴＶ自主制作番組を一変させた。地域の活性化を目指しＣＡＴＶと地域文化とを結びつけようとする意図と構想は斬新である。これは、開かれた地域として、自発的社会運動が行われるボランティア活動と連動し、市民・住民運動に発展したり、かれらの地域学習活動としても結びついた。このことは、地域コミュニケーションの場と時間と知識と技術をそれぞれもてる能力の範囲で提供しあい、地域社会の集合的結合を形成することになるのである。そして、かれらは印刷物、電話、インターネット、ビデオカメラ、ＣＡＴＶなど身近なメディアを有機的に利用し、複合的に使用することにより、共通の関心を呼び起こしたり帰属意識の確認を相互に行う効果を生みだすことにつなげた。このことは、場所性と共同性を伴った新たなコミュニティを創りだす転機ともなるのである。

このような運動は、全国各地に組成されつつあるが、例えば熊本市の「プリズム」という組織や「ＮＰＯくまもと未来」という地元で造り上げた組織は、共同で「住民ディレクター」を養成し市民に「使えるテレビ」を提供している。

また、東京都武蔵野市と隣接する三鷹市とで「むさしのみたか市民テレビ局」を立ち上げ、地元CATVのチャンネルを一部開放し千人を超える市民の参加を得て、かれらに役立つ情報提供を行っている。

これらに共通するCATVの番組コンセプトは、①地域の活性化を支援し、地域の未来をともに創る、②住民が見て、参加して、行動する、③新しい地域創りの可能性を提案する、といった内容である。大切なことは自分たちでテレビを通じて何が発見でき、何が見られるかということと、必要な情報は自分たちで創るということを徹底することである。このことは、他に本業をもっているさまざまな人たちの献身的なボランティア活動があって可能なのだ。

筆者は、かつて「メディア・ローカリズムの可能性」について述べた（早川善治郎編『現代社会理論とメディアの諸相』、中央大学出版部、二〇〇四年、所収）が、メディア・ローカリズムを確立するためには、①市民・住民の主体的なメディア・リテラシーへの参画、②地域自らの問題意識に基づいた情報発信と交換、③地域創りやその活性化のためのアイデアとそれに基づく情報の交流、④市民・住民自身による地域活性化運動は最も重要なところで自分たちに返ってくるという自覚をもつこと、などが必要条件になるであろう。

第二節　CATV事業の新編成

一　CATVの規制緩和(3)

かつて郵政省（現総務省）はCATVを地域における中核的情報通信基盤として位置づけたが、一九九三（平成五）年一二月以降、段階的にさまざまな規制緩和が行われてきた。そのためＣＡＴＶの制度、構造、組織、運営、ソフトにおける大きな転換期を迎えた。それは、前節で述べたように、情報のグローバルな広がりやネットワーク化が進行することを可能ならしめた情報通信技術の発展、さらにそのことを具体化させる資本や経営の多様化や外国資本からの要請と、地域からの情報発信という新たな地域コミュニケーションの動きなどが絡み合い、国は規制緩和を行わざるを得なくなったことである。同時に国には、ＩＴ戦略を具体化させる内容のひとつとしてＣＡＴＶによる広域にわたる情報通信サービスの提供を可能にし、新たなビジネスの展開を容易にしようという狙いがあった。

ＣＡＴＶに対する主要な規制緩和とその波及効果について概略を述べておこう。

（1）ＣＡＴＶ事業の地元事業者要件の廃止とサービス区域制限の緩和

従来、ＣＡＴＶ事業者は地元に活動基盤をもつ事業者に限定されていたがそれが撤廃され、同時にサービスエリアが一行政単位内に限られていたことが、複数の市町村にまたがった事業展開を認めるというものであり、これらの規制緩和によってＣＡＴＶ事業に大きな転換を迎えることになった。

（2）複数事業計画者間における一本化調整指導の廃止

従来の一地域一事業者という原則が緩和され、一行政区域における複数の免許申請者に施設設置が認められることになった。したがって、ＣＡＴＶ事業が同一地域で事業者同士の競合を認めるとともに、弱肉強食の世界を認めるということでもある。結果は明らかで、経営的に強いものが勝ち残ることとなり、経営力にシフトが偏る傾向が強くなる。そのためにＣＡＴＶの目的とされていた「地域密着」とか「地域への貢献」という理念は経営面で遠ざかざるを得ないという事態を招きつつある。

（3）外資規制の緩和と撤廃

第一種電気通信事業を併せて行うCATV事業に対する外国資本や事業体および役員の進出を認めるというもの。

以上、規制緩和の主要な中身の概略を述べたが、このことによってCATVの事業形態や経営のあり方に大きな変化が表れるようになったのは当然の成り行きである。既存の小規模なCATV事業体に対する外圧はさまざまであり、そのうえデジタル化やネットワーク化の波が押し寄せている現状をみるにつけ、CATV業界の勝ち組と負け組という二極化がいっそう進行しつつあることも忘れてはならない。

近年CATV事業の大きなうねりとして複数の地域のCATV局を所有し運営する統括会社、すなわちMSO(Multiple System Operator)が内外の有力企業や資本によって全国的な展開をみせているのは周知の事実である。総合商社や大手電機メーカー、そして外資系企業などの大手が相次いでCATV事業に参入している。一九九三年一二月の規制緩和が発せられた当初、㈱タイタス・コミュニケーションズやJ-COM㈱ジュピターテレコム)などは代表的なMSOであった。しかもこの二社が二〇〇〇年九月に事業統合をするという事態が生ずるに至り、日本のCATV状況は大きく変わったと言える。規制緩和による通信系と放送系の統合は、将来のブロードバンド・サービスを射程に入れた事業統合であり、そのスケールメリットは経営的に見て他を圧倒している。

また国内の県単位を中心とした広域のサービスを行うべく、事業統合も各地で続出し、大分県、富山県、岡山県、岩手県などは県の政策として進められた「県内情報ハイウェイ構想」に相乗りしたり、県内の広域的なネットワークを図りつつあるCATV事業体も次々と誕生している。

二　パブリック・アクセスへの傾斜

マス・コミュニケーションは、その発生時から情報の創り手(送り手)と受け手が分離していた。そのことによって、情報が商品性をもちマス・メディアが産業として成立してきた。今日でもその基本構造は変わっていない。しかし、マス・メディアにおいても古くから受け手の番組や紙面への参加が無かったわけではない。投書や投稿、番組出演やビデオの提供等々、一定の比率をもってこれらの枠は確保されている。

放送について見ておこう。周知のように、アメリカでは地上波テレビで一九七〇年、ボストンの公共放送（PBS）・WGBHが開放したチャンネルの一部を使ってコミュニティのグループが制作したアクセス番組「キャッチ四四」や、イギリスのBBCでも一九七三年からの「オープン・ドア」というアクセス番組は有名である。これらの番組にヒントを得た日本の放送局でも、たとえば独立U局のテレビ神奈川が「あなたが作るテレビ番組」を七三年から、NHKが「あなたのスタジオ」を七五年からアクセス番組として登場させた。しかし、それらはいずれも放送局のスタッフがスタジオをベースに制作の支援を行うもので、今日言われるところのパブリック・アクセス番組とは性格を異にする。だが、それ以降、視聴者参加番組といったところから脱皮をし、市民・住民のアクセスが放送にかれらの立場を反映させようとする意向が見られるようになった。要は近年の新たな傾向が出てくる以前にはパブリック・アクセス番組の編集権が最初から放送局側にあったところに一定の限界があった。

注目すべきは、アメリカでは一九六九年にFCCが加入者三五〇〇以上のCATVに自主制作番組の放送を義務づけたことであるが、日本ではその制度は確立されなかったことである。しかし、日本でも年々技術開発が進みビデオ機器の軽量化・小型化が可能となり、編集機なども格段に扱いやすくなったため、個人でビデオの制作や編集を行う人たちが急速に増加したこともパブリック・アクセス番組の制作に携わる人口が増えたことと無関係ではない。同時に、地上波は、CATVに比べ資本も組織も巨大化し、集中化も進み政治、経済、文化への圧力がそれら支配者たちの声を代弁するかのごとくその傾向が強まるばかりであり、市民・住民の声や利益から遠ざかってゆく傾向に市民・

住民は敏感に反応しはじめ、情報の民主的反映に具体的な危機意識をもちはじめたこととも関係する。われわれが調査した米子、熊本、武蔵野・三鷹などでそのことを強く感じた。そのため、民衆レベルから情報発信の機会が容易なCATVや地域FM利用によるパブリック・アクセスへの積極的参加とその拡大が各地で目指されたことは、偶然ではない。

三 NPOの支援

アメリカでは伝統的に市民や市民グループによって社会奉仕活動（ボランティア活動）が根づいており、公益性の高い活動には税制優遇の措置も施されている。そして、日本でも市民・住民の活力を地域の活性化につなぐという発想や活動がようやく定着しつつある。

一九九八年三月、「特定非営利活動促進法」（NPO法）が成立したのは、記憶に新しい。ボランタリーに活動する市民・住民の意欲や奉仕を社会に生かすためには専門性や企画力をもったNPOが機能しつつあることが徐々に浸透しはじめてきたことと無関係ではない。

そして、さまざまに情報が錯綜するマルチチャンネルの時代にあって、NPOを核とする市民・住民の参加の仕組みがにわかに各地で芽生えてきた。しかし、しばしばNPOが事業として成り立つのか、利潤が生み出せるのかといった点に躊躇が見られないわけではない。だが、それらの問題を乗り越えながらかつての市民団体や地域住民団体、文化サークルなどの貴重な声や情報を蓄積してきたNPOやその周辺の草の根の人びとに、発言の機会や活動の場としてのパブリック・アクセスの機会が築かれつつある。CATV利用やインターネット利用によって、誰でも発信できるメディアをNPOが利用することによって、曖昧とされていた社会問題や市民・住民の身近な問題にメスを入れたり警告や提言を行うことが定着しようとしている。

前述のMSO型を除き、日本のCATVは地域メディアとして発足してきた。これらの多くは自主制作番組を創ってきたし、コミュニティ・チャンネルをもっていた。意欲的に日替わりのニュースを毎日提供しているCATVもあるし、週間ニュースとして地域情報を提供しているのもある。投稿ビデオや視聴者参加番組、市民・住民のアクセスを行っている局もある。しかし、アメリカのパブリック・アクセス・チャンネルのような制度化したチャンネルをもつCATV局は極めて少数である。そうしたなかで、市民・住民のアクセスを積極的に受入れ、番組に反映させているCATV局があり、これらがモデルとなって全国に波及する可能性が芽生えつつある。

筆者および私たちの研究会でもその実態を調査し、ここでも報告を行っている米子市の「中海テレビ」のパブリック・アクセス・チャンネルは有名であるが、さらに市民・住民のアクセスを積極的に受入れる活動を続けている佐賀県唐津市の「唐津ケーブルテレビ」もよく知られているところである。これらの狙いは、共に市民・住民の利害を最優先に考え、かれらの目線で番組創りをし、発信することである。阪神淡路の震災時に見られたように、芦屋のCATV（現㈱ケーブルネット神戸芦屋）が、震災のような緊急時にマス・メディアではカバーできない地域情報をきめ細かく伝えた意義は大きい。しかし今後、地上波テレビがデジタル化することによって、データ放送をはじめとするローカル情報の徹底は経営戦略上も必須のことであり、その攻勢を強めてくることは明らかである。そのためCATVをはじめとする地域メディアは、今まで以上に地域情報を重視し地域との結びつきをさらに強化する必要が出てこよう。

先にも述べたように現代日本の地域社会は、かつての地縁・血縁を中心とした共同体社会から遠ざかりつつある。都市社会に限らず、機能社会の重層化がますます顕著になりつつあるなかで従来とは違った情報の必要性や需要が見られる。そのための情報流通の在り方が問われていると言っても過言ではない。つまり、ＣＡＴＶのような地域メディアは一般のマス・メディアと違い、生活者の生活の場の状況を具体的かつ迅速に知らせる役割が求められ、その回路はつねに市民・住民が必要とする内容をいつでも交換することができるものでなくてはならない。

しかしながら、日本ではアメリカのように市民・住民のメディアへのアクセスがまだまだ身近な存在とはなっていないのが実状である。それは、具体的な方法や番組制作のノウハウ、表現能力などの未成熟がパブリック・アクセスを一般に定着させていない大きな理由であろう。機材を使いこなす技術や能力を養う基本的な教育、すなわちメディア・リテラシーが占める重要な部分がまだまだ未熟である。そのため、熊本の岸本晃氏（有限会社「プリズム」代表）に代表される「住民ディレクター」の養成や、「沖縄ケーブルテレビ」での親川善一氏（ＮＰＯ法人調査隊おきなわ理事長）など、住民主体の番組創りを指導してきたこれらのリーダーは市民・住民にメディア・リテラシーを周知させ、パブリック・アクセスを当該地域に定着させた功績として評価に値する。このことは、今後のパブリック・アクセスを左右するほどの影響力を与えたと言ってよい。これらの活動を萌芽として、今後、市民・住民に番組を創る能力、表現する能力をつける教育とそのための組織や態勢が整いはじめるであろう。

他方で、学校教育でのコンピュータ・リテラシーも浸透しつつあり、パソコン・メディアへの参加は着実に広がりを見せており、生徒・学生のときから受け手ではなく送り手（創り手）として日常的にメディアに主体的に接触し参加することが普及しつつある。

以上のようなさまざまなルートと経験を通して、市民・住民やＮＰＯの相互の協同によって情報発信の層の広がりと厚みを増すことが期待される。

第三節　メディアにとって「地域密着」とは
――市民・住民メディアに引きつけて

一　地域社会を知ること

地域メディアの理念は、しばしば地域に密着した情報の提供を行うことであると言われているが、そのことは当然のことであり、地域密着という言葉が使われることで言われた側も納得してしまう場合が多い。あるいは、この言葉を使用する側も安易にそのことで地域メディアの機能を果たし、役割を満たしているかのごとく「密着」の中身を検証せずに説明を終えるといった事例が多い。しかし、現実には地域密着という言葉の中身はさまざまなバリエーションを含んでおり、具体的には当該地域の状況や市民・住民の期待、願望、要求などが一律ではないことを認識する必要がある。

言わば地域密着という言葉だけが一人歩きしていたり、先行している場合が目立つ。したがって、ここでは地域密着という言葉の中身について、改めて検討をしておきたい。

地域密着という場合、実際にその地域に根を下ろして生活している人びとを中心に考えることが第一義的に必要である。その地の空気を吸い、社会的環境になじみ、その地に何らかの目的をもって生活をしていることが前提となる。行政やマス・メディア（ジャーナリズム）は、地域密着という言葉をしばしば使うが、かれらは多くの時間、役所とか記者クラブなど所属組織で日常業務を果たす場合が多く、市民・住民が生活を営んでいる具体的な場をかれらとともに歩くことは多くはない。まして、自分たちの生活の場として市民・住民と同じ場所で日々を送ることも多くない。故に市民・住民とともに同じ空気を吸っている生活者としての意識が少ない。とりわけジャーナリストは雇われた環境監視人にすぎない。人びととの日常性とはかけ離れた存在である場合が多い。つまり生活を共有することからは縁遠い存在でしかない。そして市民・住民感覚がなく、ジャーナリスト自体が地域密着とはかけ離れているのだ。とくに中央から派遣された上層部のかれらや、他の勤務地から転勤してきた者は二、三年で異動があるため、当該地域にじっくり腰を落ちつかせることはない。したがって、紋切り型の記事や報道に終始し、結論的に地域密着が必要であるといった表現で締めくくる場合がしばしば見られるものの、かれら自体、地域密着をしていない。

このような組織的、制度的な欠陥を凌駕することができるのは地域メディアや地域ジャーナリズムなのである。中央の政治・行政や巨大マス・メディアを監視するのはかれらであり、とりわけ市民・住民メディアに期待されるところは大きい。かれらは中央の政治権力から自由な存在だからである。したがって、こうした社会の場においてこそ市民・住民は平等な個人としてかれらの連帯を深めることができる。

地域メディアの主要な存在意義は、市民・住民の思惑を必要な範囲で詳しく知らせることができる機能を保持していることである。かれらが何を表現したいか、何を解決したいか、何を共有したいかをかれらの目線で報道し、問いかけることである。コミュニティの崩壊が現実の事態として経験している市民・住民には、生活の場において時には私的な情報を発信し、問題解決を共有したいという願望を遂げるために利用できるメディアは地域メディアが最適なのだ。だから、伝統的な祭りや行事、スポーツ、地場産業のイベント番組などに見られるように、それらはその地域独自の方言や言い回しによって共通の意識や一体感を深め、その地域の文化や風土を理解するのには不可欠なメディアなのである。市民・住民は同じ環境で相互に交流し、意識を共有することで共同性を認識する。だから私的な情報の共有が市民・住民の密なる関係性を自覚させる。

二　メディアと市民・住民との相互関係

市民・住民は、自分たちが生活している地域で可能なかぎり快適な生活をしたいと思うのは疑問の余地がない。「今日来て明日去る」（ジンメル）という感覚では地域密着という発想は生まれない。定住生活者には地域に対する愛着（愛郷心）が根づくものである。だから自分たちの生活の場をより良くしたいという自然な気持ちを発信するための地域メディアは、自覚的な市民・住民には不可欠な存在となる。われわれの行った調査対象地でも市民・住民が活躍しているところでは、まずかれら同士の交流を深めることから始まり、相互の親密性を高め、そのことが情報発信力を高めることに連動するプロセスを見ることができた。その際、かれら同士に不協和音が発生すれば情報発信力を阻害したり遅れをとることは言うまでもない。

問題は、地域に生起する具体的な現象や問題を自分の問題として取り組むことができるか否かである。そして、地域固有の問題を他地域にも波及させたり、関連付けながら問題解決の糸口を探ることである。逆に、普遍的な問題を自分の地域をプリズムにして考え、議論することが求められる。同時に、地域を観察する観察眼を養うことが必要であり、そのためには問題の起爆剤となった現象、人物、状況を観察する努力が必要である。

これら一連のプロセスを通して、市民・住民が地域メディアと協力しながら、地域的争点に正面から取り組み、長年続いた悪しき環境を改善させた例として、鳥取県と島根県に跨がる中海干拓問題の例が挙げられる。市民・住民やＮＰＯのみならず、関連する専門家をも巻き込んで、環境悪化が著しい当地の干拓を阻止し、中海の水質を元のきれいな水に戻しつつある運動は、いまだ続いている。

ところで、ＣＡＴＶ事業は、加入者から毎月一定の費用を維持費といった名目で徴収している。これは、それぞれのＣＡＴＶ事業のサービスに対する経費でもあり、ＮＨＫの受信料とは金額も性格も異なる。経営も民間、自治体、第三セクターなど多様であるが、地上波テレビのように視聴率ですべての価値を決めるような立場にはない。しかし、経営を軽視してよいということではなく、経営努力もつねに求められるところである。中海テレビの高橋孝之氏がいつも述べているように、「コミュニティ放送は絶対儲かる」(4)と誰もが言える状態がつねに存在するわけではない。それには独自の方法と対策が秘められており、人一倍の経営努力があって言えることである。CATVは再送信のサービスが重要なサービスであるため、自主制作番組や自主放送チャンネルの視聴率のみに経営の心を奪われるわけではない。

CATVでは自主放送チャンネルの視聴率を上げようとか自主放送で儲けようということ以上に「地域のためになるコンテンツ」(5)こそ最重要課題だということを事業関係者のみならず、視聴者＝市民・住民も認識しておく必要があろう。

地域の健全な発展や良質で市民・住民が喜ぶCATV番組を制作するための即効薬はない。両者はともに地道な日常活動の積み重ねを行うことによって、地域の人びとの信頼や期待を育み高めるものである。「ハードではなくソフトで戦うべきであり、何よりもケーブルテレビが地域に精通し地域コンテンツの制作に専念すれば市民の支持は得られるのだ」(6)という指摘は的を射ている。

一般のマス・メディア報道のように、目新しさやヒューマンインタレストばかりを目指すのではなく、地域やその市民・住民の日々の営みを映像化し発信してゆくことこそ地域を伝え、記録を残してゆくことであり、そのことに地域メディアとしての一つの重要な機能がある。しかし、多くのCATVでは開局後一～三年もすると当該地域のイベントや年中行事は全部放送したということで、その後のコンテンツがマンネリ化したり、自主放送を中止してしまう局もある。アイデアはいくらでもあるにもかかわらず、それを生み出す努力不足の結果なのだ。あるいは資金と人材不足によって新しいアイデアやコンテンツが生み出せない事情もある。肝心なのは何のための地域コンテンツなのか、誰のための地域メディアなのかを問いなおし、自分たちで道を切り開くという前向きの姿勢と、時代を先取りする気概と行動力があれば、地域メディアとしての将来展望も広がる。そのことによって、筆者のいうメディア・ローカリズム(7)の可能性は現実味を帯びるのである。

メディアと市民・住民との新しい関係は、地域情報を発信しつづけるために実際に当該地域に根を下ろして生活している市民・住民を核として考える必要がある。かれらが何を誇り、何を不満と感じているかを、地域のあらゆる世代から探り出す、あるいは自己体験から知覚することによって、両者の信頼関係がつくられる。とりわけメディアの側は、市民・住民と同じ環境や風土、空気や水を共有しているという共通性感覚をもつことにより市民・住民は仲間意識や共同体意識を醸成する。地域への一体感をもつことによって、新しいメディア感やアクセスへの地平が見えてくるものだ。

その意味から現代人は、生活者レベルの日常的コミュニケーションが希薄であり、地域の問題や争点を共同意識をもって意見交換する機会がかれらにはなくなりつつある。コミュニケーション主体としての自律性を失っている。さまざまな情報はマス・メディアによって受信過多といえるほど情報洪水に見舞われ、それが遠巻きに支配のメカニズムに連動されがちなことには気がつかない。政治的な問題や争点を、批判的検討を伴った報道や論評ではなく、断片的事実を組み合わせた「ドラマ化」やスタジオでの「劇場化」に仕立て上げることによって、市民・住民の生活に係わる問題であっても視聴者に一つの消費される商品を提示していることと変わりがない。「歴史のジャッジに堪えうる証拠能力」（岡村昭彦）の強い材料や資料を捜し出し、掘り起こし、記録し、提示するプロセスを放棄しているかに見えるマス・メディアに代わって、地域メディアはそれらを自分たちの問題すなわち生きたコンテンツとしてとりあげ、発信する市民・住民メディアに依存せざるを得ない。

発信した内容がメディア事業として成功するか、地域や市民・住民に貢献をし信頼を得るかのどちらに力点を置くかが市民・住民メディアの価値を決める。戸坂潤流にいえば、利潤機能を追うメディアではなく表現機能としての市民・住民メディアにこそ意味がある。かれらは、「見るテレビから使うテレビへ」(高橋孝之)その役割を変えつつあるなかで、多様な発想や情報コンテンツをもつ市民・住民と番組制作者が手をにぎり、協同・協力して地域に役立つ番組創りを行うことに目覚めつつある。

とりわけ地方では、問題の発想そのもの、そしてメディア表現の仕方を中央依存から脱却し、地域独自の戦略や目線で市民・住民に訴え、さらに全国に波及させることが期待される。そこにこそメディア・ローカリズムの真骨頂がある。繰り返して言うが、何のための市民・住民メディアか、誰のためのメディアかを日々問いかけながら、自分たちで道を切り開くという姿勢が期待されるのである。

今日インターネットの普及とブロードバンド化によって、映像に関してテレビ局がもっていた圧倒的な権威はすでに崩壊しつつある。コンピュータ・リテラシー教育も普及し浸透しつつあるなかで、デジタルカメラも携帯メディアの主要な機能の一つになり、映像を撮ったり、それを編集することはとりわけ若い世代にとって自然な営みとなっている。誰もが映像コンテンツの発信者になり得るのである。そうであれば市民・住民メディアこそ、地域メディアのコンテンツの重要な部分を担うことになる。

三　楽しむ情報発信へ

北海道宗谷地域で、NPO法人「ムーブ・ユー」という市民メディアが発足し、NPO法人「むさしのみたか市民テレビ局」や「くまもと未来」が誕生し、沖縄にもＮＰＯ法人「調査隊おきなわ」など市民・住民が中心のメディア組織が全国で発足しつつある。さらに、大学や高校で学生が中心のテレビ番組が創られ、地域のＣＡＴＶを通して地域社会に提供している中央大学の例もある(8)。

これら組織の出自はそれぞれ当該地域や組織的事情から多様なプロセスをたどっているが、通底しているのは日々の営みを映像化し発信してゆくことにより、「地域を伝えること」に集約できる。従来のＣＡＴＶ自主制作番組は、局の人間が制作し発信したり、自治体職員の創る番組が流されるというものであった。また学生と市民と地元企業と自治体がプロジェクトを組んだり、地域の問題に取り組むといった例はほとんど無かった。組織内サークル的なものから脱皮をし、それを地域への視点に移動し、「自己満足から社会貢献へ」移行することによってかれらの自覚と目的意識が鮮明になる。

見方によっては、既存のマス・メディアの情報提供の在り方がパターン化されマンネリ化しているともいえる。他方、学生や市民・住民の制作した番組はカメラも編集も音入れも確かに劣る。しかし、素朴な表現活動から始まり、さまざまに試行錯誤を繰り返しながら、創った番組が地域貢献につながることを自覚したとき、それは創作活動の一つの結節点となる。日常性のなかで地域の人びとに視聴され、必要とされ、意義を認められれば発信者にとって期待以上の価値を生んだことになる。その前例としてインターネットを駆使して災害情報やライフライン情報をいちはやく速報した神戸や新潟の例は、行政や巨大マス・メディアがもちえない起動力を発揮し、地域住民に貢献したものとして高く評価できよう。勿論、上に挙げたＮＰＯ法人の多くはマス・メディアに身を置いた少数の人びとの指導を受けながらであるが、それまでマス・メディアとは関わりを全くもたない市民・住民・学生が情報発信を行っているのである。そこには新しい視点や発想、カメラワークといったユニークな側面があることを軽視してはならない。多くの人は定式化したプロの技術や作品や、情報の一方的な受信者であることに飽きがきている。型にはまらない素材や視点が求められ、市民・住民の言葉や心情を通して情報発信をすることが期待されている。

市民・住民はＮＰＯとの連携を通して地域のメディアを使い、情報発信をすることで目的が達成されたわけではない。当該地域に住むものが、自分たちが住む地域を、自分たちの手で伝え、メディアを通じて制作した情報を発信することで地域を考えたり、地域を良くしていこうということが最終目的なのだ。普通の人が何らかの問題に対して発信する意思がはたらいたとき、草の根ジャーナリストが生まれるキッカケとなる。問題を第三者に正確に伝えることは、責任を伴うことを自ら行うことであり、その過程を通して市民・住民自体が変わってゆく。地域に問題があることに気がついたとき、メディアを通してそれを伝え、同時に自ら行動を起こしたり、加わったりすることで市民・住民とＮＰＯとメディアとの連携が有効にはたらく。一般市民・住民としての日常性感覚をもちながら、地域の一員であるという自覚のもとに情報発信を根気よく続けることで市民・住民ジャーナリズムが実を結ぶ。そして、将来的には市民・住民ジャーナリズムには誰もが参加できる場を保障し、相互の意見交換をする過程でより良き地域創りに役立てばよい。

ＣＡＴＶというメディアを利用しての情報発信であれば、公共の目にさらされることは当然であり、責任も発生する。故に、怖さや苦労、説明責任といったことも付きまとうが、市民・住民メディアを経験している人びとは、そうしたことを凌駕して情報を発信することにやりがいや楽しさを味わい、さらに良質な情報を発信したいという願望が膨らむのである。多くの人に自分たちの制作した番組が見られているというだけで、それまで経験したことのない喜びを味わったり、満足感が得られるものである。時間をかけ、苦労してできあがった作品ほど充足感は大きく、やりがいを感じるものである。創る喜び、表現する楽しみ、他人から認められる満足感を経験することは、現代社会にあって余りそうした機会がないため、このような刺激を得れば次ぎなる作品にも熱が入ることは確かだ。

素人の制作した作品でも他人の心を動かしたという経験を少しでももてば、発信意欲はそれまで以上に膨らみ、さまざまな問題や地域により関心をもつようになる。

市民・住民メディアが全国で立ち上がりつつあるのは、上に述べたことどもを経験する過程で、情報発信することによる充実感、達成感、使命感といった付加価値がつくことから、生きがいにもつながってゆくからなのかもしれない。

(1) ここで言う市民・住民についての概念を概略述べると、市民とは、近代の文脈に転用されるなかで、都市社会に生活する一定の経済的・政治的・社会的な資格をもった行為主体、人間類型を意味している。

住民とは、一地域に居住する人びとの呼称であり、職場所在地をそれぞれ異にしていながらも、居住は同一地域におく人たちの総称、といった意味である。(『新社会学辞典』有斐閣、一九九三年、参照)

現実には、両者が厳密に区別されて社会生活や社会活動が行われているのではなく、ゆるやかな概念枠として両者の共通性や人間類型が認識されているので、ここでもそのような意図で使用している。

(2) 特集「子供・学生・市民のメディア活動」『中央評論』、№二四八、中央大学、二〇〇四、Summer の各論文参照。

(3) 拙著「メディア・ローカリズムの可能性」　早川善治郎編『現代社会理論とメディアの諸相』、中央大学出版部、二〇〇四年、三二三―三三三頁。

(4) 高橋孝之氏のインタビュー「デジタル化の鍵はローカル・コンテンツ」『放送研究と調査』、NHK放送文化研究所、二〇〇一年一〇月号、一〇七頁。

(5) 同上一〇六―一一〇頁。

(6) 高橋孝之「ケーブルテレビは市民のメディア地域のメディア・コンテンツの使命」『中央評論』、同上、五六頁。

(7) 拙著「メディア・ローカリズムの可能性」、同上。

(8) 特集「子供・学生・市民のメディア活動」、同上。

第二章　「ネットワーク」としてのＣＡＴＶ広域連携

内田康人

はじめに

ＣＡＴＶ業界は、大きな変革期を迎えている。ＣＡＴＶ事業をとりまく環境が激変し、二〇世紀の終焉とともに「大競争時代」(1)へと突入、いまや業界大再編の波にさらされている。

従来は、ＣＡＴＶを「地域メディア」と位置づける保護育成政策のもと、事業者は地域内で独占的に放送事業や営業活動を行うことができた。しかし、デジタル化・ブロードバンド化に代表される技術的進展と行政による規制緩和がもたらした「放送と通信の融合」という時流のなかで、放送・通信事業者が入り混じり、光ファイバーというブロードバンドの切り札をめぐって主導権争いが繰り広げられている。ＣＡＴＶ業界内だけでなく、隣接業界をまたいだ業界横断の大再編の渦中にあって事態は混迷し、生き残りをかけた経営統合や事業者連携・連合、合従連衡が進んでいる。

本章では、多様な形態が見られる事業者間の連携動向について整理し、「ＣＡＴＶネットワーク」という概念で基礎づけていく。この「ネットワーク」という考え方に依拠することで、ＣＡＴＶ業界再編の現状を分析する補助線と

し、今後に向けての示唆を得ることを目的とする。(2)

第一節　CATV業界をとりまく動向・現況

一　CATVの歴史的動向――意味づけの歴史的な推移、その多様性・複合性

二〇〇五年には、日本で初めてCATVが設立されてから、ちょうど五〇年を迎えた。半世紀を数える歴史のなかで、CATVはその時代時代の政策や社会的言説などから多様な位置づけ・意味づけを与えられ、「メディア」として形づくられてきた。現在、放送と通信をめぐる大変革の時代を迎え、CATVは「放送と通信の統合・融合メディア」、「地域の総合情報インフラ」として業界内外から表象されている。ここでは、五〇年の歴史をたどりながら、CATVがいかなる意味づけを付与されてきた経緯を経て現在にいたるのか、明らかにしておく。

CATVが「難視聴対策メディア」として誕生したことは、周知のとおりであろう。一九五五年六月、群馬県伊香保でテレビ放送の共同受信施設が設置され、同時再送信メディアとしての役割を担った。その後、静岡県伊豆長岡、山梨県河口湖、兵庫県有馬など、難視聴の地理的条件をもつ温泉地でも同様の施設が作られた。この時代のCATVは「難視聴対策型」と位置づけられ、区域内再送信による地上波テレビの視聴が中心的な役割とされていた。また、大都市圏から一〇〇㎞ほどのエリアでは、キー局の微弱な電波を共同アンテナで受信することが地理的にも可能であったことから、区域外再送信も始められた。

つづいて、チャンネル数を多く確保できるCATVの特性から、空きチャンネルを利用した自主放送が各地で次第に開始されるようになる。一九六三年三月、岐阜県郡上八幡で最初の自主制作番組が導入されたのをきっかけに、山

梨県甲府、静岡県沼津、下田、長野県上田、諏訪、和歌山県新宮、佐賀県唐津など、地方中核都市を中心に広まっていった。こうした自主放送の全国的な広まりにともない、CATVにはマスメディアを補完し、中間的コミュニケーションの空白地帯を担う「地域メディア」としての役割が徐々に期待されるようになった。一方で、その背景には、国が推進する施策の方向性が絡んでいたことも無視できない。代表的なものが、「第三次全国総合開発計画（三全総）」である。一九七七年に閣議決定された三全総は、従来の全総計画に比べ社会開発重視の方針を打ち出したのが特色であり、当時垣間見られた「地方の復権」の兆しを取り込み、地域の活性化をめざして定住圏構想を掲げた。さらに、情報通信技術が飛躍的な進歩を遂げ社会的な関心を集めるにつれて、「地域の情報化」の推進が期待されるようになった。「情報化の進展と国土の安定的発展に対応する新たなメディアの開発とネットワークの形成に努める」ことが三全総の長期的な課題とされたのである。このような「地方の時代」にCATVへ期待された役割は、「地域メディア」としてきめ細やかな地域情報を提供することで、住民相互間のコミュニケーションを活性化させ、地域コミュニティの形成に結びつけようとする図式に則ったものであった。

八〇年代に入ると技術革新が進み、CATVの「多チャンネル」、「双方向性」というメディア特性が注目されるようになる。三全総を受けた八〇年代の郵政省、通産省などの地域情報化施策では、ビデオテックスやCATVなどが双方向性を有する「ニューメディア」として注目を集めた。こうしたニューメディアに対する期待は、利用者のニーズに応じて情報を提供・享受できる双方向性と放送だけではない多目的利用を実現する通信機能にあった。さらに、都市部でのビル影等による新たな視聴障害である「都市型難視聴」の出現を契機に、大都市圏を中心とした施設の大規模化・多チャンネル化も進んでいった。つまり、国家政策の文脈では、放送分野での「多チャンネルメディア」という位置づけとともに、通信分野での「多機能・双方向メディア」としても、期待されるようになってきたのである。

こうした通信メディアへの期待は、九〇年代に入り「ニューメディア」という旗印が「情報ハイウェイ」や「マルチメディア」に置き換えられると、その比重をパソコンやインターネットといったネットワーク系メディアへと大きく移行していく。それらが社会的に浸透し、「IT革命」が唱えられる九〇年代後半から二〇〇〇年にかけて、新たにCATVのケーブルを利用してインターネットに接続するサービスが登場してくる。この「ケーブル・インターネット」と呼ばれるサービスは、HFC(3)やFTTH(4)といった光ファイバー技術を取り込んだCATVネットワークを活用し高速かつ安定したブロードバンド環境を提供するものであり、現在ではCATVの主要サービスとして確固たる地位を築いている。また、このブロードバンド回線を利用して、VODなどのエリア内限定の通信サービスや、行政事務、教育、医療、保健、福祉等の分野にわたる行政アプリケーションも、徐々に実現されている。

さらに、二〇〇三年以降、インターネットのアプリケーションの一つである「IP電話」が、廉価な電話サービスとして定着しつつある。音声をインターネット回線上で伝送する技術であるVoIPを導入することにより、同一事業者内であれば無料、特に遠距離電話や国際電話ではNTTの加入者電話より大幅に割安となるなど通話料金の低価格化を実現している。CATVのブロードバンド回線が相互接続されることでサービスエリアをさらに拡張しており、もはや欠かせないサービスとなりつつある。このようにブロードバンド時代における主要なサービスとして、従来からの放送サービスに加えて、インターネット接続、IP電話という新たな通信サービスが登場しており、まとめて「三点セット」や「トリプルプレイ」と呼ばれている。今後はさらに、移動体通信を含めた「グランドスラム」も展望されている。

CATV五〇年の歴史を振り返ると、その主たる役割・位置づけは、テレビ放送の受信という従来からの基本的な放送サービスから、ネットワーク・インフラを活用した双方向の通信サービス(5)へと、次第に重心を移しつつある。そ

表2－1　ＣＡＴＶサービスの四分類

	地域内の独自サービス（地域志向）	地域外を含めた広域サービス（広域志向）
放送系サービス（テレビ・ラジオ）	自主制作番組、地域内放送など	地上波放送、ＢＳ放送、ＣＳ放送を再送信する多チャンネル放送サービス
通信系サービス	保健・医療・福祉サービス、地域産業（ＭＰＩＳでは農業用）、気象情報など公共アプリケーション、ＶＯＤ	インターネット接続、ＩＰ電話など

の過程で、「難視聴メディア」、「地域メディア」、「多チャンネルメディア」、「双方向通信メディア」といった多様な意味づけを付与され、さらに近年では「ブロードバンド通信インフラ」、「格安電話」といった機能も追加されることで、「放送と通信の統合・融合メディア」、「地域の総合情報インフラ」という位置づけにいたっている。

二　ＣＡＴＶが提供する多様なサービス

ＣＡＴＶの中核となるサービスはそもそも地上波テレビ放送の区域内再送信にあり、その後地域の自主制作番組を提供することで「地域志向の放送メディア」として位置づけられてきた。その一方で、ナショナルな志向をもつ全国番組も当初から放映されており、ＢＳ、ＣＳといった衛星放送の登場・普及により、さらにグローバルな方向へ展開しつつある。

近年、ＣＡＴＶが「放送と通信の統合メディア」という位置づけをもつことは、既述のとおりである。従来からの有線放送サービスに加え、ＣＡＴＶ回線網をインフラとして活用する通信サービスという異種サービスが並列的に提供されており、通信も放送にひけをとらない基幹サービスとなりつつある。

以上から、ＣＡＴＶは放送系サービスと通信系サービス、地域志向と広域志向のサービスを併せて提供していることがわかる。そのサービス内容は、表２－１

のとおり、大きく四つに分類することが可能である。ここでは、ＣＡＴＶとは多様なサービスをもつがゆえに、多方面にわたる指向性のダイナミズムを内包する統合メディアであることを再度確認しておく。

三　ＣＡＴＶ事業の二重性――経営主体の種別から

本章では、経営主体の種別から、ＣＡＴＶ事業者の理念型として二つないし三つのものを考えている。それは、「自治体などの行政主導によるもの」と「民間事業者の経営によるもの」という二つを両端に置き、その中間領域にあたる「第三セクターによるもの」を含めた三つである。

なぜ、このような類型をあえて考慮する必要があるのだろうか。それは、経営主体の種別や置かれている状況・環境の違いから、事業内容や経営方針、経営状況、将来に向けた展望・方向性などに大きな違いが生じているからである。

以下では、三つの種別について、それぞれの特徴を簡単に整理しておく。とりわけ、「民間事業者」が事業運営上直面する「ＣＡＴＶ事業の二重性」に注目していく。

（1）自治体主導――農村型

市町村単位の自治体が主導するＣＡＴＶ事業は、典型例としては、小規模な「農村型」と位置づけられることが多い。農水省が推進していたＭＰＩＳ(6)の助成を受けた施設に代表され、その多くが農村型有線放送（電話）施設や難視聴対策型テレビ共聴施設を起源としている。経営方針としては、営利の追求ではなく、住民へのサービスを「あまねく、廉価で」という考え方が基本となる。行政サービスとして無料で住民に提供されるケースもある。自治体職員がＣＡＴＶ局の運営職員を兼務することも多く、慢性的な人員不足とともに、数年周期での人事異動ゆえに専門的な人材育成が困難であるなど、人材面での悩みを抱えることが多い。よって、質の高い自主放送を期待するのは現実的に厳しい状況にあり、行政からのお知らせや行政情報、出来事・イベントの伝達が中心となる。行政主導という位置づけから、行政批判は少なくとも不可能に近く、自主制作番組による地域ジャーナリズムは期待できない。その一方で、通信ネットワークをインフラとして活用し、公共アプリケーションなどによる行政サービスを提供しようとする姿勢は積極的に見られる。

（2）民間事業者──都市型

純然たる自治体主導のものを除けば、CATV事業は、異なる論理に基づく二つの側面を併せもっている。一面では、あくまで利潤を追求する営利企業として、「事業採算性」に基づく経営論理が求められてくる。もう一面は「地域メディア」としての顔であり、地域における広義の「文化事業者」として、「公共性」、「公益性」、「地域性」への配慮が求められてくる。このように、「事業採算性」と「地域の公共性」という、時として矛盾しうる二つの論理が併存する状態を、本章では「CATV事業の二重性」と呼ぶことにする。

ここで焦点となるのが、自主制作番組のあつかいである。なかでもコミュニティ番組の制作・提供という地域への情報発信は、よかれあしかれ地域の人々の心を動かし、その考え方や行動に影響を及ぼしうる。そうした意味で、意図の如何によらず、地域文化の創造に関わっていくことになる。一方、コミュニティ番組は、目に見えて短期的な収益へ直結するものではない。そのため、事業としての「経営面」を優先すれば、番組制作に要する人的・金銭的コストは最低限に抑えられることにもなる。

民間事業者によるCATV経営では、「事業採算性」の側面が、必然的に一定の比重をもってくる。ゆえに、近年では「金の成る木」としての通信サービスへの期待と依存が高まる傾向にあり、インフラ産業としての色彩が強まりつつある。放送サービスでも「多機能・多チャンネル・ペイチャンネル」への志向が強い。魅力ある放送コンテンツやサービスを提供し、それを視聴者にお金を出して買ってもらうというビジネスモデルが基本路線となっている。自主制作番組も制作されているものの、他のチャンネルに比べて視聴傾向が著しく低いケースが多く、意欲面や実際の取り組みの面でも、事業者によって大きな温度差が見られる。

（3）第三セクター方式――折衷型

実際のCATV事業者数としては、先の二類型の中間・折衷型にあたる「第三セクター方式」が最も多く見られる類型である。純然たる民間事業者としてではなく、自治体から一定の出資を受け、この形態をとっている事業者がかなりの数を占めている。この中間領域には、きわめて行政の影響力の強い事業者から限りなく民間事業者に近いものまで、非常に幅広い性格を有する事業者が含まれている。しかし、多くの場合、「CATV事業の二重性」から逃れることが難しい状況に置かれている。

以上三つの類型は、あくまで経営主体の種別をもとに、理念型として提示したものである。このように「自治体主導」と「民間事業者」とでは、経営のあり方に大きな差異を生じている。すなわち、CATV事業者の経営動向を考察する際には、少なくとも上記二つの理念型を随時念頭に置き、その違いに配慮することが求められる。特に、「CATVの二重性」のバランスをいかにとるかというさじ加減が、民間事業者にとって事業運営上の大きな課題となっていることには、注意を要する。

第二節　業界再編への経緯

「放送と通信の融合」の進展にともない、放送・通信事業者による覇権争いも激化しており、CATV事業者は予断を許さない状況に置かれている。そうしたなかで、CATV業界内にとどまらず、隣接業界・他業界も入り乱れ、業界を横断する再編が進んでいる。本節では、こうした業界再編を引き起こした要因を、外部要因と内部要因とに分けて整理していく。

一　CATV業界をとりまく環境の変化（外部要因）

近年におけるCATV事業者をとりまく環境の変化は、業界横断の再編を引き起こす外的要因として、影響を及ぼしてきた。それを、①技術的要因、②メディア的要因、③制度的要因という三つに分けて考えてみよう。

技術的要因としては、インフラの技術的な進歩、つまりブロードバンド化・光ファイバー化の進展と、放送デジタル化の流れがある。光ファイバーというブロードバンドの大本命とされるインフラの導入により、さらに多様な技術的可能性が現実のものとなった。また、デジタル化はすべての情報を二進数に一元化することで、メディア融合やマルチメディアへと道筋をつけていった。

こうした技術的な進展を背景として、一本のケーブル上に放送・通信にまたがる多メディア・サービスが出現し、メディア間での統合、融合が進んでいる。ここでのメディアとは、技術・テクノロジーが政府・行政、企業・事業者等から社会的な意味づけを与えられ、利用者／消費者向けの情報媒体サービスとして実現されたものをいう。単一のインフラ上に、放送、インターネット、IP電話という「三点セット」をはじめとする多様なメディアが登場し、メディア相互間で影響関係をもつようになることで、サービスを提供する事業者間、ひいては業界間においても、相互乗り入れや競合の可能性が生じてきた。

そのうえで、実際に業界再編を誘発する役割を果たしたのが、制度的な要因、なかでも行政による規制緩和である。総務省（旧郵政省）のCATV事業に対する規制は、一九七二年制定の「有線テレビジョン放送法」に則るものであり、「地域メディア」という位置づけを保持することを目的として、既存の地元事業者を優先的に保護育成するためにさまざまな規制を課してきた。しかし、CATV事業者は厳しい経営状況からなかなか脱却できず業界全体が閉塞状況に置かれるなかで、事態の打開と業界の活性化をねらい、諸々の規制緩和が相次いで進められてきた。外資規制の段階的緩和（一九九三年一二月、一九九七年一月、一九九八年二月）・撤廃（一九九九年六月）、地元事業者要件の廃止、サービス区域制限（一市町村区域制限）の緩和・撤廃（一九九三年一二月）、複数事業計画者間における一本化調整指導の廃止（一九九四年九月）などである。これらにより、①外国資本や事業体の進出が顕著になる、②複数の市町村にまたがる事業展開が可能となる、③「一地域一事業者」という地域独占の建前が崩れ、CATV事業が同一地域で競合することが認められるようになるといった影響が見られ、特に都市部では競争が激化し、弱肉強食の世界へと突入することになった。

さらに、激動する業界動向へ事業者がより迅速に対応できるように、有線テレビジョン放送施設の設置許可等の申請書等が簡素化され（一九九三年一二月、一九九四年一二月、一九九八年四月）、スピーディな処理による効率的な事業の立ち上げや合併等の事業再編が可能となった。また、複数CATV事業者間のヘッドエンドの共有化（一九九七年一二月）が認められることで、デジタル化に向けた事業者相互間の連携が促進されている。そして、電気通信役務利用放送法（二〇〇二年一月）では、放送と通信の伝送路での融合に対応し、通信事業者が自前の回線インフラを敷設することなしに、事業者登録による放送事業を認めるようになった。これにより、BBケーブル（ソフトバンク系）、KDDI、K-CAT（関西電力系）、オプティキャスト（スカイパーフェクト系）といった通信事業者による多チャンネル放送事業への参入が相次いでいる。

すなわち、技術的進展を背景としてメディアの融合や相互乗り入れが生じ、さらに規制緩和がもたらした市場原理に基づく自由競争も相まって、有線役務放送事業者の参入やCATV業者間の経営統合・合併、他業態からの外国資本・巨大資本の参入などが相次いで進んでいる。こうした業界再編の大きな波を受け、〝地域独占の時代〟は終焉し、〝大競争の時代〟を迎えているのである。

二　CATV事業者が連携する意図・ねらい（内部要因）

こうした業界をとりまく状況のなか、CATV業界では危機感を募らせており、存亡をかけた対応策に苦慮している。CATV業界団体である日本ケーブルテレビ連盟は、二〇〇四年六月、「ホロニック型オールケーブルネットワーク構築に向けて」と題する「業界ビジョンと戦略」を発表した。このなかで、現況における広域連携の必要性を訴え、二〇〇六年一二月一日を目標に全国のCATV網を相互接続する「ホロニック型オールケーブルネットワーク」を構築し、「広域大連携」を実現するよう提言している(7)。

そもそも、CATV事業者は、いかなるねらいや必要性をもって連携を推し進めようとしているのだろうか。連携の意味や意義については第五節以降で検討を進めるため、ここでは連携の目的・意図として二方向から簡単に触れておくにとどめる。一方は、スケールメリットを活かした事業上のコスト削減や経営効率性、利便性の追求、あるいは事業拡大、収益増といったねらいであり、もう一方は、利用者にとってのサービス向上やメリットの拡充をめざすものである。前者の具体例としては、放送デジタル化対応におけるデジタルヘッドエンドやセンター施設、通信系サービスにおける上位回線やIP電話プラットフォームといった各種施設・設備の共同設置・利用、番組や物品等の共同購入、共同での広告営業などの共同収益事業があり、これにより事業者側の金銭面・労務面でのコスト削減や収益の増大をめざしている。後者としては、放送コンテンツの充実・多チャンネル化や通信速度の向上、各種サービス利用料の低価格化、ＩＰ電話の無料通話先の拡大など、利用者サービスの向上・充実が挙げられる。

このように、スケールメリットを活かした事業経営の効率化と利用者サービスの拡充を目的として、ＣＡＴＶ事業者は他の事業者との連携を志向している。それにより、新規参入の通信事業者に対する競争力を高めようとする意図も根底にある。

以上から、ＣＡＴＶ事業者の連携を促す要因として、①技術的要因、②メディア的要因、③制度的要因という三つの外的要因と、④経営・事業的要因、⑤利用者サービス的要因という二つの内部要因を考えることができる。それ以外にも、地域生活圏のさらなる広域化や「平成の市町村大合併」など、地域社会や自治体の動向との絡みもなしとしない。そうしたなかで、次節に見られるＣＡＴＶ局間の広域連携が実際に進展しているのである。

第三節　ＣＡＴＶ広域連携の具体的動向

一　事業者連携・統合の実際――関西地区の動向を中心に

ＣＡＴＶ事業者間の連携や統合、新会社設立などの動きが顕著になったのは、二〇〇〇年に入ってからのことである。ここでは、動きの大きい関西地区に注目しつつ、おおまかな動向を素描してみよう。

(1) 二〇〇〇年、相次ぐ連携

関西地区では、二〇〇〇年一月、こうべケーブルテレビとケーブルコミュニケーション芦屋が合併し「ケーブルネ

ット神戸芦屋」[8]となったのを皮切りに、四月にはチャンネルウェーブあまがさきとケーブルビジョン西宮、ケーブルビジョンアイの三社が「阪神シティケーブル」として合併している。

東海地区では、二月に「東海デジタルネットワークセンター（ＴＤＮＣ）」が設立された。愛知県、岐阜県、静岡県のＣＡＴＶ事業者二一社が共同で出資し、デジタル放送の開始に向けたヘッドエンドの共有によるコストダウンを、そもそもの目的としていた。その後、コミュニティ・チャンネル（自主放送）の事業化、各種通信サービス（インターネット、コンテンツサービス、ＩＰ電話等）の提供なども実施している。

首都圏でも、同年に事業者連携・連合の動きが活発になっている。四月には、首都圏の電鉄系八事業者とその他四事業者の出資により、「日本デジタル配信（ＪＤＳ）」が設立された。事業目的は、デジタル設備共用と利用者の管理、ブロードバンド・ネットワーク向けの新しいコンテンツ配信であり、独立系の地域ＣＡＴＶ局の自主性を尊重した緩やかな事業提携を特徴としている。一〇月には、事業連合会社「ジャパンケーブルネット（ＪＣＮ）」[9]が、セコム、東京電力、富士通、丸紅の四社の出資により、傘下のＣＡＴＶ事業者を統合する形で発足した。その後、八王子テレメディアなどの独立系ＣＡＴＶ事業者も傘下に収めつつ、首都圏を中心とした全国規模のＭＳＯ[10]として活動を展開している。同じく、首都圏を中心にＭＳＯとして事業展開する「メディアッティ・コミュニケーションズ（旧トーメンメディアコム）」[11]も、二〇〇〇年にオリンパス・キャピタル・ホールディングズ・アジアの資本参加を受けて以来、シティテレコムかながわをはじめとする複数のＣＡＴＶ局とパートナーシップを結び、統括運営を行っている。

関西の地域ＭＳＯとしては、「関西ケーブルネット（ＫＣＡＮ）」が、一〇月に誕生している。吹田ケーブルテレビジョン、豊中コミュニティーケーブルテレビ、高槻ケーブルネットワーク、池田マルチメディア、東大阪ケーブルテレビ、守口・門真ケーブルテレビという松下電器が出資する六社が、それぞれの発行済み株式を移転して親会社として設立したものであり、デジタル放送への対応に向けた組織の再編を目的としている。

九月には、事業者連携が相次いだ二〇〇〇年という年を象徴するような衝撃的な出来事が起きている。当時CATV業界で一位、二位の契約者数を保有するMSOであった、ジュピターテレコムとタイタス・コミュニケーションズの合併である。両社は株を割り当て交付する方式での合併を行い、ジュピターが事実上の存続会社として、タイタスを統合する形をとった。こうして、日本のCATV史上最大の巨大MSOが誕生することになった。

（2）二〇〇一年以降、関西での連携動向

翌二〇〇一年には、ジュピターと関西ケーブルネットという、当時関西で一位、二位の規模を誇ったCATVグループが資本提携している。三月にはジュピターが関西ケーブルネットの第三者割り当て増資を引き受け、発行済み株式の一二％程度を保有する第二位の株主となった。八月には、逆に関西ケーブルネットの筆頭株主である松下がジュピターへ出資している。出資比率は二％で、ケーブルテレビのデジタル化とインターネットの融合に向けた対応が目的である。もともと両社はサービスエリアの獲得競争を繰り広げたライバルであったが、規制緩和による業界内外の競争激化という背景のもと、九八年にも一部提携していた。この機会に、さらに機器の共同購入やCATV回線の相互接続、高速インターネットを使ったサービスメニューの拡充などを行っている。

ジュピターは、この後さらに傘下の事業局の統合や合併、エリア拡張などを繰り返し、事業の拡大と効率化を同時に進めていく。関西地区ではジェイコム関西がその中心的な役割を担い、二〇〇二年一月には大阪ケーブルテレビ(12)、一一月には和泉シーエーティヴィ(13)、二〇〇四年八月には泉大津ケーブルテレビ(14)をそれぞれ合併し、二〇〇五年に入ると南大阪局(15)の開局と堺局による大阪府美原町へのサービス拡張を行っている。こうして、ジェイコム関西は、多チャンネルテレビ契約三二万四〇〇〇世帯、インターネット契約一六万八〇〇〇世帯(16)を保有する国内最大手のCATV事業者となり、サービスエリアも、大阪府、兵庫県、和歌山県内まで広がっている。

その他の動向としては、大阪市内と阪神間をサービス地域とするシティウェーブおおさか、大阪セントラルケーブルネットワーク、阪神シティケーブルの三社が、二〇〇一年に提携している。ジュピターをはじめとする連携の動きに影響を受け広域化を志向しつつも、ジュピターとの連携には会社の主体性維持の点から抵抗があったとされる。さらに、関西ケーブルネットを加えた四社は、「4C連合」という連合事業体を形成した経緯もある。この四社のうち、阪神電鉄系の関連会社であったシティウェーブおおさかと阪神シティケーブルの両社は、二〇〇四年一〇月に対等合併し「ベイ・コミュニケーションズ」となった。残る大阪セントラルケーブルネットワークと関西ケーブルネットも、二〇〇四年一二月に「ケーブルウエスト」として合併している[17]。

以上のように、関西地区では大阪エリアを中心として、ジュピター、ベイ・コミュニケーションズ、ケーブルウエストという三社による三つ巴の様相を呈している。このエリアのように市場採算性の高い地域では、市場原理に則った事業採算性の論理が強く働くため、競争関係は業界内にとどまらない。対有線役務事業者といった業界間でも、生き残りをかけた競合が激化しつつある。

（3）兵庫県、奈良県における県域での取り組み

同じ関西地区でも、中心エリアを離れると、また違った論理に基づく連携の動きが見られる。その実例として、兵庫県と奈良県における県域での取り組みをとりあげてみよう。

兵庫県では、二〇〇四年六月に、県内すべてのCATV局、県域放送局、新聞社および県の参画により、「兵庫県ケーブルテレビ広域連携協議会」を設立している。これはCATV局、県域地域メディアと県が連携を図り、CATVのネットワーク化による広域的な通信・放送サービスの普及をめざすものである。「兵庫情報ハイウェイ」を活用

したCATV局の相互接続や番組交換、事業共同化についての検討を進めており、実証実験なども行われている。

一方の奈良県では、近鉄ケーブルネットワークと奈良県、県内山間部の町村などが共同出資し、第三セクター方式のCATV会社「こまどりケーブル」を設立している。民間では事業化が困難であった県内山間地域に官民共同で情報インフラを整備し、デジタル対応の放送サービスとブロードバンドサービスを展開することで、県内の情報格差、デジタルディバイドの解消を進めている。

両者は連携のねらいや手法に若干の違いこそあるが、ともに県域レベルにおける官民挙げての連携の取り組みである。インフラ整備を官が公費をもって担い、それを利用した通信・放送サービス等の事業展開を民に託すという構図を、共通して見ることができる。

（4）その他の全国的な動向

首都圏では、先に挙げた日本デジタル配信、ジャパンケーブルネット、メディアッティ・コミュニケーションズのほかにも、「東京デジタルネットワーク（TDN）[18]」や「荒川メトロポリタンネットワーク（AMN）[19]」といった事業者間の緩やかな連携が見られ、多くの事業者が何らかのグループに参加している。

首都圏や関西のように人口が密集し事業採算性の高い地域では、他業界や隣接業界からの資本参入の動きも活発に見られる。その一つとして、ソニーによる資本参入がある。ソニーは、傘下のAII[20]からコンテンツ配信サービスを受ける関東・関西の大手CATV事業者・東急ケーブルテレビジョン（現イッツ・コミュニケーションズ）と近鉄ケーブルネットワークに対して、二〇〇一年三月、四月に相次いで資本参加している。これは、ブロードバンドサービスの提供・拡充に向けて両社との協力関係を強化し、関東、関西でのサービス配信の有力な拠点とするねらいがあったと考えられる。

また、スカイパーフェクト・コミュニケーションズの動きも見逃せない。同社は、CS（通信衛星）放送事業者として多チャンネルサービスを展開する傍ら、一〇〇%子会社であるオプティキャストを通じて、光ファイバーを利用した映像配信事業にも意欲を見せてきた。同社は、二〇〇五年一月に福島県郡山市内のCATV企画会社インフォメーションネットワークを、三月にはケーブルテレビ足立を買収・子会社化する見込みとなり、いよいよCATV事業にも乗り出してくることになった。そこで中心的な役割を果たす子会社のオプティキャストも、同年二月より事業の拡大と「光パーフェクTV！（ピカパー）」へのサービス名称変更を行っている。一月に発表した中期ビジョン（二〇〇五―一〇年度）でも、光ファイバー配信事業やブロードバンド、モバイルといった新たな伝送路に事業領域を広げ、マルチプラットフォーム戦略を一層拡大するとしている。さらに、NTTとの営業部門における連携強化、共同事業化も進めており、CATV事業者はその動向に警戒心を強めている。[21]

一方、関西圏や首都圏といった大都市圏以外の地域では、どのような展開が見られるだろうか。その一つとして、先述の奈良県、兵庫県のように、県域での連携を進める動きが盛んである。この場合、ケーブルテレビ協議会のような事業者間の連合組織を基盤組織とすることが多く、共同出資することで連合事業体を設立したり、県のバックアップを受けることで事業を進めたりするパターンが多い。代表的なものとしては、岩手県CATV連絡協議会参加九事業者が電力系通信事業者からインフラ、技術、ノウハウにおける支援を受け共同出資会社を設立した「銀河ネットワーク」、県のバックアップを受けつつ事業者連携を達成し、デジタルヘッドエンドの共用や県域IP電話などを実現した「三重県デジタルCATVネットワーク」や「いきいきネット富山」の例がある。

二　サービス・アプリケーションごとの連携――IP電話を中心に

事業者間の連携は、経営統合や合併といった経営上だけでなく、デジタル放送対応や、番組コンテンツ配信、インターネット接続サービス、IP電話サービスなど、サービス・アプリケーションの分野でも進んでいる。ここでは、全国規模の広域連携が盛んに進められているIP電話サービスに注目し、その動向を俯瞰してみよう。

（1）IP電話をめぐる動向

CATVの一サービスとしてのケーブル電話事業には、大手MSOが真っ先に取り組んでいる。ジュピターは、一九九七年七月に電話サービス「J-COMフォン」を東京都杉並区で開始、タイタスも加入間のみの電話サービス「ただでん」を展開していた。

IP電話をめぐる動向は、二〇〇〇年以降、東海・関西地区を中心に活発化してくる。東海地区では、二〇〇〇年に、愛知県のキャッチネットワークがVoIP実証実験をおこなっている。二〇〇一年夏には、スターキャット・ケーブルネットワーク、中部ケーブルネットワーク、東海デジタルネットワークセンター（TDNC）加入の二三事業者が共同で調査・検討に入り、フィールド実験を経て、二〇〇二年夏以降順次サービスを展開している。さらに、二〇〇三年五月には愛知県を中心とした二三局間でIP電話の無料通話サービスも始まっており、全国に先がけてIP電話の事業展開を進めていった。

関西でも、二〇〇一年一〇月に一四事業者の参加により「IP電話研究会」が発足、二〇〇二年夏には一八事業者となり、「18C」としてVoIP実証実験プロジェクトに取り組んだ。二〇〇三年四月以降は、関西ケーブルネット、近鉄ケーブルネットワーク、シティウェーブおおさかなど一七事業者が、「ケーブルフォン」という統一サービス名で順次IP電話サービスを開始している。

こうした各地区ごとの連携が全国レベルの広域連携へと結実したものが、二〇〇二年八月に発足した「広域ケーブルフォン検討会」である。首都圏・東海・関西地区のCATV事業者など九社一団体が、CATV網を利用したIP電話サービスの具体化をめざし検討をおこなった。参加会社・団体は、先の関西IP電話研究会や東海デジタルネットワークセンターをはじめ、TOKAIグループ、イッツ・コミュニケーションズ、ジャパンケーブルネット、日本デジタル配信などであった(22)。

大都市圏以外での先取の取り組みとしては、富山県域における「けーぶるふぉん富山」が代表的である。富山県のCATV九事業者が「いきいきネット富山」のネットワークを利用して、独自に電話サービスを展開している。二〇〇二年一一月からモニター実験に取り組み、二〇〇三年四月には県域を単位とする全国初のIP電話サービスとして事業を開始した。また、岩手県内の銀河ネットワークに参加している三事業者も、二〇〇四年四月より商用サービスを開始している。この銀河ネットワークは、東北電力系の東北インテリジェント通信からインフラの提供を受けており、その後の電力系通信事業者による全国的な連携においてはその一翼を担うことになった。

電力系事業者は、二〇〇四年六月に六社連合による全国規模のIP電話相互接続網を構築し、さらに七月にはフュージョン・コミュニケーションズとの事業統合により、フュージョン提携ISP(23)およびCATV事業者との相互接続による無料通話を実現している。これにより、東北インテリジェント通信（東北地区）、パワードコム（関東地区）、中部テレコミュニケーション（中部地区）、ケイ・オプティコム（関西地区）、エネルギア・コミュニケーションズ（中国地区）、STNet（四国地区）、九州通信ネットワーク（九州地区）という七事業者による連合が完成し、IP電話における一大勢力となった。

さらに二〇〇四年八月には、各地区でIP電話サービスを展開してきた全国五六の事業者間で、IP電話網の相互接続が開始された(24)。これにより、関東・中京・近畿地区をはじめとする全国CATV五六社間で、IP電話の無料通話が実現している。

二〇〇四年秋以降も、通信事業者（IP電話キャリア）相互間での接続や無料通話先の拡大が、ますます活発に進められている。NTTコミュニケーションズは、ケイオプティコムズをはじめとする電力系通信事業者と順次相互接続を進めており、アットネットホームの「ケーブルトーク」も、NTT—ME、ぷらら、KDDI、日本テレコム、フュージョン・コミュニケーションズの五社との相互接続を開始している。

さらに、首都圏では日本デジタル配信とイッツ・コミュニケーションズおよびジャパンケーブルネットが提供するIP電話サービスが相互接続され、CATV事業者間の無料通話も大幅に拡大されている。

関西でも、関西マルチメディアサービスが、IP電話サービス「ZAQケーブルフォン」の無料通話範囲を拡大している。二〇〇三年七月のサービス開始以来、関西の提携CATV一三社間にて利用者間の無料通話を提供しており、さらに五社を追加し、一八社間での無料通話の広域IP電話網を完成させた。

また、三重県では二〇〇四年一二月に、県内CATV事業者のうち八社がIP電話網を相互接続し、県内の無料IP電話サービス「mie-phone」を開始した。[25] 県内残る一社も、二〇〇五年四月からサービスを開始しており、これにより三重県内すべてのCATV局間での無料通話が実現している。

（2）ジュピターの拡大戦略と通信事業者との競合——全国規模の合従連衡へ

業界最大手ジュピターの動向も見逃すわけにはいかない。二〇〇四年九月、ジュピターは、傘下のCATV局で独自に提供しているCATV電話サービス「J-COMフォン」のプラットフォームを、他の事業者にも提供する新事業を開始した。このプラットフォームを使えば、NTTの加入者電話から代替可能なプライマリIP電話サービスを、CATV網経由で提供できるメリットがある。これを受けて、一一月にはジュピター系列を含む関西のCATV事業者一二社が広域連携し、共通のプライマリIP電話サービス(26)の提供に向けた具体的な検討を開始している。ジュピターはまた、ケーブル事業者向けのデジタル配信サービスもスタートしており、同じく一一月に最初の提供先としてメディアッティと基本合意を締結している。このように、ジュピターはIP電話のみならず他のサービスにおいても、他のCATV事業者との提携戦略を強めている。二〇〇三年一二月の地上デジタル放送サービス開始時にも、ジャパンケーブルネット、テプコケーブルテレビ、日本デジタル配信といった首都圏のケーブルテレビ事業者と、受信設備の共同利用を行っている。さらに、二〇〇四年八月には、ジャパンケーブルネット、イッツ・コミュニケーションズとともに、転居ユーザの相互受け入れ制度を実施するなど、業務上の提携にも取り組んでいる。

一方で、グループとしての事業拡大やサービス拡張にも積極的な姿勢を見せている。二〇〇五年には、小田急ケーブルビジョンやケーブルテレビ神戸、関西マルチメディアなどの経営権を取得したほか、VODサービスの全局展開やウィルコムとの提携による移動体通信事業の導入など、事業の多角的・総合的な展開を進めている。

ジュピターが、このように総じて拡大戦略を推し進めている背景には、同じ「トリプルプレイ」の市場で大手通信事業者との競争が本格化することに対する危機感があり、経営規模の拡大による競争力強化をねらっているものと考えられる。順風満帆な成長を続けてきた業界最大手の巨大MSOとはいっても、米国最大手のMSOコムキャストと比較すると、加入世帯数で十分の一程度というのが現状である。全国規模で資金力もある大手通信事業者に対抗していくためには、日本全国のCATV事業者が連携を強めるなど競争力をつけていく必要があり、業界のガリバーといえどもそれを実感せざるを得ない状況にある。実際に、プライマリIP電話のCATVへの卸し事業は、KDDIも「ケーブルプラス電話」として開始しており、他のCATV事業者との連携においてもすでに競合が始まっている。KDDIにしても、NTTへの対抗基盤を強化するなかで、東京電力のグループ企業であるパワードコムの吸収合併やジャパンケーブルネットへの資本参加などを進めているところである。

このように、ＣＡＴＶ業界は有線役務事業者など通信事業者との業界間の競合だけでなく、通信事業者間の競争にも巻き込まれつつある。こうした競争環境の激化は、ＣＡＴＶ事業者間の結びつきをさらに強め、生き残りをかけた「合従連衡」の風潮をより強めていくことになろう。

そこで、ＣＡＴＶ事業者が全国規模の連携を組んでいくきっかけの一つとして、ＩＰ電話というアプリケーションの存在がクローズアップされてくる。このＩＰ電話のもつネットワーク特性、メディア特性は、第五節で詳述するように、広域連携への大きな推進力となっているのである。

第四節　ＣＡＴＶ広域連携のタイポロジー

前節では、まさに進行中であるＣＡＴＶ事業者の連携動向を見渡してきた。本節では、そうした事例をパターン分けすることで、事態をより正確に理解することをめざす。ここでは、二つの切り口から、ＣＡＴＶの連携動向についてまとめていく。それは、「連携分野」と「連携のイニシアティブをとる先導者・主導者」という二つである。

一　連携の分野

連携の分野としては、「経営・資本関係」における連携、「事業・業務」上の連携という二つに分けて把握することが適当と考えられる。

まず、経営・資本関係での連携としては、経営権の移転がともなうか否かによって、さらに細分化が可能である。

経営権の移転がともなうものとしては、事例にも再三登場してきた「合併、買収」があり、経営権の移転をともなわない連携には、資本参加による資本のつながりや合弁会社・共同出資会社の設立がある。

事業・業務における連携については、さらに二つの指標から区分できる。一つは物理的なネットワークによる媒介の有無であり、物理的なネットワークによる接続・連携がなされているかどうか、事業者間の連携が物理的なネットワークを介したものであるか否かであり、もう一つは事業・業務上の分野であり、いかなる業務、あるいはアプリケーション・サービスにおける連携なのかということである。アプリケーション・サービスにおける連携としては、具体的には、①「テレビ放送」における番組コンテンツの共同配信、番組交換、共同制作、番組の共同購入、デジタルヘッドエンドなどデジタル化対応設備・機器の共有など、②「インターネット接続」としては、ＩＳＰとの共同契約、インターネット上位接続の共同化など、③「ＩＰ電話」では、プラットフォームの共有や相互接続などを挙げることができる。一方、業務上の連携としては、企画・イベントの共催や顧客サービスの共同での実施などが行われている。

二　連携の先導者・主導者（イニシアティブ）

連携のイニシアティブをとる先導者・主導者に注目して連携のあり方を分類してみると、大きく四つのものが考えられる。①個々のＣＡＴＶ事業者による自発的かつ直接的な連携、②ＣＡＴＶ連絡協議会などの事業者団体、共同出資会社が主導する連携、③県などの自治体が何らかのイニシアティブをとる連携、④各種サービスプロバイダーが主導するアプリケーション・サービスを介した連携、である。

ＣＡＴＶ事業者同士の直接的な連携としては、「対等・等価な関係」に基づくものと、「中心局―従属局という階層関係」を孕んだものがある。また、より多くの事業者が連携する場合は、事業者団体としてCATV連絡協議会などを組織したり、共同出資会社を設立するケースも近年では増えている。それらを仲立ちとして事業者間の関係が連結・強化されることも多い。さらに、こういった団体・組織に対し、県などの自治体が何らかの支援をおこなったり、時にはイニシアティブをとることによって、域内の事業者連携を推進するパターンもある。特に、県域の情報ハイウェイのようなインフラ整備が進んだ地域においては、こうしたケースが数多く見られる。

一方で、各種サービスを提供するサービスプロバイダーを介して連携していくパターンも、ここ数年で急増している。プロバイダーが提供するサービスの種類としては、光ファイバーに代表される物理的なネットワーク・インフラや、インターネットの接続環境、IP電話のプラットフォーム、情報コンテンツや放送番組の提供などがあり、いずれかに特化した事業者もいれば、これらを総合的に提供するサービス事業者も存在する。

三　事業者連携のパターン

以上、CATV事業者の連携動向について、連携の分野と連携のイニシアティブという二つの指標に基づき、分類を試みた。ここでは、その二つを組み合わせることで事業者連携のパターン化を試み、それぞれに具体的な事例をあてはめる。まずは、大きく「経営・資本関係での連携」と「事業・業務上の連携」に分けて、とりあげていく。

(1) 経営・資本関係における連携

経営・資本関係における連携としては、合併・統合や買収があった。CATV事業において特徴的な連携のあり方としては、やはり「MSO」化を挙げることができる。MSOには、全国的な事業展開をおこなう全国MSOと、限られた地域エリア内での事業の統括する地域MSOの二つがある。

全国ＭＳＯとしては、業界最大手の「ジュピターテレコム」が代表的な存在である。首都圏を中心として全国に事業を展開する「ジャパンケーブルネット」と「メディアッティ・コミュニケーションズ」も、このカテゴリーに含めることができよう。ともに、事業の統括を受ける「資本系列局・グループ局」と、サービスの提供を受ける「サービス提携局」という二パターンの連携のあり方が見られる。

地域ＭＳＯとしては、関西地区に基盤をおく「ベイ・コミュニケーションズ」と「ケーブルウエスト」の両社が代表例である。静岡県内で事業を展開する「ビック・トーカイ」を中核会社としつつ、首都圏にグループ六局を保有する「ＴＯＫＡＩグループ」も、地域ＭＳＯとして位置づけることができよう。

ＭＳＯとは言っても、さまざまな形態、規模、経営方針、理念などをもつものが混在している。とはいえ、日本ではＣＡＴＶを「地域メディア」として位置づけてきた歴史があり、「ＭＳＯ」ということばにつきまとう、アメリカ的な資本の論理と市場原理主義に基づき事業効率性と収益性を追求する大規模事業経営体というイメージを敬遠するむきもある。特に、地域密着を標榜する事業者は、以前の地元事業者要件の影響もあり、また資本構成も複雑であることから、外資系ＭＳＯの系列に入ることに対する根強い抵抗感がある。そこで、経営統合やＭＳＯ化を避けることで地域メディアとしての自立性も保持しつつも、スケールメリットを活かした経営の効率化を図る業務・事業上での連携を志向する動きが、日本的なあり方として顕著に見られるようになってきた。

（2）事業・業務における連携

経営・資本関係のない、事業者同士の連携として、事業内容や業務内容における連携がある。これには多様な形態が存在するため、先に整理した「連携のイニシアティブ」に基づき、以下のようにパターン分けを試みる。それは、①単独のＣＡＴＶ局間の主体的・直接的な連携、②事業者連合組織・事業者団体に基づく連携、③県など自治体が関与する連携、④各種サービスプロバイダーを介した連携、という四つである。

(イ) 単独のCATV局間の主体的・直接的な連携

最も基本的な連携のあり方としては、単独のCATV局同士の主体的、直接的な連携がある。「一対一」という基本的な局単位のつながり・業務提携から、事業上の効率性・利便性、サービス向上、エリア拡張（広域性）を追求し、加入促進につなげていくねらいをもつ。比較的少数の局同士の直接的な連携には、前述のとおり、対等・水平的な関係に基づくものと階層関係をもつものという二つの形態がある。ここでは、後者の事例として、新潟県上越エリアでの連携状況をとりあげてみよう。

このエリアは、二〇〇五年に実施された市町村合併により、上越市、妙高市、糸魚川市という、概ね三つの市へと収斂された。このエリアにまたがって事業展開する中核的なCATV局が「上越ケーブルビジョン」（以下、JCV）である。営業エリアは二〇〇六年一月現在、新・上越市としては旧・上越市域を中心に、頸城区（旧・頸城村）、板倉区（旧・板倉町）、大潟区（旧・大潟村）、新・妙高市としては旧・新井市にあたる区域となっており、市町村合併によるねじれ現象が見られる。さらにJCVは、新設された三和区（旧・三和村）、安塚区（旧・安塚町）、吉川区（旧吉川区）、及び新・糸魚川市内の旧・能生町の四つのCATV施設との間で、施設管理と番組配信における提携を結び、全局を自前の光ファイバー網で接続している。しかし、この三局とも一〇〇％行政出資のCATV事業者であり、JCVとの資本関係は一切存在しない。つまり、経営・資本関係のない、あくまで業務・事業上のサービス提供における連携であり、JCVをセンターとして各種サービスが提供される、いわば「中心―従属」の階層関係をもつものでもある。これにより、自治体が経営する四局としては、最低限の労力・コストでの施設管理とサービス提供を実現している。一方のJCVとしても、自前でCATV施設を設置することなしに実質上のサービスエリア拡大によるスケールメリットがある。双方にメリットをもつ、民と官との新しい提携関係として位置づけることができるだろう。

(ロ)　事業者連合組織・事業者団体に基づく連携

少数の局同士の直接的な連携がさらに拡大した形態として、県域などのエリアごとに「CATV連絡協議会」といった事業者団体を作り、これらに基づいて連携を進めるパターンも増加している。都道府県レベルの協議会は、全国の過半数にのぼる府県ですでに設置済みである。そのうち二〇〇四年時点で、日本ケーブルテレビ連盟に加入する事業者が一〇〇％の連携接続を達成している県は、岩手、山梨、富山、愛知、三重、鳥取、島根、香川、宮崎の九県で(27)あり、大分、佐賀などでも積極的な連携への取り組みが見られる。栃木でも県内六事業者が連携し、JDSとの提携のもと、共同でデジタル放送の配信センターを構築しデジタル化対応を行っている。また、長野では長野県ケーブルテレビ協議会を母体として「長野県中南信デジタルネットワーク」（長野県内七事業者）と「CATV東北信連絡会」（同五事業者）が作られている。さらに、仙台塩釜、多摩地区、横浜市などでは、県域より狭いエリアで事業者団体を構成している。横浜市では、CATV局間の相互接続ネットワークを構築しており、番組交換、同時放送のほか、行政サービス、市民向けサービスの提供など、通信・放送事業における協力体制も強めている。

一方、事業者の連合組織として設立された共同出資会社などに基づく連携も、全国各地で進められている。これには、既存の事業者団体を基盤として共同出資により新たに会社組織を設立するパターンと、会社設立の呼びかけに対して各事業者が自発的に参加するパターンがある。前者の代表例が、岩手県CATV連絡協議会での活動に基づき、電力系の情報通信企業も含めた共同出資により設立された「銀河ネットワーク」、東北五県にまたがり、広告共同営業などの連携実績をもとに法人化をめざす「東北ケーブルテレビネットワーク」。後者としては、東海地域の愛知、岐阜、静岡の二〇社の参加のもとに設立された「東海デジタルネットワークセンター」がある。

それ以外にも、メトロポリタンケーブルテレビフォーラムを母体に、首都圏一二事業者により設立された「東京デジタルネットワーク」、東京都東部一〇事業者による「荒川メトロポリタンネットワーク」、徳島、香川、愛媛各県の七事業者を光ファイバーでつないだ「東四国CATV光連係ネットワーク」などが、このカテゴリーに含まれる。

次の自治体が関与する連携との違いとして、行政に働きかけても支援が得られない、あるいはそもそも支援を求めないケースも多い。逆に、行政側へのインフラの提供を事業として行っている事例もあり、自治体との関わり方にも多様なパターンが存在する。行政の関与が比較的薄い連携であるため、事業上の効率性・利便性の追求や、利用者サービスの向上、加入促進といった「事業性」の追求に、ある程度目的が限定されているものも多い。

(ハ) 県など自治体が関与する連携

事業者の連合団体・組織に対し、県などの自治体がインフラや財政面での支援を行ったり、場合によっては自治体自ら音頭をとることによって、域内の事業者連携を推進することもある。ここでは、県による情報ハイウェイの構築と民への開放といったインフラ政策との関わりが顕著に見られることも、特徴の一つとなっている。代表例としては、すでに触れたものもあるが、富山県の「いきいきネット富山」、奈良県の「こまどりケーブル」、「三重県デジタルCATVネットワーク」、「大分県デジタルネットワークセンター」、「佐賀デジタルネットワーク」などがある。県域ではないものの、福井県が主体となり設立が進められた「若狭CATV広域ネットワーク」。市町村合併にともなう連携として、大山、長尾、寒川という旧・三町による「さぬき市ケーブルネットワーク」も興味深い。ここでは、鳥取県における取り組みを簡単に紹介しておく。

鳥取県では、県内六事業者により「鳥取県ケーブルテレビ協議会」が設置され、自主制作番組の交換、番組共同制作、機器の共同購入、区域外再送信などに共同で取り組んできた。県では、二〇〇四年四月に「鳥取情報ハイウェイ」を全線運用開始し、同年九月末をめどにこのインフラを利用した県内全CATV局の相互接続する「CATV全県ネットワーク構想」を打ち出している。これにより、CATV事業者にインフラ面でのバックアップをするとともに、県としても政策課題とするデジタルディバイドや情報格差を是正するねらいもある。また、「鳥取県民チャンネル構想」を立ち上げ、CATV事業者、県、県内三大学、地元企業、各種団体等の参加のもと「鳥取県民チャンネルコンテンツ協議会」を組織し、産官学民あげての取り組みを開始している。CATV局のコミュニティ番組の全県放送をはじめ、議会中継・県政情報、防災情報などを「鳥取県民チャンネル」として県民に提供することを主たる目的としつつ、県外や国外などへの衛星を使った発信も視野に入れている。さらに広域的な取り組みとして、県は情報ハイウェイを隣県の岡山、兵庫と接続することで、学校交流や遠隔医療、学術等における県域を越えた連携も試行している。こうした県域情報ネットワークの相互接続は、福井・京都・滋賀など他地域でも進められている。各都道府県の特色ある取り組みが、地理的近接性にとらわれることなく全国規模で連携・推進されていく可能性もあり、今後の新たな展開も期待できる。

鳥取県の事例は第六章にて詳しくとりあげているが、この事例にも見られるように、行政の関与が強い事業者連携の場合、取り組みのなかに「公益性」という理念が色濃く表出してくるケースが多い。この場合の「公益性」とは、「あまねく公平な公共サービスの提供」をめざし、事業採算性に適わない内容でも公的資金により事業化することを意味する。内容としては、行政エリア内での情報格差やデジタルディバイドの解消、最近ではブロードバンド環境のあまねく普及をめざしたものが増えてきている。

(二) 各種サービスプロバイダーを介した連携

これまでの三つの類型では、CATV局同士がある程度の主体性をもって相互の連携を図っていこうとする動きが共通して見られる。一方、この類型では、連携のリーダーシップをとるのは各種サービスプロバイダーであり、あくまで営利事業の一環として、各ＣＡＴＶ事業者に対して業務上のサポートやアプリケーション・サービスの提供を行っている。こうしたサービスプロバイダーを中心に、サービスの提供を受けるＣＡＴＶ事業者がそれをとりまく位置関係にあることから、典型的には「スター型」のトポロジーをとるネットワークが構築される。これを、各種サービスプロバイダーを介したアプリケーション・サービスにおける連携と見ることもできよう。提供されるサービス内容としては、①物理的ネットワーク・インフラ（主に光ファイバー網）、②インターネットの接続環境、③ＩＰ電話のプラットフォーム、④テレビ放送における情報コンテンツ・放送番組の提供という四つが大きな柱となる。これらのうち一つに特化したプロバイダーもあれば、総合的にサービスを提供する事業者も存在するなど、サービスプロバイダーには多様な形態が見られる。そのうち典型的なものとしては、インフラやインターネット関連のサービスを提供する「通信事業者」、コンテンツ配信に特化した「コンテンツ配信事業者」、ＣＡＴＶ向けの「総合的なサービス提供事業者」という三つのパターンを抽出することができる。これらは、主に大都市圏を中心に事業展開しており、なかには広域に張り巡らされたネットワークを利用し、全国展開しているものも少なくない。

「通信事業者」としては、全国規模のインフラをもつＮＴＴコミュニケーションズやＫＤＤＩ、電力系通信事業者などダークファイバーを保有する事業者との提携が数多く見られる。電力系事業者は、インターネットの接続環境を提供するだけでなく、ＩＰ電話においても全国規模のネットワークを完成させており、映像配信も含めた「トリプルプレイ」の事業に対して意欲的な動きを見せている。

「コンテンツ配信事業者」として注目されるのは、ともに通信衛星（ＣＳ）経由で番組を配信する「ＨＩＴＳ」[28]事業と「サテライトコミュニケーションズネットワーク（以下、ＳＣＮ）」の取り組みである。ＨＩＴＳ事業とは、多チャンネルのデジタル放送をパッケージ化し、通信衛星を使って各地のCATV事業者に向けて配信するサービスのことである。現在は、JDS系列の「I－HITS」とJCN系列の「JC－HITS」の二つがあり、ともに日本全国の一一〇局を超すCATV事業者がサービスを利用している。つまり、デジタルコンテンツ配信事業における事業者連携として、全国規模の二大ネットワークが構築されており、両陣営間の競合が見られる。

一方の「SCN」は、全国各局が制作した自主制作番組を集約し、編集したうえで全国のCATV局に衛星を使って配信するもので、二つの特徴をもつ。一つは、「ローカルな情報発信」へのこだわりである。情報の発信元が山陰・鳥取県の米子というローカルなエリアであり、東京一極集中型の情報発信のあり方に対するオルタナティブを提示し、いわば情報の逆流を企図するものである。それに加え、発信するコンテンツも各CATV局制作の「ローカルな」自主制作番組が中心であり、CATV局の番組制作に対する期待が感じられる。もう一つは、そうした「ローカル」なものを「グローバル」に発信していこうとする発想である。コンテンツを全国の事業者に発信することで、全国規模のネットワークとして、一四〇局[29]におよぶ事業者連携を実現している。また、SCNは既述した「鳥取県民チャンネル協議会」の事務局を務めている関係上、国内のみならず、日本海を隔てて近接する環日本海諸国への情報発信もにらんでおり、事業者連携は決して国内にとどまらないことも示唆している。

CATV向けに各種サービスを総合的・複合的に提供する事業者もいくつか存在する。こうした事業者には、複数のCATV事業者や企業等が共同出資して設立するものと、単独あるいはごく少数の大資本が出資して設立するものがある。前者の例としては、九事業者の出資を受け、首都圏の電鉄会社を中心に三〇ほどの事業者にサービスを提供する「日本デジタル配信」、関西電力、住友商事、ジュピターほかの出資を受け、関西二府三県二三事業者と提携する「関西マルチメディアサービス」がある。後者の例としては、ジュピターの一〇〇%子会社である「アットネットホーム」[30]、ソニーが中心となり、東急、トヨタ、近鉄から出資を受けている「AII」がある。

以上、CATV事業者の連携パターンを提示してきた。しかし、現実態としてはカテゴリー間にまたがる複数の顔を併せもつ事業者も少なくない。また、こうした連携の背後にも、きわめて複雑な資本関係や提携関係などが見え隠れしている。このようにCATV事業者をめぐる連携の動向は流動的であり、その構図は複合的、多層的かつ立体的で、まさに「ネットワーク的」な様相を呈しているといえよう[31]。

第五節　「CATVネットワーク」の意味・意義

一　ネットワークの理解

本節では、CATV事業者の連携動向をCATVの「ネットワーク化」という概念からとらえ直し、そうした事業者連携の様態に「ネットワーク」という考え方の適用を試みる。そのために、まず、ネットワークとはどのようなものなのか、理解を深めておくことにする。

（1）ネットワークの一般的な定義

ネットワークと一言で言っても、そこには実に多様な意味あいが含まれている。ネットワークとは感覚的・情緒的、また多義的、あいまいでとらえがたいものであり、さまざまなとらえ方や意味づけ、定義づけがなされている。そこで、まずはネットワークに関する諸々の見解をふまえ、より包括的・抽象的なレベルでの一般化を試みる。

「ネットワーク」の原語は英語の"network"であり、日本語に直訳すると、「網、網状（のもの）」を意味する。つまり、網型の形状を形作っているものを指す名詞的用法と、形状としての網型の状態を指す形容詞的用法がある。

ネットワークの「最も一般的かつ抽象的な」定義として、福田豊は「ノード（node：接点）とそれらを何らかの方法で（網の目状に）結ぶアーク（arc：弧）で成り立っている場ないしシステムの構造」であるとしている。(32) また、金子郁容は、「ネットワークの一般的な定義」は、「複数の「モノ」がある程度持続性のある何らかの関係を基礎にある種のまとまりを形成しているもの」であると記述している。(33)

こうした見解(34)を総合すると、最も一般的なネットワークとは、人や組織といったエージェントとしての「ノード」と、ノード間を結ぶ一定の持続性を有するつながり・関係としての「リンク」（またはアーク）からなるもの、と考えることができる。

本章では、二つのノード間でのピア・トゥ・ピアの関係を最も基礎的な「つながり」の単位として念頭におきつつも、原則として、三つ以上のノードが網状につながっている状態、あるいはその網状のつながりそのものを指して、ネットワークと呼ぶこととする。

（2）組織論から見たネットワークの特徴

ネットワークは多様な学問分野からアプローチされ、多岐にわたる研究分野・領域を形成している。社会学、経営学・経済学といった学問分野からは、「組織論・組織間関係論、社会運動論」の領域で、主に組織のありようの変容とそれに基づく新たな社会運動の出現として取り上げられることも多い。「官僚制モデルからネットワークモデルへ」というコンセプトのもと、従来のヒエラルキー組織と対置される、自立したユニットのボランタリーなつながり・関係性の生成と、そうしたつながりに基づいた新たな社会的活動・運動の登場とその可能性について論じられている。ここでは、ヒエラルキー的なものとの対比から、ネットワークの特徴を抽出してみよう。

今井賢一はネットワークをA、Bに、金子郁容は統制型、参加型に二分し、ともに後者に対して強い関心を寄せている。今井によると、相互に拘束的な結びつきをもつ「強い連帯」である中央集権型のネットワークAに対し、ネットワークBとは拘束的な結びつきをもたない「弱い連結」をもち、構成要素がそれぞれ独自性をもつ小規模システムの連結された分権型ネットワークであるとしている。[35] 金子は、「参加型ネットワーク」の特徴として、「メンバーが主体性を保持したまま結合する」ことであり、「ピラミッド状の支配関係は特にない場合が多く、ネットワークの意思決定はメンバー全員の合意が原則である」としている。[36] また、公文俊平は、社会システムを「脅迫・強制型」、「取引・搾取型」、「説得・誘導型」の三つに分け、このうち「説得・誘導型の行為がそのなかでの支配的な相互制御行為となっている社会システム」を総称して「ネットワーク」と呼んでいる。[37] 朴容寛は、ヒエラルキー組織と区別されるネットワークの性格として、以下の性格・性質を提示している。すなわち、「ネットワークとなるために欠けてはならない中枢性格」として「自立性、目的価値の共有・共感、分権性」の三つを、「ネットワークのヒエラルキー化の傾向を防ぎ、創造的なネットワークとなり、より生き生きとしたものになるため」の「周辺性格」として「オープン性」、「メンバーの重複性」、「余裕・冗長性」の三つをそれぞれ挙げている。[38]

以上から、ネットワークの特徴として、①各ノードとしてのエージェントが自立性・主体性を保持していること、②特定の目的や価値を共有していること、③拘束や統制をもたない自発的かつ緩やかなつながりであること、④分権型・分散型の、ヨコのつながりであること、⑤意思決定のあり方がメンバー全員の合意に基づく「説得・誘導型」が原則であること、という五つを抽出することができる。

（3）ネットワークの分類

ネットワークといっても、有線・無線を問わず物理的なインフラとしての情報通信基盤、インターネットに代表されるコンピュータ・ネットワーク、主に社会学でとりあげられる人と人、組織間のつながりや関係性など、さまざまなものがある。こうした多様なネットワークを整理して理解するためには、どのような分類・区分が有効であろうか。

鵜飼孝造は、ネットワーク論の近年の展開を整理し、ネットワークに内在する運動の性格には、大きく二種類あることを指摘した。すなわち、効率化や標準化といった近代的原理を追求する「ハイモダン」としてのネットワークと、今まで市民社会のなかにあった境界を融解させ、二つの領域を再結合する独自の方法をもつ自己組織的な「ポストモダン」としてのネットワークである。(39) また、片桐新自・杉野昭博は、ネットワーク概念を①個人間ネットワーク、②組織間ネットワーク、③新しい組織形態としてのネットワーク、④情報ネットワークという四つの意味に整理している。(40) さらに、朴容寛は、ハーバマスの行為理論に基づき、「道具的ネットワーク」、「戦略的ネットワーク」、「相互行為的ネットワーク」に分類している。「道具的ネットワーク」とは、情報通信ネットワークなどハード・インフラとしての物理的なネットワークである。また、目的合理性に基づき、効率を上げるための組織上の仕組みとして導入されるものを「戦略的ネットワーク」、コミュニケーション合理性から、自律的なユニット同士が自由につながって広がっていくものを「相互行為的ネットワーク」としている。(41)

すなわち、ネットワークとは、物理的なネットワークと社会的なネットワークという大きく二つに分けて考えられており、さらに社会的ネットワークを、取り結ぶエージェントの種類やその形態から分類しているのが、片桐らによるものである。一方、朴は、内在する論理性やダイナミズムを指標に社会的ネットワークを二分している。これは鵜飼のいう「ハイモダン」、「ポストモダン」に、それぞれ対応するものでもある。

本章では、ネットワークを、インフラ、ハードとしての「物理的ネットワーク」、人間・組織間のつながり・関係性、ソフトとしての「社会的ネットワーク」におおまかに分け、後者のなかに、朴のいう「戦略的ネットワーク」と「相互行為的ネットワーク」を位置づける。それぞれは、もちろん個別に機能するものであるが、適切に配置され、相互交流がうまく行われることで、時としてコラボレーションしあうものでもある。以下では、こうしたネットワーク間のダイナミックな運動に注目しつつ、「CATVネットワーク」の現実態とその意味について理解を深めていく。

二 「CATVネットワーク」とは――「CATVネットワーク」の定義

前節から、ネットワークには物理的なネットワークと社会的なネットワークとがあり、両者が相互に浸透しあうことで、複合的なネットワークを構築するものであった。また、ヒエラルキー組織との対比から、ネットワークの特徴として五つのものを抽出してきた。それらをふまえ、CATVの現況にあてはめてみると、以下の要素を取り出すことができる。

①ネットワークのノード、参加者にあたるCATV事業者は、経営上の自立性・主体性を保持していること。②つまり、ネットワークのつながりは、MSOや合併といった経営上の提携関係ではなく、あくまで業務・事業上の（ハード面・ソフト面での）緩やかな協力・提携関係や情報のやりとりであること。③参加者各々が自発的・ボランタリーな意志に基づく参加であること。④スケールメリットを活かした経営の効率化、利用者サービスの向上を共通の目的とし、他業界との競争やデジタル化対応などの困難を、業界内の事業者同士が協力しあうこと（合従連衡）により、克服しようとする意志を共有すること。⑤意思決定が構成員の総意に基づくものであること。さらに、⑥物理的なインフラ（物理的ネットワーク）の裏づけをもつ社会的ネットワークであること。

以上から、「CATVネットワーク」とは、「物理的なインフラの連結（物理的ネットワーク）という裏づけに基づき、経営上の自立性・主体性を担保しつつもスケールメリットを活かした経営の効率化、利用者サービスの向上を目的とする、あくまで事業上におけるハード面・ソフト面・情報面における、自発的な提携・協力関係、分散型のヨコのつながりである」として定義することができよう。

こう考えてくると、先にタイポロジーとして示したCATVの連携パターンのうち、少なくともMSOなどの「経営・資本関係の連携」は「CATVネットワーク」の範疇から外して考えざるを得ない。つまり、本章では、概ね「事業・業務上の連携」を「CATVネットワーク」に適合するものとして、便宜的かつ暫定的ながら位置づけることにする。(42)

三　スケールメリットの追求——IP電話が推進するCATVネットワーク

「CATVネットワーク」とは、朴の分類によれば、「目的指向型の戦略的ネットワーク」と位置づけることができる。戦略的ネットワークとして見た場合、「CATVネットワーク」として連携する最大の目的・意義は、一言でいえば、事業採算性に向けたスケールメリットの追求にあった。しかし、この「スケールメリット」の指す意味も、決して一意ではない。

辻・西脇によると、経済学でいうところの経済性には四つのものがあり、各々が経済社会の変化に対応しているという。農業社会においては、多人数が農作業やそれに付随する作業を共同でおこなうところから発生する「共同の経済性」。工業社会では、生産規模の拡大がコストダウンにつながる「規模の経済性」。サービス社会では、多品種少量生産に対応するため、別々の企業で種々の製品を生産するよりも、一企業で複数の製品を同時に生産する方がコストを抑えられる「範囲の経済性」。高度情報通信社会では、ネットワーク参加者が多いほど、情報交流が多いほど、生産性が高まる「ネットワークの経済性」という具合である。(43)

「スケールメリット」とは、そもそも“scale”（規模）の効果であり、厳密にいえば、上記の「規模の経済性」に該当する。しかし、「CATVネットワーク」による事業者間の連携が生み出すメリットは、それにとどまらない。期待される「スケールメリット」のなかにも、いくつかの異なった性質のものが考えられる。そこで、上記の四つの経済性を援用しつつ、「CATVネットワーク」が実現する「スケールメリット」の意味について考察すると、以下の三種の経済効果として整理できる。

一つ目は「数のメリット」であり、上記の「共同の経済性」と「規模の経済性」に該当する。参加する事業者数、利用者・契約者数が増えるほど、経営上のコストダウンを実現し、経営効率を上げていくことができる。つまり、ある特定のコストに対し、割り算の母数が大きくなることで単位あたりのコストを低減できるという、いわば「割り算の論理」に則るものといえる。

二つ目は「広域性のメリット」であり、「範囲の経済性」と見ることもできる。"scope"(範囲)の効果であることから、「スコープメリット」とも呼ばれる。原義の指す「範囲」との若干の意味のズレには目をつぶり、あえて「CATVネットワーク」に適用してみよう。参加する事業者が増えるほど、そのひとまとまりのユニットとして影響力や効用のおよぶ空間的な範域・エリアが拡大し、より大きな空間を埋めていくことが可能となる。一ユニットとして広い範域への対応が可能となることで、各事業者が個別に対応するよりも経済的なメリットが生じてくると考えられる。また、空間的・地理的な障壁にともなう空間移動などのコストを低減することも可能となり、事業者のみならず利用者にとってもサービスや利便性の向上につながってくる。

三つ目は、「ネットワークのメリット」である。これは、経済学では「ネットワークの外部性」(44)として考えられており、その要点は情報通信の分野でも「メトカーフの法則(45)(Metcalfe's Law)」として知られている。それは、「ネットワークの価値はノード数の二乗に比例する」という法則である。ネットワークの参加者が増えるほど、ネットワークの価値・効用、参加者の利便性・メリットはそれに比例して直線的に増大し、ある臨界点（クリティカルマス）を超えるとその価値・効用、利便性・メリットが飛躍的に高まることを意味する。

この三種のメリットを手がかりとして、アプリケーションごとにネットワーク化の意義について検討してみよう。ハード

「ＣＡＴＶネットワーク」には、ハードレベルとソフトレベルという二通りのネットワークが考えられる。ハードレレベルとしては、具体的には通信系サービスの共同提供、設備・機器の共有、物理的ネットワークを介した番組・コンテンツの提供・交換がある。一方のソフトレベルでは、番組・コンテンツの共同制作、番組・機器等の共同購入、制度・事業・業務面での協力、人的交流が考えられる。ここで、通信系サービスとしては、インターネット接続、ＩＰ電話、公共アプリケーションの三つが代表的であることを、再度確認しておく（第一節二を参照）。

まず、インターネット接続におけるネットワークの意義は、ＩＳＰとの共同契約や上位回線の共有によりコストを抑え、高速で安定した質の高いサービスを効率よく廉価で提供できることにある。これは、事業者どうしが共同でコストダウンを図る「数のメリット」によるものと考えられる。同様に、設備・機器の共有、番組・機器の共同購入も同じ考え方に則ったものである。

公共アプリケーションでは、ネットワーク化により、機器・設備の共同購入と相互接続によるサービスの広域提供という二つのメリットが生じると考えられる。共同購入が「数のメリット」をもつことは先述のとおりである。広域的なサービス提供としては、利用可能なエリアを拡張することにより、地理的・空間的な障壁を減らし、利用者の利便性を高める「広域性」の効果をもちうる。つまり、「数のメリット」と「広域性のメリット」がともに働くパターンとして位置づけることができる。

番組交換もまた、二種類のメリットの組み合わせである。例えば、コミュニティ番組を交換するネットワークでは、

参加事業者が増えるほど、情報をカバーする空間的な範域・エリアが拡大し、空間を埋めていく「広域性の論理」が働くことが想定される。それに伴い、視聴者層の拡大と番組における情報の大量化・多元化・多様化が見込まれ、番組ネットワークとしての価値・効用も直線的もしくは飛躍的に増大することが予想される。つまり、「広域性のメリット」とともに、「ネットワークのメリット」が働く可能性も考えられる。

最も注目すべきアプリケーションは、IP電話である。なぜなら、IP電話のネットワークは、スケールメリットに内在する三つの論理をすべて備えているからである。つまり、事業者が共同して取り組むことにより「数のメリット」に基づくコスト低減を実現し、また相互接続されることで通話可能エリアが拡張し利用者の利便性を高める「広域性のメリット」も内在している。さらに、利用者が増えることで通話可能先がその二乗に比例して増加することで、利用者の利便性が飛躍的に高まるという「ネットワークのメリット」が強く働くモデルでもある。つまり、IP電話は、ネットワーク化することのメリットがそれだけ大きく、そもそも備わっているメディア特性として、ネットワーク化を進める推進力が非常に強いといえる。第三節の事例を見てもわかるとおり、実際にIP電話は全国的なネットワーク化、広域連携を推進してきた。そして、IP電話での提携をきっかけとして、全国規模の事業者連携が他の分野に波及していくことも予想される。

「トリプルプレイ」最後のアプリケーションとして登場したIP電話は、CATV事業者にとっては、収益性も決して高くなく、あくまでADSLに対抗するための、顧客獲得に向けたインセンティブとして位置づけられてきた。しかし、特にプライマリIP電話は、顧客の解約防止にもつながるものと考えられ、その意義があらためて見直されている。このアプリケーションの意味は、その存在意義がさらに高まるほど、CATV事業者の全国規模の合従連衡を促進する働きだけにとどまらないであろう。通信事業者との連携も含めた、より大規模な業界再編を誘発するトリガーとしての意味ももちうると考えられる。

四「CATV事業の二重性」の両立へ

つづいて、第一節で指摘した「CATV事業の二重性」に注目し、スケールメリットだけではない「CATVネットワーク」の意義についてとりあげていこう。

「CATV事業の二重性」とは、事業採算性の論理を優先する企業経営者としての側面と、公共性・公益性・地域性への配慮が求められる地域の文化事業者としての側面とのジレンマ状態でもあった。「企業経営者」としては、事業採算性の論理に則り、利潤の追求、健全経営の実現をめざすことが求められる。この論理を推し進めれば、収益性の低いコミュニティ番組の制作に投資するよりも、採算性の高い通信系サービスに力を入れる方が事業効率としては高いことになる。そして、この通信系サービスの収益性をより高めていくための方策が、経営統合による事業の広域化である。つまり、広域志向をもつ「インフラ事業者」としての横顔が見え隠れしてくる。

一方、「地域の文化事業者」としては、地域情報の提供者として公共性・公益性・地域性への配慮が求められる。この立場では、広域志向の通信系サービスよりも、コミュニティ番組に力を注ぐことで地域情報の発信・流通に対して意欲的に取り組んだり、公共アプリケーションによる地域住民サービスの充実を図ったりする地域志向、ローカリズムに向かうことになる。つまり、「地域文化の創造者」として、地域の顔になっていく。

この両側面のバランスをとっていくために、CATV事業者としてはいかなる対応・あり方が求められているだろうか。その手がかりを得るために、双方の立場にとって「CATVネットワーク」がどのような意味をもつのか、経営統合・合併やMSOという経営・資本関係での連携との差異を念頭に、そのメリットとデメリットを整理してみよう。

事業経営者にとって、ネットワークのメリットは、やはりスケールメリットにあり、経営効率化、コスト削減、利用者サービスの向上が目的となる。しかし、これだけでは経営統合によるものと何ら変わらない。ネットワークならではのメリットとしては、つながりの柔軟性を保持したまま、スケールメリットを得られるところにある。ネットワークへの入退が比較的自由であり、ネットワークそのものの再編も容易である。一方、ネットワークのデメリットとしては、合併やＭＳＯと比べて意思決定に時間がかかること、経営効率の追求が不徹底であることなどが挙げられる。

地域メディア・地域の文化事業者の立場としては、ネットワークのメリットは、経営効率を高めつつも事業者の自立性・主体性を保持できることからきめ細かい地域情報提供の実現・維持・充実が図れること、コミュニティ番組のネットワーク化により地域情報の多元的提供が可能となり情報の大量化・多様化が見込めることにあり、結果として利用者にとってのサービス向上につながる可能性が高い。逆に、ネットワーク化に内在する広域志向が、地域情報の希薄化につながらないかという危惧も考えられる。

以上から、「ＣＡＴＶ事業の二重性」のジレンマを緩和・解消するための手段として、「ＣＡＴＶネットワーク」は一定の意味・意義をもつことが確認できる。すなわち、ＣＡＴＶ事業者は、スケールメリットの実現により事業採算性を高めていく経済性の追求と、事業者の自立性・主体性を保持しながら地域文化の創造に貢献する「地域メディア」としての役割を両立させ、バランスをとっていくことが求められている。そのための有効なソリューションの一つとして、「ＣＡＴＶネットワーク」を位置づけることも十分可能であろう。

第六節　まとめ・考察

一　総括

本節では、これまでの論考をふりかえり、あらためて「CATVネットワーク」のもつ意味・意義について考察し、今後に向けた展望も行っていく。

CATV事業者連携の特徴として、地域・エリアや事業形態の差異に伴い、連携に対する意識に温度差が見られ、連携のあり方に大きな違いを生んでいることを指摘した。特に、関西、関東、東海という大都市圏では、業界内外の競争が激化し、事業者間で多様な連携の動きが活発に認められた。他の地域では、エリアや県域の事業者連合を基盤とした連携が顕著であり、県域情報ハイウェイと相互接続したり、それを利活用する事例も散見された。

また、「連携のあり方・分野」と「連携のイニシアティブ」という二つの視点を組み合わせることで、連携のパターン化を試みている。まず「経営・資本関係での連携」と「事業・業務上の連携」という二つに分け、さらに後者を、①CATV局主体の直接的な連携、②事業者間のみの独自の連携、連合組織による共同出資会社の設立、③県など自治体の関与のある連携、④各種サービスプロバイダーを介したアプリケーション・サービスにおける連携、という四パターンに分けて提示した。ここでは、行政側の関与の程度により、「収益性―公益性」という二つの指標への比重の置き方に、一定程度の差が認められた。

こうした各種の連携パターンのうち、ネットワークとしての要件を概ね満たすものとして、「事業・業務上の連携」を「CATVネットワーク」と位置づけてきた。

「CATVネットワーク」の意義・意味としては、一つにはスケールメリットの追求がある。スケールメリットには三種類のものがあり、そのいずれも内在するIP電話に注目し、ネットワーク化への推進力の高さを指摘した。

しかし、スケールメリットだけでは、経営・資本関係上の連携との違いはないに等しい。ネットワーク化の意味は、むしろ「CATV事業の二重性」の両立にこそあるといえる。つまり、スケールメリットの実現により事業採算性を高めつつ事業環境の変化に柔軟に対応することで、激しい競争のなかを生き残っていくという「経営上の難題」と、事業者の自立性・主体性を保持し、地域文化の創造に貢献していくという「地域メディアの役割」とのバランスをとることである。「CATVネットワーク」は、そのための有効な手法の一つでありうる。

すなわち、「CATVネットワーク」が実現するのは、事業採算性と地域の公共性・公益性との両立、経済性（スケールメリット）と経営の自立性・主体性との両立であり、IP電話など通信系サービスに代表される「広域志向」とコミュニティ番組に代表される「地域志向・ローカリズム」との両立ともいえよう。

二　ネットワークの課題

合理的な意思決定のできる統括者のいないネットワーク組織は、大きな課題も抱えている。組織としてのネットワークは、環境の変化に対し、より柔軟かつスムース、迅速に、対応することが可能である。しかし、意思決定という面では、メンバー全員の合意に基づく「説得・誘導型」が原則であることから、そのプロセスに時間がかかりすぎるきらいがある。事業者をとりまく環境の変動が激しい今日の状況にあって、迅速な対応が求められる場面での意思決定の遅れは、事業経営上の致命傷ともなりかねない。この意思決定の遅さというネットワーク組織の課題は、いかにすれば解決可能だろうか。ネットワークとしての性質から、そのための手がかりを見出していこう。

本章では、「CATVネットワーク」を「戦略的ネットワーク」として位置づけてきた。そのネットワーク上で、コミュニティ放送など地域情報の提供や交換・交流を継続し、事業者相互間での人的交流が活性化すると、次第に「相互行為的ネットワーク」としての性格も備えるようになる。これは、ネットワークのもつ目的志向性と相互行為的志向性との両立、戦略的ネットワークと相互行為的ネットワークとの相互交流でもある。つまり、戦略的ネットワークを起点としながらも、それが深化する過程で相互行為ネットワークを取り込みつつ、その相互交流により社会的ネットワークでのコミュニケーションを質・量ともに活性化していく。これが、物理的ネットワークも巻き込むことで、さらに物理的ネットワークと社会的ネットワークが相互に高めあい、らせん状に高度化する現象につながっていく。すなわち、三種類のネットワークのコラボレーションによる相互交流・相互研鑽が、ネットワークの高度化をもたらすのである。

こうしたネットワーク内部での運動が、課題解決の手がかりになると考えられる。金子郁容によると、「参加型ネットワークにおいて意思決定が合意によってなされるということは、決定の過程に時間がかかるという問題はあるが、その過程は実はネットワークの発展の過程そのもの」であり、「合意にいたれば、それは人から押しつけられたものでなくて自分で納得したうえで選んだもの」であるので、「参加型ネットワークでは、コンフリクトが解決されるにつれてネットワークは次第に強固なものに育っていく」。そして、「ネットワークのメンバー間でコンフリクトを乗り越えようと対立と調整を繰り返すうちに、いつしかネットワークに「敏捷性」が生まれる」という。(46) つまり、ネットワークは、意思決定の「調整プロセス」に時間をかけ、三種のネットワークの相互交流・相互研鑽を積んでいくことで、次第に高度化・成熟していき、意思決定に「生物における反射神経のような俊敏さ」が生まれるものと考えられる。

ネットワークをめぐっては、その構造や運動原理など、まだまだ解決されない課題や解明できない謎も多い。例えば、ネットワークは、大きくなればなるほど参加者のコストが小さくなる反面、その便益が大きくなるという性質をもつ。さらに、それにつれて不参加者の被る不便や不利益は大きくなることが予想される。つまり、ネットワークの論理に巻き込まれることで、不参加者もやがて参加せざるを得なくなり、ネットワークはますます大きく成長していくことになる。この場合には、ネットワーク間のみならず、成長するネットワーク内での競争・競合といった問題も生じることが想定され、相応の対応が求められてくる。これも、今後に向けたネットワークの検討課題の一つとなろう。

三　今後に向けて

CATV事業は、今後、事業採算性という経営者の論理を至上とする弱肉強食の業界大再編の波に流されてしまうのか、地域における文化産業としての地位・役割を保持できるか、予断を許さない状況にある。そうしたなかで、業務上の連携により経営上の生き残りを図りつつ、「地域メディア」としての主体性・独自性を保持していくために、「CATVネットワーク」というあり方は、間違いなく有効な手法と考えられる。

CATV局業界では、いわば硬直した旧態依然とした体質を問題視する声も聞く。それをふまえると、まさに構築途上の「CATVネットワーク」としては、ヒエラルキー化の傾向を防ぎ、硬直した体質を変革していくようなオープンで柔軟かつ創造的なネットワークたることが求められてくる。そのための重要なヒントが、ネットワークの特性への理解をより深めていくことで明らかになってくる。すなわち、朴のいう「オープン性」、「メンバーの重複性」、「余裕・冗長性」といった、生き生きとした創造的なネットワークに求められる特性を取り込みつつ、さらに「ネットワーキング」という動的な考え方を取り入れていくことで、三種のネットワーク間の相互交流・研鑽を高めていく必要がある。そうすることで、緩やかな連携による、しなやかさと強さを併せもった複合的なネットワークへと「CATVネットワーク」を進化させていくことが、今後に向けて求められてくるだろう。

さらに、ネットワーク化の次に何をするのか、ネットワークを使って何をするのかが、今後ますます問われてこよう。ネットワークすることの意味を明確にし、事業者相互が有機的に連携することでネットワークを有効に機能させ、激変する環境に迅速に対応していくことが求められている。さもなければ、生き残りをかけた業界再編の大波にのまれてしまう日もそう遠くはないであろう。

（1）日本ケーブルテレビ連盟『ホロニック型オールケーブルネットワーク構築に向けて』、二〇〇四年。

（2）本章は、中央大学社会科学研究所「地域メディア研究」チームのメンバーを中心に実施した、日本各地のCATV局および県や市町村等の自治体への調査をもとに、論考を進めたものである。本文中に事例としてとりあげているCATV等には、以下の日程でインタビュー調査を行っている。

銀河ネットワーク：二〇〇四年一月。サテライトコミュニケーションズネットワーク、鳥取県庁：二〇〇四年八月。上越ケーブルビジョン、安塚ケーブルテレビ：二〇〇四年一二月、二〇〇五年二月、東北ケーブルテレビネットワーク、三重県庁、松阪ケーブルテレビ：二〇〇六年二月。

（3）“Hybrid Fiber Coaxial system”の略。幹線には光ファイバーを使い、各家庭までの支線には分岐・分配の容易な同軸ケーブルを用いて構築されたCATVのネットワークシステム。二〇〇六年一月現在でも、いまだ主流となっている。

（4）“Fiber To The Home”の略。一般家庭までの通信回線をすべて光ファイバー化すること。これにより、ブロードバンドのコンテンツやサービスを統合的に提供することが計画されている。

（5）CATVの起源を遡れば、通信サービスは決して目新しいものではない。なぜなら、農水省が推進したMPISなどのCATV施設の前身として、農村型の有線放送施設が位置づけられることが往々にしてあるからである。有線放送では片方向の通信機能をもつ告知放送以外にも、エリア内のみで通話可能な双方向の有線放送電話が設置されたケースも少なくない。こうした有線放送（電話）をその起源に位置づけることで、CATVはその以前から「双方向性をもった通信インフラ」としての意味をもっていたともいえる。

（6）“Multi Purpose Information System”の略。MPISとは、農林水産省が補助金事業として推進した、主にケーブルネットワークを利用した農村型の多目的情報システムのこと。放送メディアの受信はもちろん、パソコンによる双方向の情報システムや在宅医療システムなどの実現を目的とする。

（7）日本ケーブルテレビ連盟、前掲書。

（8）通称は、“J-COM Broadband 神戸芦屋”。

（9）二〇〇五年十月現在、グループ局一三局とサービス提携局二三局からなる。

（10）“Multiple System Operator”の略。複数施設保有者と訳され、CATV統括会社とも呼ばれる。複数の地域のCATV局を統合的に保有・運営する事業者のこと。

（11）二〇〇五年十月現在、事業運営を行うグループ局五社とサービス提携局からなる。

（12）通称は、“J-COM Broadband 大阪”。

（13）通称は、“J-COM Broadband 和泉”。

（14）通称は、“J-COM Broadband 泉大津”。

（15）二〇〇五年六月より、順次サービスを開始予定である。

（16）二〇〇五年九月末現在。『月刊放送ジャーナル』二〇〇五年一一月号、放送ジャーナル社、四一、五八頁。

（17）自ら事業もおこなう統括会社一社と事業会社五社から構成される。二〇〇四年一一月の合併により、サービスエリアは大阪市九区、大阪府北部一〇市一町にまたがり、加入件数は合計三七・一万世帯と全国で三番目の規模となった。

（18）メトロポリタンケーブルテレビフォーラムを母体として、二〇〇三年三月に設立された。首都圏一二事業者が参加している。

（19）設立は二〇〇〇年六月。荒川流域の一〇事業者が参加している。

（20）ソニー、東急、トヨタ、近鉄などから出資を受けている。サービス利用局は一〇〇事業者ほど。コンテンツ配信サービス、インターネット接続サービスを提供している。

(21) 二〇〇四年二月に、有線役務放送事業者登録をしている。

(22) 首都圏での「ケーブルフォン」の商用サービスとしては、日本デジタル配信（JDS）のサービスを導入した入間ケーブルテレビが二〇〇三年八月に開始したのが最初である。

(23) "Internet Service Provider"の略。インターネットへの接続環境を提供する事業者のこと。

(24) 具体的には、アイテック阪神、イッツ・コミュニケーションズ、KMN、シーテック、ジャパンケーブルネットというIP電話サービス提供事業者五社がIP電話用スイッチを相互接続している。

(25) 三重県が整備した地域IX「三重インターネットエクスチェンジ（M-IX）」に八社が接続することで実現している。

(26) 交換機を用い、非常通話が可能で、NTT東西地域会社の加入電話を代替可能なIP電話サービスのこと。ケーブルIP電話の多くは、「セカンダリ」と呼ばれる、「050」ではじまる専用番号を使うサービスである。

(27) 『ケーブル新時代』二〇〇四年七月号、NHKソフトウェア、一七頁。

(28) "Headend In The Sky"の略。多チャンネルのデジタル放送をパッケージ化し、通信衛星を使って各地のCATV事業者に向けて配信するサービスのこと。日本では、JSAT系のJC-HITS、宇宙通信系のi-HITSがある。

(29) 二〇〇六年一月現在。

(30) 二〇〇五年一一月末現在、サービス利用局は一六三事業者である。

(31) それゆえ、リニアなスタイルで簡潔に記述できるものでもなく、あくまで暫定的かつ一面的な現状認識とパターン分けであることも付記しておく。

(32) 福田豊『情報化のトポロジー：情報テクノロジーの経済的・社会的インパクト』御茶の水書房、一九九六年、二〇一頁。

(33) 金子郁容『ネットワーキングへの招待』中央公論社（中公新書）、一九八六年、七―八頁。

(34) 朴容寛『ネットワーク組織論』ミネルヴァ書房、二〇〇三年、二―四頁。公文俊平『情報社会学序説：ラストモダンの時代を生きる』ＮＴＴ出版、二〇〇四年、一〇〇―一〇六頁。辻正次・西脇隆『ネットワーク未来』日本評論社、一九九六年、三―四頁。ほか。
(35) 今井賢一『情報ネットワーク社会』岩波書店（岩波新書）、一九八四年、七〇頁。
(36) 金子郁容、前掲書、三一頁。
(37) 公文俊平『情報文明論』ＮＴＴ出版、一九九四年、二三七頁。前掲書、二〇〇四年、一〇六頁。
(38) 朴容寛、前掲書、一五―一九頁。
(39) 鵜飼孝造「ネットワーク論」平松闊ほか著『組織とネットワーク』甲南大学総合研究所、二〇〇〇年、二三―三三頁。
(40) 片桐新自・杉野昭博「序章　組織とネットワークをめぐる基本概念の整理」組織とネットワーク研究班編『組織とネットワークの研究』関西大学経済・政治研究所、一九九九年、一―七頁。
(41) 朴容寛、前掲書、二〇―二五頁。
(42) あくまで理念的な区分である。実態として、厳密にはこの区分に疑問符の付くものも十分に想定される。
(43) 辻正次・西脇隆、前掲書、一九九六年、一五―三三頁。
(44) ネットワークに参加する人が多くなると、その便益が大きくなる特性のことをいう。
(45) ボブ・メトカーフ（Bob Metcalfe）。ＬＡＮの定番ともいえる規格であるイーサネットの開発者として知られる。米スリーコム社の設立者。メトカーフの法則とは、氏が一九九五年に提唱した「ネットワークの価値はノード数の二乗に比例する」という法則のこと。
(46) 金子郁容、前掲書、三四―三九頁。

参考文献

Ａ・Ｌ・バラバシ『新ネットワーク思考』青木薫訳、日本放送出版協会、二〇〇二年。

Ｍ・ブキャナン『複雑な世界、単純な法則』草思社、二〇〇五年。

林茂樹「2　地域メディア小史―新しい視座転換に向けて」田村紀雄編『地域メディアを学ぶ人のために』世界思想社、二〇〇三年、二九―五四頁。

今井賢一『情報ネットワーク社会の展開：The information network society』筑摩書房、一九九〇年。

今井賢一『21世紀型企業とネットワーク』総合研究開発機構、NTT出版、一九九二年。

今井賢一・金子郁容『ネットワーク組織論』岩波書店、一九八八年。

金子郁容『コミュニティ・ソリューション』岩波書店、一九九九年。

金子郁容・松岡正剛・下河辺淳『ボランタリー経済の誕生』実業之日本社、一九九八年。

公文俊平『ネットワーク社会』中央公論社、一九八八年。

宮本孝二他編『組織とネットワークの社会学』新曜社、一九九四年。

D・ワッツ『スモールワールド・ネットワーク』辻竜平・友知政樹訳、阪急コミュニケーションズ、二〇〇四年。

山倉健嗣『組織間関係：企業間ネットワークの変革にむけて』有斐閣、一九九三年。

安田雪『ネットワーク分析』新曜社、一九九七年。

第三章　地域住民による〈メディア活動〉をどのように捉えるのか

浅岡隆裕

第一節　問題の所在

一　本章の目的(1)

全国各地で地域住民の手による情報収集・加工・発信といった動きが活発に見られるようになった。個別事例の詳細は各事例についての詳細なレビューに委ねるとして、本章ではそれらのより一般化した知見の抽出をめざす。本章の流れとしては、①住民の「メディア活動」をメディア・コミュニケーション研究の中でどのように位置づけていくべきなのかについて最初に触れる。次に各地のメディア活動に対するインタビュー調査及び文献研究から、②メディア活動を支えるモチベーションや行動規範、そして最後に、③メディア活動が拡大していくための要件といったものを整理しておきたいと思う。

使用するキーワードとしては、メディア活動、地域メディアと市民メディア、地域情報化、社会的コミュニケーション過程、公共情報といったものになろう。

「メディア」と一口に言っても、情報提供を主機能とする《情報メディア》としての側面と、情報交流や双方向コミュニケーション的な《コミュニケーションメディア》といった側面で捉えられるが、本章では両側面で使用していく。

最初にメディア活動が営まれる地域社会において、メディア状況がどのように構成されているのかといったスケッチから始める。

二　地域コミュニケーション変容の様相

今日、地域における社会的コミュニケーション過程に大きな変化が生じていると考えられる。これまでは「公共」といったものが行政の独占領域であり、それを支えるシステムとしての（マス）メディア産業といった組み合わせで、地域での「公共情報」が産出され機能してきた。換言すれば、行政とメディア企業によって独占的に公共情報が形作られ、公共議題やその定義を規定してきたと言えよう。一方、オルターナティブ性を持ったメディアや住民による表現活動とそのアウトプットは周辺的な位置に置かれてきた。

しかし一九九〇年代以降、公共は〝あるもの（所与）〟から〝つくられるもの（構成）〟へといったように、公共であることの自明性や「日本的な公共」概念の問い直しが強まると同時に[2]、上記の公共情報産出の基盤も地殻変動を起こし始めている。

そういった状況の中、地域住民の手による「メディア活動」が各地で活発化してきている。「市民によるメディアアクセス」の類型を整理した松本によれば、①既存の放送局に対するアクセスと、②映像によるナローキャストを実現するブロードバンド・インターネットによる発信などを挙げている（松本、二〇〇四）。

これまで何の説明もなく使用してきた「メディア活動」とは、地域での情報を収集・加工・編集し、それらを何ら

表3－1　地域情報産出のセクターと主なメディアの特質

←プロフェッショナルな組織	情報産出の主体	任意集団→
(マス) メディア産業	行政，営利団体・企業	ＮＰＯ，住民団体，サークル
書籍・新聞・雑誌 県域テレビ 県域ラジオ ケーブルテレビ インターネット	広報 コミュニティペーパー ケーブルテレビ（ＭＰＩＳ） コミュニティＦＭ インターネット	ミニコミ誌 ニューズレター パンフレット インターネット →自前のメディア保有と，既存メディアへのアクセスの拡大へ
地域情報の伝達，広告メディア	行政情報告知，ＰＲ媒体	集団内コミュニケーション →情報発信・交流など社会領域での活動への関与を強める
商業的成功が行動原理	政策や企業活動のスムーズな展開・存続が行動原理	→地域社会でのそれぞれが見出す社会的意義が行動原理に
←相対的に大きい	情報産出量	相対的に小さい→

かの媒体を通じて、流通・伝達していく一連の集団的または個人的行為、と定義しておく。いわゆる「市民メディア」[3]もこの範疇に入ると思われ、時代の大きなうねりの一つとなって現出してきている。本章では映像・音声などの放送コンテンツの流通を中心に考察した上述の松本の分類に加えて、インターネットによる情報提供・発信・交流活動も考察の対象としている[4]。

三　地域でのコミュニケーション主体の布置構造

差し当たり地域メディアにおける情報・コミュニケーションメディアの布置を理念的に概括してみたい[5]。表3－1は地域社会における情報発信主体ごとに、《セクターの社会的性格付け》、《主なメディア》、《機能》、《行動原理》、《情報産出量》という観点から相互比較したものである。

これまでの構図について単純化を恐れずに言えば、情報発信の担い手はメディア企業であり、その情報源として官庁などによる行政情報、そして企業、各団体によるＰＲ情報などが占める割合が高かったと言えよう。

セクターとしての地域で活動する住民諸団体が主に使用するメディ

アは、ミニコミ誌、ニューズレターといった印刷媒体、そしてインターネットである。物理的な配布の場所や最終的な受け手に届けるまでの輸送コストが必要であった印刷媒体に比べれば、インターネットの登場以降、発信する情報流通の可能性が飛躍的に高まったことは確かであろう。周知の通り、インターネットは情報通信技術の総称であり、具体的な機能としてのホームページ、メーリングリスト、メール、電子掲示板などが知られており、「Windows95」が発売された一九九六年以降、住民活動によってこのような媒体が駆使されるようになっている。

さらには既存の放送メディアであれば、住民団体のメンバーの番組出演を含めた番組制作過程への参画、あるいは自身の人材や知識を投入して番組そのものを自分たちで制作する、といった動きも増加している。このような動向を一言で表すならば、自前のメディア保有と既存メディアへのアクセスの拡大ということになろう。これは量や頻度など露出量的な側面であったが、次にその中身・内容の質的な面にも着目していきたい。

メディア活動の機能としては、自らの集団メンバー内での情報伝達やコミュニケーションが中心であったものから、自分たちの活動を広く社会的に発信・伝達するようになったことが特筆されよう。確かに以前にも自分たちの活動を広く知らしめることを目的にした側面があったものの、情報流通の難しさなど数々の制約が存在した。かつては伝達の手段や方法が非常に限られていたのである。

次にそれぞれのセクターを突き動かす行動の原理に目を転じてみれば、他のセクターに比べると住民団体のそれは多様であると言えよう。地域社会においてそれぞれの集団が掲げる社会的意義がどの程度達成されることができるのか、といったタスク指向的なものが主に想起される。繰り返しになるが、その社会的意義は多様性であり、既存メディアや行政・企業体の原理である《効率性》とか《最大の効果》といったものに集約されるものではない。

以上見てきたように、地域での住民団体によるメディア活動の活発化と、地域情報の産出構造における大きな変化がパラレルに生じつつあることをまず確認しておきたい。

四　メディア研究における現状認識

こうした地域住民の手によるメディア活動に対する着目は、メディア研究の文脈でなされることが多くなった。いくつかの研究の系譜が見られるが、思いつくままに挙げてみれば、「ミニFMラジオ運動」や「自主ビデオ制作」などオルターナティブ・メディアの文脈から可能性を見て取る市民メディアの流れ、そして必ずしも地域情報に限定されるわけではないがパソコン通信という電子空間において理性的なコミュニケーションが交わされる「ネチティズン」に関する言説、地域や特定の志向を持った読者に絞り込む形で展開されるミニコミ誌・タウン誌研究の流れなどが挙げられよう。さらにやや視点を広げるならば、必ずしも住民主体というわけではないものの、より地域住民に近い目線を持つ利点を活かしたケーブルテレビに関する一連の研究がある。地域メディアという枠内から言えば、「地域住民によるメディア参加」に関する研究が出され始めたのは、川島の分類による地域メディア研究の第一期（一九七〇年代）、第二期（一九八〇年代）に続く第三期の一九九〇年代ということになる（川島、二〇〇〇、六五―六七頁）。

これらの研究は方法論的には主に「現場ルポルタージュ」形式を採用し、活動事例を実証的に捉えたものである。研究の多くは、初期からメディアを使いこなすという特殊な技能を持った、つまり知的レベルが高く、行動力があるといったかなり限定された人物を対象に行われたものであった。これらを《初期のメディア活動の研究》と一旦分類しておけば、仮に第二期とカテゴライズする近年（主に二〇〇〇年以降）の系譜は、思想的には一期の延長にあると言えるものの、関与する人数の量的な増加と社会領域での存在感を確保し始めたということに特徴があるということができよう。

住民のメディア活動に対する近年の主な記述としては、「表現する市民たち」（児島、一九九八）「受け手の送り手化」（児島、一九九九）「メディアアクセス」（津田、二〇〇一／松本、二〇〇四）、「メディア・プラクティス」（水越、二〇〇三）、「メディア活動」（二〇〇四、松野）などが挙げられる。とりわけ二〇〇三年以降多くの事例報告が公刊されるようになってきている。それぞれ語っている文脈は異なるものの、情報社会におけるマスメディアとは異なった多元的なメディアあるいは情報とコミュニケーションの回路ができつつあることに対してポジティブな評価づけがなされていることでは一致している。

そしてこのようなメディア活動が生起している場所こそが、ローカルの固有名を持った《地域》である。

これらの動向の背後にあるのは、林が指摘するように「メディア・ローカリズム」に対する積極的な自覚とそれを継続させる活動組織体であることは確かであろう。林は次のように定義している（林、二〇〇四）。「メディア自体が地域（住民）による地域のためのメディア活動を展開するなかで、地域の安定や発展、まちづくりに貢献することを指向することで、中央を意識せず、中央経由のメディア活動を排除した考えや行動様式のことである」。

このような意識あるいは社会心理が長い間かけて醸成されてきていた。一九七〇年代、田村は「コミュニティ・メディア」という概念を使い、ナショナルなメディアには決して包摂されない原理を持つローカルなそれを取り上げ、各地域での事例を記述している（田村、一九七二）。[6] 近年のメディア活動の中には確かに単体で何の脈絡もなく自然発生したという事例も存在するが、多くはその萌芽自体にメディア・ローカリズムのような社会心理の歴史的な積層が根底にあり、技術的な動向も相まって一挙に開花していることが見て取れる。

本章ではさらに歩を進めて、そのようなローカル意識の中にもいくつかのバリエーションが存在しており、地域でのメディア活動の中の多様性を見出していく。

第二節　研究方法・アジェンダをめぐって

一　研究対象との関わり

メディア活動に関わる集合的実践に対する研究方法として、個々の事例をケーススタディ的に取り上げるスタイルが一般的であるが、どのようなスタンスで取り上げるのかという点が問われる。

ともすると個別案件に固執するあまり研究対象を称揚する姿勢に傾きがちであり、取り上げる個々の事例を金科玉条のごとく扱う恐れを指摘しなくてはならない。その意味ではたとえが悪いが、「ミイラとりがミイラになる」ことがないような対象との一定の距離感を保持するといった研究姿勢が求められることは言うまでもないだろう。

またある種の期待も後押しする形で、個別の事例報告も増えている。ところが実際にはインプリケーションは少ないことは実感される。その理由としては一例もしくは数例に密着した観察やヒアリングといったフィールドワークが主なデータ収集法となり、個別の特徴は散見されるとしても、それをなかなか理論へ昇華させることが困難であるという点が挙げられよう。さらには事例の面白さや独自性に振りまわされてしまい、肝心の理論化までレベルアップができないということも考えられる。言わば事例の《事象のコレクション》に終始しないためにも、常に一般化・理論化の作業を意識する必要がある。

この点はかつて「アクティブ・オーディエンス」（能動的受け手）理論に似た構図が見られる。すなわち理想態としてのメディア・コミュニケーションやオーディエンス像について語れば語るほど、それが理想のモデルとして一人歩きしてしまうということである。結果的に賛意を示す論考がたくさん出され多くの期待が寄せられたが、まとまった実証知見がないまま、今日に至っているのである。

二　メディア活動を対象とするディシプリンの不在

マスメディアからの情報を受動的に受け取ることだけに留まらずに、主体的に情報を収集・加工・発信するといった情報産出の過程に携わるメディア活動を、メディア・コミュニケーション理論をなぞって言えば次のように位置づけられるだろう。すなわち、その活動従事者は《アクティブ・オーディエンス論》を一挙に飛びこえ、《情報発信の担い手（アクター）》にさえなってしまっているように見える、と。

これまではメディア活動を論じる立脚点は、主に受け手論あるいはメディア・リテラシー論の延長での議論である。あるいはインターネットに見られるように技術的な動向の論理的帰結からこの種のアクティビィティが仮説的に論じられてきたと言い換えても良い。

マスメディア・コミュニケーションによる受動的な情報接触をするオーディエンスが、場所／時間によってはメディアに対する全く異なる接触意識・態度を持つという事態に対して既存の学問体系では説明できない部分が多く見受けられる。これは論ずるスキーム自体を問題としていかなくてはならない。

その理由については、従来のマス・コミュニケーション過程を「受容」や「解釈」面から説明するオーディエンス理論では、その枠外とも言える《メディア活動》を説明することは困難であると考えられるからである。

さらに敷衍して言えば、三点からオーディエンス理論からの限界点が指摘できる。

まずそもそも「担い手」（＝アクター）についての理論的精緻化がほとんどなされていないことである。説き明かされなければならない課題としては行動原理やモチベーション、求められている社会的機能、などである。児島が言うように「受けるのと全く異質の活動が展開」してきているのであり、送り手から受け取った情報の中での解釈、改変、相互作用といったオーディエンス理論の観点では、情報の創造という行為、過程は到底扱えないだろう。さらにこのような自らの考えを発信していく主体、あるいは身近な地域の問題を理性的に討議し何らかの解決策を探っていくような営みは、これまでの「受身的」と言われてきた権力と対峙するスタイル、すなわち「政治／コミュニケーション文化の特質」を変革させる可能性を秘めている。情報主体という域を超えて、金子の言う「コミュニティ・ソリューション」（金子、二〇〇二）の担い手であり、そのいくつかの手段の中の一つとしてメディアやコミュニケーションを駆使するというアクター像までも考えられる。

また一方でメディア活動をするメンバーのそのアクティビティ（能動・活動性）を所与の前提のように言い切ってしまうことの危なさも挙げられる。つまりIT機器を操作・使いこなす能力に優れていたとしても、それは良質の情報を発信するといったことを保障するものではない。むしろ現在でも、情報発信という目新しいイベント性に捉われるあまり、情報の中身そのものはさほど問われていないことが多い。能動性という時の内実としては機器を運用できるといった側面が言及されることが多いのである。しかしそれ以上に能動性が高いのは、情報の中身そのものをいかに作ることができるのかという点（自分たちの伝えるべき情報という理念と地域住民が実際に知りたがっていることをマッチングする能力）である。意外にもこの能力は等閑視されているが、情報を収集・加工し、適正な形でアウトプットするといった能力は普段の日常生活で身につくアクティビティではない。それは不断の鍛錬が要求されるものであるのだ。

第三に指摘したいのは、何よりも情報発信活動あるいはメディア活動と一括りにしてしまうことによって、それぞれの活動の動機や活動そのものがめざすことになった地域社会での文脈性ということが失われてしまう恐れがあるということである。

三　メディア活動のミクロ・アプローチ

以上のように見てくると、メディア活動は社会的コミュニケーション過程内における別の立ち位置で検討した方がより現実的なように思われる。実情を鑑みると、《メディアの担い手論》とも言うべきカテゴリー化や理論装置の開発が望まれるのである。その際の一つのヒントになると思われるのが、地域社会というコミュニケーション空間を措定し、その総体の中での情報の授受を、ミクロ／マクロレベルの組み合わせで解明していく《地域メディア・コミュニケーション研究》といったものではないだろうか。

ナショナルレベル（全国）、リージョナル（県域）、ローカル（市町村単位以下）といった情報の階層的区分が想定されるが、実際の地域に暮らす住民にとっての情報秩序や存在価値としての重要度は必ずしもこのような区分や順番ではないのかもしれない。例えば筆者が関わった北海道の西興部村の調査では、「全国」「道」「村」という情報単位に同程度関心が存在し、なおかつそれぞれの主要な情報源として、テレビ、地方紙、村営のケーブルテレビ・口コミといったようにメディアの使い分けがなされている実態が明らかになっている（岩佐ほか第九章参照）。北海道の人口一六〇〇人あまり過疎のこの地では意外にも「情報飢餓」感覚が持たれていないということもインタビュー調査を通じて浮き彫りになってきた。全国や北海道に関する話題はマスメディアから受け取っているもので、視聴者＝受け手として十分満足している様子がうかがえる。逆に「村内の情報の質的充実」を求める声は大きかった。インタビューで住民の中にはケーブルテレビの地域番組のプランや自分の職場（知的障害者の施設）を村民に広く知ってもらうための番組を作りたいといった希望を熱く語る人がいた。このように北海道のこの村では地域情報の磁場が形成されており、そこに何らかの触媒が働きさえすれば、番組の作り手（メディア活動の担い手）が誕生するはずであることは十分に予見できた。

北海道の例は、まだメディアの担い手＝アクターが実際に誕生していない段階であるが、地域社会での情報環境をスケッチし、さらにその担い手の受け皿となるべき人の情報行動や意識をミクロに観察することにより、アクターの生成過程やパターンを正確に把握することができるだろう。こうして一般人はある局面では受け手（オーディエンス）であり、別の局面では担い手（アクター）になることの両義的性格を扱えるようになるのではないか。

改めて言うまでもないが、地域住民によるメディア活動を地域社会の文脈を離れて論じることは非常に難しい。次に地域住民のメディア活動がどのような意味を持って行われているのかを見ていきたい(7)。

第三節　地域社会におけるメディア活動

一　集合的実践活動という意味

今日見られるようなメディア活動が「実践的」であるという理由は、映像好きの好事家の趣味（自分たちの鑑賞や記録のため、あるいは映像コンテストに出品して撮影や編集、構成のテクニックを競う）の域を超えて、そこに何らかの別の目的を伴っているからである(8)。活動団体の中には、「メディアを作ることそのものが目的ではない」と言い切るところもある。そして、これらの活動団体の目的として挙げられるのが、地域社会の活性化（＝地域おこし）や住民間の交流促進などである。「メディアを活用した村づくり」「映像を使った町おこし」といった標語に見られるように力が入っている場合も多い。〝手段や道具〟としてのメディア活動に従事するということは、社会に関わるより積極的な能動性や意欲を必要としている。逆にメディアの技術的な側面に通じているだけではあまり用はなさないと言ってよい。もっともメディア・コミュニケーションという原形を考えてみても、お互いの意思疎通により共通の目的を達成していくという側面があるわけだが、メディア活動の場合は地域に関わるより実利的・実践的な目標・課題が想定されているということなのである。地域社会における自律的なネットワーキングやボランタリーなアソシエーションが機能しているという点で日本よりもはるかに先を行くとされるアメリカにおいても、ＩＴ技術による「コミュニティ実践 community practice」が急務とされている。ディは情報・コミュニケーション技術（「ＩＣＴ」；Information and communication technology）の重要性を指摘しつつも、技術自体はコミュニティ問題を解決するに当たり、寄与はしてくれるものの、それ自体が解決そのものを作り出すわけではなく、実践するのは「人間」であるという点を強調している（P. Day, 2003, p. 217）。しかし日本的文脈において、この課題・目標がメンバー間で共有されている、あるいは合目的的にメディア活動が営まれているという点については後述のように留保が必要である。

多くの場合は、メディア活動は個人ではなくて集団的活動、とりわけＮＰＯ（非営利特定団体）の形態をとっていることが多く、その会員が当該メディア活動を支えるコアメンバーとなっている。このような形態をとることで個人やごく少数の仲間内だけでは実現できないような活動の持続性をもたらしているのである。改めて言うまでもなく、このＮＰＯという受け皿ができたことが一つの画期になっているだろう。今でこそ乱立の様相を呈し、休眠状態のものも多くあると聞くが、ＮＰＯという、言わば行政権力によって「公共性を持った機関である」との認証を受ける形で、住民団体が自己の存在意義を確認し、設立していった側面は大きいのではないだろうか。二〇〇三年には日本で初めてＮＰＯが母体となったコミュニティＦＭ局が京都に誕生し、注目を浴びたことも記憶に新しい。

事例調査から明らかになったように、メンバー間の動機は様々であり、同一方向ばかりを向いているわけではない。

ところが中心的なリーダーが存在し、メンバー間の意思や思惑の齟齬を調整し、活動を推進させていることは一致して見られる。必ずしもそのリーダーはメディアの技術的な特性を熟知しているわけではなく、技術に詳しいスタッフがサポートしている場合も多い。むしろリーダーの資質として問われるのは、事業構想力やコーディネート力、あるいはファシリテーター（まとめ役、仲介者、司会者）としての力量である。これらのスキルは、メディア活動とは直接関わり合わない一般的な市民活動において求められることとさほど違いはないと言える。

以上述べてきたような動きに新しいメディア文化の一つの機制を感じつつも、「市民メディア」というアポリア（難題）が存在していることも否定できない。

二　市民メディアのアポリア

ここで「市民メディア」についてまとめておきたい。「市民」概念については多様な意見があり[9]、これまで本章で使用してきた「住民」とどこが異なるのかについてまず示しておく。市民メディアとは、地域でのメディア活動のうち、特に「市民参加」を理想として掲げ、言語了解的なメディア空間の成立をめざすものであり、地域メディアの下位類型として定義しておきたい。市民は構成概念であり、〝これが市民です〟といったような実体は持たない。個人の属性や本質というよりも、意識や行動原理に基づいて構成される「人格的存在」である。市民と呼称した時点で、そこには好ましい価値的な色彩を帯びており、ある種の宿命を背負っているような概念である。

本章では価値自由的に考察を進めたいという理由から市民というタームを使わずに、「住民」という記述用語を使って話を進めている。ただし、ヒアリングをした感想としては、メディア活動に参加している人は共通して「庶民」「消費者」とは異なる見識や問題関心を持っていることは明らかであるように思われる。従って、住民という手垢がついていない用語を使っていながら、そこには暗黙のうちに〝地域に関心が高く、他者と連携して問題解決に当たろうとする姿勢が見られる住民〟といった性格づけがされるのも事実である。

市民メディアではマスや商業ベースのメディアへの対抗軸として自らを位置づけており、既存メディアに見られる「弊害」を是正すべく様々な取り組みがなされている。インターネット上で活動する団体は実際に増えており、市民メディアの中核をなしつつある。それでは一件順調そうに見える「市民メディア」の何が問題とされるのか。

理想的なメディア・コミュニケーションを探求する立場から言えば、様々な意味で市民メディアが市民生活においてのポジティブな評価づけがなされることは確かであろう。例えば市民参加が進むことによるデモクラシーの促進といったようなメリットが容易に挙げられる。

一方のネガティブな側面として、「市民メディア」という理念を追求していけばいくほど、一般の生活人との乖離が生じてしまうことが挙げられる[10]。例えば、インターネットにおける市民メディア的な情報発信ならばアクセス数が伸び悩み、あるいは既存メディアへのアクセスの場合には「反響のなさ」などに見て取れる。

(民主的な)市民参加ということに評価の軸足を置こうとすればするほど、これらの市民メディアという試みは少数のコアメンバー周辺には好ましい評価づけを得られるものの、マジョリティな位置を確保する地域住民全体からは「浮き上がってしまう」といった困難に直面するのである。すなわち一般の住民が知りたい、見たいと思っている情報欲求とメディア活動側の提供するものとの間に存在する齟齬が鮮明に浮かび上がってくる。さらには、プロの作り手による既存のマスメディアによる作品と、市民メディア活動のそれとはクオリティ面、内容面での溝が意外に深く横たわっていることが露呈してきた。これらをして住民が市民メディアに近づき難いことに拍車をかけている。

従ってメディア活動がコアなメンバー受けするような自己満足に終わらせずに、広く住民に訴えかけるようなメディア活動を作り上げるための努力が必須条件となってこよう。これは超えなくてはならない壁の存在である。また外部の評価が入っておらず、コアメンバーの自己満足に留まっているのではないだろうか。そのようなクローズドなメディアではなくて、いかなる住民にも開かれたものになるための課題も指摘されなければならない。

三　地域メディアと市民メディアのあいだ

先ほど指摘した通り、本研究では地域メディアの下位概念として市民メディアを把握している。[11] ところが実務や学術研究レベルで、この両者が混同して使用されていることは否めない。地域メディアの中に市民メディアというカテゴリーを包含することができても、逆に雑多な地域メディアが存在するが故に市民メディアの中には実際に地域に存在するメディア活動を全て包含することができないと考えられる。この地域メディアと市民メディアのあいだにある溝は何であろうか。もちろんグラデーションはあるにしても、そこには《規範意識》と《オルターナティブ・メディア》であろうとするかどうかといった意味づけの違いがあると思われる。もちろんこの両者に質的な差があるということはできても、優劣といったような上下関係をつけることはできない。

地域社会においてメディアの多様化によって市民メディア、地域メディアが百花繚乱のごとき体をなしており、情報ソースそのものの「多元モデル」としての成熟が見られる。研究の動向としても同じようなことが指摘できる。

地域メディアの事例をその志向性によって試みに分類してみると、

①《オルターナティブメディア》マスメディア批判に主軸を置いて、それがカバーできない活動をする。

②《地域メディア》地域の実情に応じた実践指向に基づいた流れといった二つの潮流があろう。

さらに別の切り口として、

表３－２　地域情報産出のセクターと主なメディアの特質

Ⅱ ①オルターナティブメディア ③規範モデル 《普遍的な市民メディア》	Ⅰ ①オルターナティブメディア ④ツールモデル 《普遍的なツールメディア》
Ⅲ ②地域メディア ③規範モデル 《地域密着の市民メディア》	Ⅳ ②地域メディア ④ツールモデル 《地域密着のツールメディア》

③《規範モデル》メディアが特定の理念型モデル（マスメディアのオルターナティブという存在形態）に基づいて運営される。

④《ツールモデル》メディアは何か他の社会的文脈に寄与するために使用される道具的・手段的側面が強い、といったものが想定できる。

これまでは①に依拠するものが多かったと思われる。①のように既存のマスメディアの機能不全や満足できないといった理由とも関連していようが、今後は②の方が増えると予想される。例えば情報発信が苦手な地域のＮＰＯと連携してそれを紹介する広報チャネルとしての使われ方も広がると思われる。

この２軸の組み合わせにより４象限の活動原理の領域が理念的に設定できる（表３－２）。

①と③によって構成される第Ⅱ象限こそが市民メディアと表現できるものであるように思われる。それに対して、第Ⅲ象限の②と④で構成されるモデルが、現在増えつつある地域でのメディア活動のタイポロジーである。

ところでオルターナティブ性を持たないツールモデルの形を取る場合には社会的な発言や討論過程というよりも、私的な情報の交換や広報の一手段の比率が高いことは十分留意されるべきである。私的な情報とは、広く言えば地域に密着した「生活情報」ということになるが、「ショッピングやグルメ」に関わる消費情報の伝達も多く、商業メディア的な傾向に近いことはインターネットによるコミュニケーションメディア的側面では散見されるところである。Ⅱあるいは Ⅲの場合のように地域での公共的な課題を討議すべき《議題》として検証的に取り上げるような「地域ジャーナリズム」ということが真剣に追求される場合が多い。例えばマスメディア的な規範意識を持ちこめば、地域での「環境監視」というメディアジャーナリズム的な役割をメディア活動がいかに果たしうるのかということが問われる。これに比して、Ⅳないしは Ⅰでは地域コミュニケーションの活性化といったことが目標とされることが多く、この時点で目標は達成されるとしても地域ジャーナリズム機能を期待する場合にはかなり厳しい状況である。

また住民にメディアという場を社会への意見表明の空間として与えられたとしても、パブリックなコメントなり、社会的な意見というよりも、自分たちの活動のアピールや宣伝、お知らせの類が多いということである。

このように見てくるとツールモデルで使用されている地域メディアの場合、いわゆる「市民的な公共圏モデル」との乖離は否めない。地域社会という文脈において「公共圏モデル」が機能するとすれば、成熟した市民としての参画意識を持ったかなり対象が絞られた人数ということになろう。例えば「参画」ということをキーワードに考えるならば、神奈川県・藤沢市が開設し、全国での同種の試みの先駆事例となっている「市民電子会議室」への登録人数は二三〇〇人弱となっている。[12] 対人口比から言えば〇・五％であり、この数字を単純に捉えるならば少ない人数であると断ずることもできよう。また「ＲＯＭ」と言われるように会議に参画して意見表明するまでには至らずに電子会議室での議論を閲覧しているだけという人もいる。このような人を広義のメンバーと捉えたとしても、インターネットでアクセスでき（ＩＴリテラシーを身につけ、経済的な余裕がある層）なおかつ藤沢市という地域に特別興味がある（問題関心や意識を持っている）という条件での市民意識を持つ人の割合は対人口比では多くて数％ということになろう。

以上見てきたように「市民メディア」と、地域メディアないし地域でのメディア活動とは違いや位相差があることは確認できたと思う。それは拠って立つ原理なり機能なりが大いに異なるのであり、研究する立場としてはこの違いに自覚的になる必要があろう。

第四節　担い手にとってのメディア活動

一　どのように意味づけているのか

地域でのメディア活動は地域住民（送り手）にとってどのような意味を持っているのか。各地の活動の担い手に対するヒアリング調査から当事者にとっての認識を三つくらいに分類できると思われる。

(1)　マスメディアや既存の商業メディアのコミュニケーション活動に対するオルターナティブ
(2)　愛郷意識やローカルということへのこだわり
(3)　「公共を担う」という意識

補足的に見ていこう。

(1)については、これまでの《ナショナルメディア》に対する《ローカルメディア》という視点、あるいは《商業メディア》に対する《非商業的メディア》というように、いずれも後者にシンパシーや存在意義を感じているものである。ナショナルかつ商業メディアでは、当該地域の非商業的なことを知りたいという情報欲求を必ずしも満たしてくれないことや（他の人にも知ってもらいたいような）自分たちの意見や考えを載せることが容易ではない。だから自分たちで情報そのものを作成し既存のメディアチャネル上での公開を要求していく、あるいは新しいメディアを自らで立ち上げていくという動きにつながっていくのである。

(2)オルターナティブや市民自治といった理念的根拠よりも、むしろ地域社会への愛着やコミュニティ再生に向けた実践的な活動とリンクしているものである。「地域にあるこんなすばらしいことをもっと多くの人に知ってもらいたい」といった発言に見られるモチベーションである。「地域社会に埋もれている資源の発掘」がめざされる。また地域住民同士を結び付けたり、ローカルなコミュニケーションを活性化させるといった社会の結接機能を持つ場を設置する動きもここに含めてよかろう。

(3)九〇年代以降、「公共」というものの在り方の変容が現実味を帯びてきた中で、「地域住民の目線」で情報を捉え直し、社会的に流通させていこうとする意思が見られるようになった。例えば地域情報を伝える「自分たちの公共性そのものが問われる」という声がその代表例といえる。この集合的実践活動を思想的に後押ししているのがこのような信念である。住民が自らの活動に対して「公共性」を意識し始めたものと理解することができよう。

ところで改めて指摘するまでもなく、この三つは決して相互に排他的なものではなく、むしろ(1)と(3)というように同一の意識に対する見方の違いも見られよう。濃淡の違いであろう。またメンバーが最初からこのような意識やモチベーションを持って参加するということを意味しない。むしろ、最初は映像作りに対して興味があったなど地域社会に対する意識があまりなかった例、逆に地域社会に対する思いはあったもののメディア活動に対してはほとんど理解や興味がなかった例、活動そのものが「楽しそう」だからといったように社会、メディア両面への関心からは少し離れているような動機を持って参画していった例など様々であった。そしてメディア活動に関わると同時に、(1)〜(3)までのモチベーションに自覚的になり、それぞれを意識的にメディア活動における目標とするようになっていくという段階が観察されたのである。

二　集合的実践の社会的機能

地域住民によるメディア活動を地域メディアとして捉えた場合に、その社会的機能（あるいは効果）について、実践活動体の《対外的》《対内的》それぞれに分けて考察する必要がある。メンバーに対するヒアリング調査から明らかになったこととしては、個人の場合は対内的な意識面での変化が中心である。とりわけ、「自分自身あるいは集団レベルでの変化」が挙げられる場合が多い。個人あるいは集団レベルでのモチベーションと非常に密接に関わっている。しかしながら、最初は意図せずしてこのような活動に加わるようになった人ほど、地域に対する認識が非常に高くなったとの傾向が見られた。その点においてメディア活動はそれに携わるようになった地域の住民のための教育的効果があると言えるのだろう。G・H・ミードを引用しながら児島が言うように「市民の社会的情報発信によって、その情報を伝達した他者ではなくて、伝達・表現することによって、自己形成と自己変革がなされるというコミュニケーションの根元的意義と通底する」（児島、一九九九、二三頁）ことを確認させるものである。逆に当初から高い志を持っていたとしても、活動を推進する中で大いにそれが変質してくることも考えられる。その場合は情報伝達やコミュニケーションメディアといった機能を一旦止めつつ、メディア活動とは異なる活動領域を模索していく例が見られた。

このような作り手や関係者にとっての効用は挙げられる一方で、地域社会に対するインパクトとしての対外的な機能（＝社会的機能）についてはあまり語られることがなかった。ヒアリング調査でも「具体的なデータがない」「わからない」などといった回答で、対外的つまり地域社会への貢献やインパクトについては、ほとんど明らかにならなかった。もとより地域社会に貢献するといった対外的な実践を念頭においていない活動があることも事実である。しかしメディア活動が継続的に行われていくためには、地域住民の支持やサポートが不可欠であろう。とりわけ本章で取り上げてきたように住民活動が情報発信や情報交流に留まらずにその先にある地域社会の活性化ということに最終的な目標を置くならば、集合的実践の成否そのものが、メディア活動へフィードバックされてくるというシビアな側面が出てくることが予想される。またＮＰＯという地域社会で存在していくことを選択した以上は、地域社会全体に対する説明責任あるいは開かれた組織運営の在り方そのものも課題となってこよう。

三　社会的機能を測定するには

集合的なメディア活動は社会的にどのように捉えられ、評価付けられていくべきなのか。あるいはメディア活動の社会的な機能をどう考えるのか。さらにはメディア活動当事者における「自己満足」に終始していないかどうかについても今後検証の必要がある。

ただ付け加えておくと筆者は、多くの人に接触された（視聴された、読まれた、閲覧された）という量的な尺度で捉えるのが適しているかどうかは現時点では保留したいと思う。マスメディア的な効果論という発想に立てば、そのような尺度で捉えるのがベーシックであり、ひとまず科学的な説明のためのエビデンスになるだろう。しかし一方で、オルターナティブ・メディアについて論じた林が指摘するように、マスメディア研究の枠組みに留まって考察することにより、「その自立したダイナミズムは見失われ、その機能が矮小化されたままである」（林、二〇〇四）。ここで林の言う矮小化とはマスメディアを「ポジ」とすれば、その「ネガ」としてオルターナティブ・メディアを捉えることであり、常に「（マスメディアという）大メディアとの対比」の中だけでそれを論じることの危険性を指摘している。実際に市民メディアを論じる中では、市民メディアそれ自体の社会的機能に一定の共感が表明されつつも、最終的な結論はマスメディアへの再帰的な効果に期待を表明する場合も少なくない。筆者はマス／オルターナティブ・メディアの二分法についての林の見解に賛成しつつも、代わりにどのように捉えるべきなのかという肝心な点についての見解がないところに違和感を覚える。

ではこのメディア活動が持つ「ダイナミズム」性をどのように捉えることができるのか。それが適切に指標化できれば、マスメディア的な発想である「受け手への到達度やプロフェッショナリズム、および営業規模の観点」に代わるものができるだろう。それは《量》的なものではなくて、《質》的なものではないだろうか。到達度という広さではなくて、どのような深さが得られたのか（安心・信頼性や満足度）といった尺度が考えられる。そしてこのような指標の開発が望まれる。またマスメディア的な効果論モデルのベースになっている（情報）刺激stimulation→反応response といった行動主義的ないわゆる短期的S－Rモデルではなく、中長期的なコミュニティ意識変容モデルに基づく必要があろう。このような意識変容といったようなミクロレベルと、地域社会全体における変容を丸ごと記述するマクロモデルとの併用がより有効なアプローチではないかと考える。

第五節　地域での活動継続の要件

一　始めることと続けることの難しさ

メディア活動や市民メディアの広がり具合は意外に弱いとの指摘も一方で聞かれる。(13) これはなぜだろうか。全国的な気運は高まっているものの、それが地域に《定着することの難しさ》を示唆しているのではないか。

メディア活動を始めることの第一のハードルであった技術面という観点から言えば近年の技術革新の中で民生レベルでの機器は飛躍的に安価になったことでクリアされてきていると言えるが、このような活動を継続していくことの難しさについて触れておきたい。

例えば、日本各地で市民講座などでの「ビデオジャーナリスト講座」、高校・大学や教育機関における「メディア演習」など多彩なメディア表現に関わる実践活動の教育プログラムが開講されている。前者の場合は実習が中心にならざるを得ないのでマス教育が難しく受講者は一桁、多くても一〇人後半の規模に留まる。それだけの人数にしても受講修了者がそのまま継続的に展開していけば、全国各地で様々な多彩な活動が見られるはずであるが、それが継続的な活動に接続していかないのはなぜだろうかといった問いが設定できる。

通常、メディア活動の担い手は集団を構成している。確かにメンバーの流動性が激しいものの、〝コアメンバー〟の存在が継続性を担保している。しかし普通の人がコアな担い手になっていくということは偶然あったとしても、そのような担い手育成のモデルがシステムとして確立されているとは言いがたい。むしろ偶然メディア活動に関わりそのまま居着いてしまうようなケースの方が多く観察された。従って先進モデルと言われる事例をそのまま他地域に移植すれば即メディア活動が動き出すという性質のものではないことを示唆している。

メディア活動は人材的な部分に大きく左右される。担い手など人材育成・定着や、メディア活動と連動する形で当該社会における住民間の〝コミュニケーション回路のインフラストラクチャー〟構築がいかにできるかという部分が考慮されるべきである。

二　運営資金という障壁

さらに活動を支えるためには財政的な問題があろう。北海道・札幌市の「シビックメディア」の場合、主な収入源は札幌市の委託事業であるというのが現状であり、このような体制について、他のＮＰＯ関係者からは「（札幌モデルは）恵まれている」との声も聞かれる。多くのNPOによる情報発信・流通モデルが未だに成功していないのは、収入が安定していないことが最大の理由であるとされる。「コミュニティビジネス」になじむ福祉サービス提供などの事業に比べると、メディア活動だけで活動資金を捻出できるほどのビジネスモデルが確立されていない。

特に留意しておきたいのは、この種の事業が生産資本的な意味で資本投下が必要というわけではないが、継続的に活動を維持していくためには時間とコストがかかることであり、手弁当だけでは限界がある。報酬的なドライブが皆無な場合のようなボランタリーな組織でやっていると、遅かれ早かれ活動がやや停滞傾向になるということは多くの事例が示すとおりである。

収入モデルとしてNPOが「パートナーシップ協定」を結び、ケーブルテレビ局から制作費用（名目は「補助金」）を捻出してもらう代わりにメディア活動によって制作された番組をテレビ局に提供するのは東京・三鷹市「むさしのみたか市民テレビ局」の例である。制作費用だけでは活動全体の維持費を捻出するだけで精一杯とされる中で収入の多角化が検討課題である。多メディア時代を迎えて、既存メディアやケーブルテレビ局は慢性的な番組ソフト不足になることも予想される。制作費を得るかわりにその対価としてコンテンツ作成の一翼を担っていくような制作モデルが増えていくことは確実のように思われる。

また「京都三条ラジオカフェ」（京都市・中京区）に見られるように自前でラジオメディアを持つ場合には、放送番組を制作・放送できる権利を売買するという形をとるところもある。ヒアリング段階ではまだ「赤字」ということであったが、これも地域メディアとしては有望な運営モデルと考えられる。

シビックメディアのように市からの委託事業収入を得るなど運転資金を集団独自で得ていくことができる活動団体はさほど多くなく、賛助会員の寄付に全面的に依存する、あるいは一部の会員の手弁当的な持ち出し資金に頼っていることが多いようである。別稿で論じたように、ＮＰＯと行政のコラボレーションは緊張関係が維持できれば、安定した有望なモデルであると言えよう（浅岡、二〇〇四ｂ）。しかしこのような関係は、行政に対する環境監視という地域ジャーナリズム機能本来の役割を果たせるのか、さらには市からの資金を得ているという点で自分たちの自己満足に留まらない「公共的」で良質な情報をいかに提供できるのかという点でのオブリゲーションを負うことになる。この義務感によって〝情報を作り続けること〟自体が目的化してしまい、集団的実践としての「ダイナミズム」性が今後も維持されるのかどうか、今後の動向を注視していく必要があろう。

三　今後に向けての研究課題

本章では、地域住民の集団的実践としてのメディア活動という事態を題材に、《メディアの担い手（アクター）》に関する理論の不在を説きつつ、現時点での問題構成について論じてきた。理念と現実の事象を往還する中で、《メディアの担い手》の理論化作業を続けていくための一歩としたい。

最後に今後の明かされるべき調査・研究のアジェンダについて触れておく。

地域住民のメディア活動については、差し当たり情報の生成過程に関する送り手アプローチによる解明が有効ではないだろうか。集団組織内部におけるメディア活動時の意思決定の流れ、メンバー間の相互作用、地域社会という要素がどの程度加味されているのか、といった点を中心に解明がめざされる。

そしてそのメディア活動がアクターという当事者のみならず、当該地域の地域住民にとってどのような社会的意味を持っているのか、この検証へ進まなくてはならない。この部分については若干のデータがあるにしてもまだ未知数である。

表3－3　調査地点

団体名・活動名	所在	ヒアリング対象	特　　色
シビックメディア	北海道	ＮＰＯ理事，スタッフ，ＮＰＯ会員	札幌市より委託を受けて，地域情報を制作・発信。Webとラジオ放送。
茨城県南生活者ネット	茨城	ＮＰＯ理事長	地域活動の拠点としてコミュニケーションハウス設置。インターネット映像発信。
幕張ベイタウンネット	千葉	ネット運営スタッフ	新住民同士の電子掲示板による情報交換。Webとパンフレット，コモンスペース
Fusion 長池	東京	ＮＰＯ理事長	ミニコミから発展。コミュニティ・ビジネス展開。Web，メーリングリスト，ミニコミ。
光が丘 Walker	東京	Webマスター	電子掲示板主体での地域情報の流通
春日部コミュニティサイトWeb※	埼玉	—	春日部市を中心とした地域情報のポータルサイト（玄関）化を指向。
むさしのみたか市民放送局	東京	ＮＰＯ理事長	ＣＡＴＶ局とパートナーシップ契約を結び，月１回30分番組を制作・放送。
名古屋藤前干潟保全運動※	愛知	—	メーリングリスト，ホームページ活用で世論喚起に奏功。
藤沢電子市民会議※	神奈川	—	市民がバーチャル上で議論，政策提言。
アクション・シニア・タンク	静岡	ＮＰＯ理事，副理事	「市民調査事業」とＣＤＣ（コミュニティ・データ・センター）活動。
0563.Net	愛知	ＮＰＯ代表	西尾市を中心とした地域情報のポータルサイト（玄関）化を指向。
京都三条ラジオカフェ	京都	ＮＰＯ理事	日本初ＮＰＯが運営するコミュニティＦＭ。番組枠を市民に提供することで運営。
ＸＩＴネット	鳥取	事務局長	メーリングリストを活用した地域情報の発信や意見交換。地域づくりを進める。
みのしま連合商店街振興組合	福岡	振興組合理事長	商店街と公共施設情報をＨＰで告知。
有限会社プリズム	熊本	代表，活動協力者	熊本県・山江村の住民ディレクターによる「メディアで地域おこし」を支援。
マロンテレビ	熊本	スタッフ（住民ディレクター）	熊本県・山江村の住民ディレクターによる番組制作（ＣＡＴＶ向け），Web放送。

こうした地域でのメディア活動が地域社会の中でどのように受け入れられるのかといった検証を経てこそ、九〇年代以降ハードとインフラレベルでは急速に進んだと言われる官民による《地域情報化》のリアルな側面を理解することができるのではないだろうか。

（1）本研究は立教大学研究奨励助成（研究代表・浅岡隆裕）及び文科省科研費「地域情報の制作・流通の事業動向とその受容に関する実証研究」（研究代表・林茂樹中大教授）より研究助成を受けて進められていることを付記しておく。
（2）公共性の変容に関しては、坪郷（二〇〇三）に詳しい。さらに類書が二〇〇〇年以降多数刊行されている。
（3）「市民メディア」という言葉がどこで最初に使用されたのかは不明である。しかしながら、二〇〇四年一月に名古屋で開催された「市民メディア全国交流集会二〇〇四」（主催：市民とメディア研究会・あくせす）が呼び水になって広く使われるようになったと思われる。
（4）全国各地の住民主導によるインターネットを介したコミュニティ活動や情報交流の事例に関しては、浅岡（二〇〇四a、b）を参照。
（5）岩佐淳一が作成したマトリクス（未公刊、メディア社会研究会［二〇〇四・七・一〇開催］の報告資料）に、筆者が加筆・修正した。
（6）これまでのローカルメディアの性質との違いについては別途詳細な検証が必要となってこよう。特に留意しなくてはならないのは、その連続性と非連続性という側面をどのように見るのかという点である。例えばかつてのローカル新聞と今日の地域メディアを比較した場合、その担い手（田村の記述は住民というよりも新聞企業の興亡といった側面が強く見られる）やそもそもの設立の考え方、行動原理（「地域ジャーナリズム」といったハードな情報提供か、「地域での情報流通」といったソフト的なものか）についての調査が重要になってこよう。
（7）本稿のベースになっているのは、各事例のヒアリング調査結果である。調査地は別掲（表３－３）の通りである。事例調査の場合、調査地の選択理由が問われるが、先進事例として広く知られているもの、メディア活動のメンバーによる他事例の紹介などによる。

（8）もちろん好事家がメディア作品を作り上げることもメディア活動の一端であろうが、メディア作品を作り上げることそのものが目標になっている場合は今回の考察対象ではない。

（9）市民やそれに近い「生活者」概念の系譜については、天野（一九九六）、佐伯（一九九七）を参照。

（10）例えば「市民活動」を標榜した時点で〝よそよそしさ〟や一見堅いイメージをまとうことを想起されたい。これは調査上の経験的な仮説の域を出ないが、市民メディアに参加するような人々の帰属する「社会階層的」な偏りという問題が背後にあると言えるかもしれない。

（11）もちろん、逆に市民メディアの下位概念といったような類型もありうる。例えば「地球市民」といった広がりを考えた場合には、そのメディアとしての「地球型市民メディア」となるだろう。この場合、市民の概念をどのように考えるのかということに帰結するが、地域住民としての市民を考察の対象とした。

（12）藤沢市の市民電子会議室　http://www.city.fujisawa.kanagawa.jp/~denshi/　二〇〇四年九月の数字より。市民電子会議室の経緯や具体的な討議の様子は金子他（二〇〇四）に詳しい。

（13）先述の市民メディア全国交流集会における分科会の席上、出席者の一人から発言があった。ジャーナルや研究レベルで取り上げられる事例がほぼ固定化されており、広がりが見られないとの指摘であった。試しに二〇〇二年に発行された「市民が作る放送」（東京放送編成局、二〇〇二）と、二〇〇四年夏刊行され多くの事例が取り上げられた「子供、学生、市民のメディア活動」（松野、二〇〇四）とを比較すると、インターネットによる情報発信を除けば、取り上げられた新規の展開は数例に留まっている。先進的と言われるメディア活動の紹介事例が〝定番化〟していることは報告者も同意するところである。

参考文献

P.Day（eds）, 2003, Community Practice in Network Society : Local Action/Global Interaction, Routledge.

浅岡隆裕（二〇〇四ａ）「地域社会という文脈の中でのインターネット・コミュニティの動向」『平成15年度情報通信学会年報』七七―八八頁。

――――（二〇〇四ｂ）「『公共であること』の変容――地域情報の産出をめぐる北海道・札幌市の試みを中心に――」早川

善治郎編著『現代社会理論とメディアの諸相』中央大学出版部、三四五—三八一頁。

天野正子（一九九六）『生活者とはだれか　自律的市民像の系譜』中公新書。

岩佐淳一・浅岡隆裕・内田康人（二〇〇四）「ブロードバンド技術を活用したCATV事業の動向とその受容　北海道紋別郡西興部村のCATVを事例として」『中央大学社会科学研究所年報』第八号、七九—一二六頁。

金子郁容・藤沢市電子市民会議室運営委員会（二〇〇四）『eデモクラシーへの挑戦　藤沢市市民電子会議室の歩み』岩波書店。

金子郁容（二〇〇二）『新版　コミュニティ・ソリューション』岩波書店。

川島安博（二〇〇〇）「地域メディア研究の展開に関する一考察」『東洋大学大学院紀要』37集、五五—七一頁。

児島和人・宮崎寿子　編著（一九九八）『表現する市民たち　地域からの映像発信』日本放送出版協会。

児島和人（一九九九）「受け手の送り手化　新たな情報技術の浸透と市民からの社会的情報発信の飛び地」児島和人編著『個人と社会のインターフェイス：メディア空間の生成と変容』新曜社、三—二六頁。

佐伯啓思（一九九七）『「市民」とは誰か　戦後民主主義を問いなおす』PHP新書。

田村紀雄（一九七二）『コミュニティ・メディア論』現代ジャーナリズム出版会。

津田正夫（二〇〇一）『メディア・アクセスとNPO』リベルタ出版。

東京放送編成局（二〇〇二）「市民がつくる放送」『新・調査情報』No.38、二〇〇二年一一—一二月、八—三九頁。

坪郷實編（二〇〇三）『新しい公共空間をつくる』日本評論社。

林香里（二〇〇四）「オルターナティブ・メディアは公共的か」『マス・コミュニケーション研究』65号、三四—五二頁。

林茂樹（二〇〇四）「メディア・ローカリズムの可能性」早川善治郎編著、前掲書、三一三—三三七頁。

松本恭幸（二〇〇四）「市民によるメディアアクセスの可能性　放送とインターネットを利用した実践と課題」日本放送協会放送文化研究所『放送メディア研究』No.2、丸善、一六一—一八八頁。

丸田一（二〇〇四）『地域情報化の最前線』岩波書店。

松野良一ほか著（二〇〇四）「特集　子供、学生、市民のメディア活動」『中央評論』中央大学、一四—一四五頁。

水越伸・吉見俊哉編（二〇〇三）『メディア・プラクティス』せりか書房。

第四章　地域住民にとってのメディア活動の意味づけに関するノート

浅岡隆裕

第一節　問題の構成

一　はじめに

新しいメディアが「社会装置」として成立するためには、技術的な要素に加え、その《受け手》の存在という需要的側面の発生がまず想起されるが、翻って考えてみれば新しい媒体としての価値を見出し、それを使いこなしていくという《送り手》主体の存在を抜きには記述し尽くすことは到底できないだろう。近代的なマス・メディアを時代的に遡って言えば、活版印刷という技術的要素、リテラシーを持ち、主に経済や党派的な政治情報を欲した読者、そして様々な思惑を持った発行人たち、という背景のもとに印刷媒体としての雑誌メディアが登場した。さらに定期的発行物としての近代日刊新聞の歴史が続き、映画、ラジオ、テレビ、そして今日のインターネットメディアといった電子的媒体の社会的成立を見ているのである。

ところでこれらのメディアはいずれも読者数、聴取者数、観客数といったような量的な成果をもって、そのメディアの「成功」とみなしてきた。言い換えれば、商業的な成功という裏づけを持つことで初めてそのメディアの社会装置としての定着とみなしてきているのである。

今日において、このような構図とは全く異質な《メディア秩序》ないし《メディア空間》が現出しつつある。具体的に言うならば、地域住民が《担い手》となり、当該地域に応じた独自のメディア選択とその制作実践がなされつつあるということである。もちろんこれまでの商業的なマス・メディア産業というものも存在することから、メディアの担い手が並存していることを意味している。

この地域住民のメディア活動について実践レベルに関しての記述は多数出されているために、そちらを参考にされたい(1)。むしろここで問わなくてはならないのは、それらの活動を継続的に支えるために、動いている組織や担い手そのものは何なのかということである。

改めて定義するならば、住民による「メディア活動」とは、「地域での情報を収集・加工・編集し、それを何らかの媒体を通じて、流通・伝達していく一連の集団的または個人的行為」を指し示す。

活動主体は地域メディアとしてのメディア活動にどのような意味を見出しているのであろうか。あるいは自身が表現活動、情報発信することに対していかに捉えているのか、といった問題を明らかにするのが本章での課題である。

二　メディア秩序のスケッチ

メディア秩序の変質という事象を確認しておこう。最初に指摘しておきたいのは、《特定少数の送り手》から、《無数の送り手》へと、その担い手の質自身が根本的に変化しているという点である。ただし、このような表現は二点で留意する必要がある。一つは後者が前者に取って代わるといったことではなく、先に述べたように基本的には両者の並存状況にあるということである。いま一つは、無数の送り手と言いながら、これは〝誰でもが送り手になれる〟という可能性を表現したのであって、その送り手自体が「無定形」な存在であるということを意味するのではない。多くの場合、このような活動主体自体は「組織」や集団単位で運営されており、そこには必然的に、リーダーと中核的なコアメンバー層と、そして広範なフォローという構図が生まれているのである。

これまでの学術研究や実践事例として取り上げられる中では、その住民組織のリーダーの動機に焦点を当てており、リーダーに主導される一連の活動自体に対して積極的な意味づけで語られることが多かった。しかしながら、このような集団単位での運営を考えると、そのリーダーの意図はどの程度考慮されるべきなのかという根本的な問題に行き当たる。そこには活動主体が〝一枚岩的な存在〟であるとする根拠はどこにあると言えるのだろうか。

誰もが発信主体になれる可能性を有するという意味での送り手の《遍在性》に対して、対比的に捉えられるところとしては、送り手としての既存マス・メディア産業の労働者の特殊性がある。送り手内部においては言われるほどの一枚岩的な組織原理で働いているとは言えないものの、やはり送り手としての「プロフェッショナリズム」といった職業倫理や能力、キャリア、専門知識は欠かせない要素であろう。プロとしての活動に対する批判やその意識の濃淡はあるにしても、社会に対して自分たちの制作したメディア内容を発信していくことの意味づけはひとまず前提としてほぼ自明的に存在していると考えられる。

それに対して住民メディアでは、「アマチュアリズム」＝素人性が強調される場合が多い。対社会的認識については、どのように考えられているのかという問題があろう。能動的な「カリスマ」として少数の人が傑出しているとみられているが、果たして集団全体として、その組織の継続的な活動を支えるメンタリティとはどのようなものであろうか、という問いを立てることが出来る。これに対して、もちろん既存のマス・メディアに対して不信感を持ち、それに代わる代替的な情報やメディア内容を提供するといった「規範論」的な意味づけがなされることも多い。確かにそういった一面はあろうが、本質で言うと事象の片面しかみていないことになるのではないか、それだけで捉えられるものなのか。

むしろ問われなくてはならないのは、そこから得られる《心理的効用》や《満足感》といった、活動を継続するためのモチベーション（動機付け）やインセンティブ（誘因）についてでないだろうか。

例えば容易に想定されうるのは、ある種の自己達成感、自己実現欲求が語られ、それを達成すること自体が目的となっている側面もあるだろう。本来ならば《手段》でしかないが、それ自体が《目的》となったり、そこに喜びを見出したりすることである。

三　本章の構成

筆者は、第三章において、従来のマス・コミュニケーション研究において「受け手の送り手」化に関する知見をレビューし、そもそものような《アクター＝主体》理論の不在を指摘した。本章はいずれその送り手論に接続していく、一連の記述の試みの一つである。

よく語られるような言説、すなわち、〝普通の住民がある日を境に目覚めてメディア活動に参画していく〟ということがあろうか、この点に関して筆者の考え方を先に述べておけば、そのような単純化されたモデルは現実的には少ないと思われる。

まず情報発信するに至ったきっかけについては、「サークル、町内会、ＮＰＯにおけるスポークスマン」的な要素が必要とされる人々が多いとされる(2)。個人として参加する人の割合は、ごく限られたものであることが多いことは経験的に知られている。問題はこのような初発的な動機がどのように継続的な活動を支える動機へと接続されていくのかという点にある。

本章では、事例としての北海道の「シビックメディア」の事例と、「京都三条ラジオカフェ」の試みを取り上げたい。

第二節　北海道のNPOにおけるメディア活動の取り組み

一　シビックメディアの概要

北海道・札幌市のシビックメディアの活動についての包括的な紹介は、浅岡（二〇〇四）を参考にしてもらうとして、ここでは簡単に紹介することに留めたい。

まずこのNPOの活動の意義について言及しておきたい。この活動は、行政情報の一方向的広報でもなく、商業情報に偏るわけでもない、第三のパターンとして、住民が主体的に携わる地域情報産出の雛形を提供してくれるものである。

また情報生成の担い手という観点から言えば、公共的な言論や表現を担う主体としての行政、（メディア）企業、住民が想起されるが、それぞれ単独で公共情報の産出を担うことは困難であろう。行政とメディア企業は、様々な形での関係を強めているのに対して、行政と民間の提携の可能性、すなわち圧倒的な人・財政その他の資源を持つ行政と、それに劣るものの地域情報生産の専門性を活かした地域住民が相互に緊張的な関係を保持し、コラボレーションして行くあり方（もちろん民間の営利的な情報とは一線を画す）がどのような形で実現するのか、この事例はその実験場とも言える。

二　シビックメディア登場の前史

シビックメディアが札幌に登場するまでにはその前史とも言うべき、地域情報をめぐる動きが見られた。とりわけ一九九〇年代後半以降についてだけ照準を合わせるならば、札幌市行政における情報化施策が地域社会に与えた影響が認められる。例えばインターネットによる地域情報の発信が行われ、市民参加の電子会議室が開かれ、そこでは市の職員を交えた議論や合意形成が行われた経験を持っている。市役所内部でのクローズドな電子会議室があり、行政の「内なる情報化」が進んでいる。このような行政内部、それに住民にも、地域情報を受け入れる土壌が先にあったことをまず確認しておきたい。

シビックメディアの主な活動フィールドの一つに地域情報サイトである「ウェブシティさっぽろ」（http://web.city.sapporo.jp/）があるが、その前身は「サッポロ・フューチャー・スクエア（ＳＦＳ）」があり、行政自らが地域情報を発信する経験を持っている。(3)ＳＦＳは「産業振興」ということが主目的とされていたために、地域情報の発信については担当者自身が思うようなことができなかったという。

そして、二〇〇二年一〇月の「札幌市民情報センター」の設置を皮切りに地域住民自らが主体となって地域情報を発信するということが構想された。ここで問題とされたのは、そのような主体がどこにいるのかといった点である。

行政の情報政策担当者は、当時の電子会議室の世話人で、ＩＴ技術にも精通していた杉山幹夫氏に住民側の受け皿を作るように持ち掛けた。杉山氏は北海道東海大学の吉村卓也助教授らとともに、ＮＰＯシビックメディアを立ち上げ、新しい情報サイトの「コンセプトデザイン」を札幌市側に提案し、了承を得る。札幌市役所はＮＰＯシビックメディアに札幌地区の地域情報を提供するサイトの全体的な編集作業を業務委託するという契約を結び、ウェブシティさっぽろが誕生することになった。

このコンセプトデザインが当該活動を規定していると思われる。この企画書でうたわれていることを以下抜粋したい。

1　ターゲット「札幌の信頼できる情報が欲しい人」、「札幌で何かをしたい人・行動する人、全てがターゲット」

2　コンセプト「信頼できる手作りの情報」、「市民、学術、企業、行政の情報が混在した新たな情報を創造する」

3　運営「札幌市民が創るＷｅｂサイト」、「ＳＦＳで構築されたユーザ参加の仕組み、電子会議室のユーザコミュニケーション、地域情報提供システム開発によって新たに整備されるツールを有機的に駆使したユーザ参加のステージを再構築する」。編集母体を明確にユーザに知らせる。

4　編集の仕組み　地域ドメイン編集「さっぽろスタイル」

5　プロジェクト推進体制　札幌市―札幌総合情報センター（システム全体管理）―シビックメディア（サイトコンセプト、ウェブサイトディレクション、運用）。

先述のＳＦＳが情報をインデックス型にジャンル分けして並べたものであるのに対して、ＳＦＳでは、札幌市が地域情報の作成そのものを行ったわけではなく、関連する情報が掲載されているホームページをリンクする、いわゆる「リンク集」というような形態であった。ウェブシティさっぽろが目指しているのは、「信頼性のある情報を手作りで収集・編集・発信していく」という一言に尽きるだろうか。

三　シビックメディアのコンセプト

これまでの筆者によるヒアリング調査の結果から、シビックメディアの活動の特質について確認しておきたい(4)。

サイトの目的は「行政情報、民間情報を問わず、札幌に関する情報が分かる地域情報サイト」「そこに暮らす人々が、自分たちのために、自分たちが知りたい、大切と思う情報を市民の目線で発信」というのが触れこみである。具体的な役割分担としては札幌市が開設し、NPOのシビックメディアが取材・編集を担う。市とシビックメディアは、委託者と受託者という関係だが、「共通のゴールを目指す対等なパートナー」と位置づけられている。ここで言うところの共通ゴールとは「札幌を住みやすい街に」というものである。情報発信という行為そのものは最終目標ではなく、ツールであるとの認識であった。

サイト記事の日常的な編集業務はシビックメディアに委任されている。シビックメディアの専任の常勤スタッフ（シビックメディアの社員）4名、さらには有償ボランティアで運営されているが、あくまで記事制作のメインは、約30名の札幌市民のスタッフである。このスタッフには、「シビックメディア塾」(5) の卒業生も含まれ、NPO自身で活動の住民の担い手を育て、また同時に住民に活動の場を提供するという人材育成的な役割も果たしている。調査時点では地域住民からのアドホックな記事投稿を受け入れていない。あえて記事制作の担い手メンバーの要件を設け、「ジャーナリスト的な問題意識を持つ」人が望ましいとしている。記事のクオリティ維持を重視しているためとのことであった。平均一〇名くらいが参加して毎週企画会議が開かれ、記事のプレビューや批評、取材についての打ち合わせなどがなされる。

編集方針はキャッチフレーズ的に拾えば、「市民の目線からの編集」、「今の札幌を伝える」、「公共的な情報を『市民の目線』から捉え直す」、「札幌でがんばっているものを応援する」というものである。

四　記事コンテンツの特質

実際の記事と対応させながら、その中身についてみていきたい。

1　今の札幌を伝える。季節感がある写真の掲載（素材のアーカイブ化）。ライブカメラ映像など。

2　札幌でがんばっているものを応援する。札幌交響楽団のコンテンツ制作、『札幌の横顔』（札幌在で活躍している人に焦点を当てたドキュメント）。

3　公共的な情報を市民の目線から編集する。『念のため』『公営住宅募集いろいろ』（開発事業主体の異なる公営の集合住宅の居住者募集を一覧できる）。

4　公共的な議論を市民の目線から捉え直す。札幌市民の中でも議論が分かれる、公共事業（『創成川通アンダーパス連続化事業』など）について交わされる議論の過程（各地区での行政と住民の話し合い）を継続的にレポートした。行政側の評価としては「紛糾してからセンセーショナルに報道するが、継続的に経過を伝えているわけではないマスコミと一線を画している」「公平な立場で継続的に市民に伝えてくれるメディア」として期待されている。(6)

5　独自のニュースバリュー。記事『強いぞ札幌』二〇〇三年仕事始めの札幌では大雪にかかわらず大した混乱がなかった。マス・メディア的なニュースバリューでは「何も起こらないこと」は記事にならないが、「混乱が起きなかったことは誇るべきことではないか」という判断基準で取材が進められた。

6　公平性を保つ工夫。観光サイト『ようこそ札幌』には取材によるグルメ記事があるが、個々の商業施設をどのように扱うのかが困難であった。自腹で訪ね、取材であるとの目的を明らかにしない。また売り込みは受け付けていない。

7　都市プロモーション。市場と連動した『入荷見通し』。入荷情報とその個別商材の紹介に力を入れている。例えば魚のキンキを焼いているシーンを動画で配信している。これを見た人が実際に足を運ぶといった事例が見られ、人の動員につながるなど観光面でのプロモーションに寄与していると考えられる。

8　商業メディアとの差別化。マス・メディア的、広告的な文法としての「オススメです」といった文句は使わない。また記事の打合せ時には「マス・メディア的だからやめておこう」という議論がよく出る。商業メディアでは扱わないものを伝えることをモットーとしている。このような方針をかかげることによって「地域ドメインのサイトをNPOが運営するということで、自分たちの『公共性』そのものが問われるようになる」（シビックメディア理事）。なぜそれを取り上げるのかといった意味での説明責任を負うことになろう。

NPO当事者が明確な戦略性・指向性を持っていることを確認した。そして自らの正統性や代表性を確立するために、まさに住民本位の情報を発信し続けるといった重責を担い始めた。

五　ヒアリング調査の概要

今回、話を伺ったのは、シビックメディア構成メンバーの三名である。三名という少数のサンプルであるので、全体的な傾向を言うことは困難であろう。代わりにそのヒアリング内容から、個人内ファクターの連関構造や首尾一貫した要素を抽出していきたい。

調査は三人（以下、F氏、N氏、Y氏と表記）同席のもとでの個別に質問を投げかけたインタビュー方式で実施した。調査は二〇〇四年九月に、札幌市民情報センターの編集業務室で一時間二〇分行った。質問項目としては、

(1)　参加と継続的にかかわるようになったきっかけ、
(2)　活動にかかわることによって実現していきたいこと（目的）、
(3)　取材や記事執筆で実際に心がけていること（苦労話）、

(4)　シビックメディアをどのように見ているのか（課題点、問題点）、といった点である。
以下では、ヒアリングの内容を振り返ってみたい。

第三節　シビックメディアの聞き取り調査から

一　活動に携わるようになったきっかけ

シビックメディアはＮＰＯ法人格を取得している。今回話を聞いた三名ともにＮＰＯ正会員であり、年会費を納めている。

最初にどうしてシビックメディアの活動にかかわるようになったのかというきっかけであるが、シビックメディアの基幹的な事業の一つである講習会「取材・編集講座」（シビックメディア塾）が挙げられる。これは代表理事の吉村氏や杉山氏が講師となって、札幌市民を対象に行われているものである。カルチャーセンターでは就職試験対策や趣味の「文章講座」といった形で開講されていることが多いが、シビックメディア塾では地域の事がらを取材して記事を書き、講師がそれを添削するという、より実践的な試みをしている。もともと何かで文章や表現力を磨きたいという動機が少なからずあったということは留意しておきたい。

子育てが一段落したＦ氏は託児所の運営とそのホームページ制作、Ｎ氏は「仕事で文章を書くことが多くなってきており、実際にその技術を学ぶ機会がなくて困っていた」、といったように、主に表現技術を学ぶような必要に迫られた事情などを抱えており、最初から地域社会への貢献といったような大上段に構えた動機があって受講したのではない。講習会に参加した時点では、「その講座とシビックメディアとの関係は全くわかっていなかった」など、あまり予断はなかったと言える。

F氏は想像していた内容と違っていたとしながらも、この講座で、自己表現や思いを伝えること、また取材によっていかに相手の人間性を引き出すのかということを学べた、といった取材活動の面白さに開眼した。講座終了後、吉村氏や杉山氏からシビックメディアのことを初めて聞き、その活動に勧誘されて、会員として参画するようになって今日に至っている。ちなみに講座では、同時期に一二人が受講していたというが、実際にその後NPOに合流したのはF氏とN氏の二名ということである。

この二人が継続的にシビックメディアの活動にかかわるようになったのは、それぞれ個別的な理由が見られる。N氏がかかわるようになった理由として、「したいこととここで実現できること」が一致しているからだと答えている。特に食品関係の仕事といった職業柄、「食」に関するものに興味があり、ウェブシティさっぽろと姉妹関係にある観光情報のサイト『ようこそさっぽろ』(7)のコーナーである『旬』で、札幌のその時期に旬の食材を伝えていこうということで取材活動に参加している。取材はシビックメディアの専務理事である杉山氏に「くっついて行くという感じ」で、記事を書かせてもらっていた。その取材や記事制作過程において、N氏はそれまでと違う角度から食を捉えられることを実感したという。「実際に作っているところや収穫されているといった農業の現場に足を踏み入れられたことの喜びがすごく大きくて、いままでしたかったことができてしまったことがうれしくて」と語っている。このような感触が、シビックメディアへコミットメントを深める要因になったと思われる。

F氏の場合は、子育てしながら働いていて「非常に大変であった」という経験が根底にある。札幌に来てからは仕事をしていなかったが、「主婦の力は地域に埋もれている」と実感しており、一方で子育てする人の大変さもわかっていた。子育てする主婦と地域に潜在している主婦の力やネットワークをうまく結び付けられないかと考え、「子育て」経験者の主婦を活かして託児所をできないか、との着想に至った。ＰＴＡ活動で培った人脈で託児所をしたかったのだが、引越しをしてその地域を離れ、それまでの人脈から外れてしまったということで、託児所は実現できなかった。

このような着想を持ちつつ、シビックメディアが開講している講習会に参加したわけであるが、シビックメディアの活動を知って別の構想が考えられ始めた。それは「情報を提供することで、子育てを手助けする。最初は子供が病気のときにどこに預けられるのかといったことのデータを整理して提供する」といったものである。ここで情報メディアとしてのシビックメディアと、それによって実現できる価値としての地域住民への貢献といった視点が見られるようになってくる。「そういうやり方で自分ができるかな」という思いに、Ｆ氏の活動の原動力の一つを見ることが可能であろう。

また他の効用も聞かれる。すなわち、「取材で行くことで、がんばっている人との〝出会い〟が楽しい。また知らないことを調べて、わかっていくことの楽しさがすごくあった」というものである。

さらにＦ氏の問題意識とシビックメディアの活動とが接続する点としては、以前から「街づくり」にも関心があったということがある。家庭科の教員をしており、家庭科の中で「生活から社会を見る」という視点で教えたかった。自分が住んでいる街に愛着を持って、いかに見ていくかをどう教えられるのかということを試行錯誤してきた。そして結果的にシビックメディアの活動と「自分のやりたいこととぴたっと一致した」と言う。

もう一人のＹ氏は放送業界に技術畑で一〇年、制作畑で一〇年従事し、しかも自身で個人プロダクションを経営していたという職業キャリアを持っている。Ｙ氏は「講習会」経由ではなく、同じくシビックメディアの事業でストリーミング放送を使った情報発信である「空色ステーション」の番組制作スタッフをしていた友人の降板を受けて、ピンチヒッターとして一カ月受け持ったということが接点となっている。この技術的なサポートを頼まれるまでは、Y氏自身は全くシビックメディアの活動自体を知らなかったとのことである。一カ月間ラジオ制作の手伝いをするようになってから、その後、シビックメディア定例の企画会議に参加するようになった。ところがY氏は編集会議で話されている内容が「さっぱりわからなかった」と言い、その当時、非常に戸惑ったと打ち明けてくれた。そして感覚が慣れることに半年くらいかかったというが、この違和感の理由は、マス・メディアの世界では「お金にならない番組や記事を作らなかった」ということにある。シビックメディアの活動では「書いてお金になるわけではない。すごく新鮮であった」と語っている。つまり「商売としての番組作り」から、「市民としての目線での番組作り」へという頭の切り替えが行い難かったことが想起される。この葛藤はまだ続いていると言い、「自己実現との関係はまだできていない。自分の中で何ができるのかを改めて考え直している」とのことである。

Y氏は商業的なマス・メディアとしてのラジオでの活動に長く身をおいていたが、現在進めている事業としては、札幌市内に複数局あるコミュニティFMの連携である(8)。やはりここでも感じているのは、不特定多数に流れるマス・メディアのラジオと、住民そのものを対象とするコミュニティのラジオでは大きく異なるということである。

二　実際の記事・番組作りの中で

シビックメディアの一つの合言葉でもある「市民からの目線」とは実際の制作過程では、どのようにして実現されているのか、あるいは制作者としての心構えはどのようなものであろうか。

N氏は、「商売として表現」活動をしたことがあるわけではないので、「市民以外の視点」は持てないとしている。具体例として挙げられたのは、普通の雑誌を見ていると、「超すごい」「おすすめ」などの表現があふれ、そして自分たちも取材に行くとその店や人のことを褒め称えなくてはいけないと思いがちになる。取材させてもらったからにはそれを一番に書かなくてはいけないという気になるが、編集デスクをしている吉村氏から「そうではいけない」と戒められるという。公正な目を持ち続けることは難しいが、取材して「素直に感じたこと」、つまり「いかに自分が感じたことを正直に飾らずに書く」かということが大事であると強調される。自分が本当によいと思ったら、「何がすばらしいと思うのかを具体的に書かなくてはいけない」ということが語られた。

F氏は、この活動を始めた当初は、しばしば取材先で相手の話にのめり込み、「一緒に落ち込んだり、混沌としてしまう。共感しすぎてしまい、何を書いていいのかわからなくなってしまう。取材するという視点を忘れてしまう」という戸惑いを覚えたと証言している。そしてその混沌から抜け出すためには、共感したことには「どうして共感したのか」と自問自答していくしかないという結論に達して今に至っている。N氏もこの点について同感し、「思いがありすぎて記事が書けないことがある」と語った。そしてこのような苦労をしつつも、「なかなか普段できないことなので。その醍醐味は他では味わえない」「自分としてはいい経験をしている」とかなり肯定的に捉え直している。

一方、マス・メディアでの制作現場を経験しているY氏の場合、先述の通り、戸惑いを覚えたというが、その後の心境の変化について非常に興味深い事例を示している。

Y氏によれば、これまでマス・メディアの現場での仕事をしていて、「メディアは最先端を行っているもの」と思っていた。シビックメディアの活動を通して感じ、愕然としたのは、「自分は街のことを全く知らなかった」ということだった。企画会議に参加して「(他出席者が地域について非常に詳しいことを聞いて)悔しかった」。つまり「二〇年もメディアで番組を作っていて知らなかったことばかりであった」と感じたというのである。またそれまでのメディアでの仕事は、「お金をもらうがためのメディア」であって、「お金にならない情報の価値」がシビックメディアの活動にはあると断言する。

「リスナー、視聴者、読者は、そのメディアが儲けようと儲けまいと関係ない、それぞれの生活の中で情報を受けている。一番重要なのは、その生活に情報がどのように入ってくるのかということ。本当に今のメディア業界で情報発信している人はメディアの本質をどこまでわかっているのか恐ろしくなった」と言う。そしてシビックメディアを通じて、地域を見つめなおすことで、Y氏自身の中での内的な変化が語られている。「札幌市民としてどういう情報を受けるのか、自分にとってどのような情報が大切で、このことはいらないとか、情報を区別する力、噛み砕く力はできてくる。これがわかってきたことで記事の中身が変わってくる」。

取材に行くと常に相手を肯定しなくてはならないという、マス・メディアで言うところの「パブリシティ」になり、すごく「おいしい」とか「よい」などと表現しなくてはならない。しかし「情報を受けとる主体者は市民であるから、市民がいいと思うのか、いらないと思うのかという視点でよい。だから、そのようなパブリシティ的な視点から自由な感性でできる」とのスタンスである。

「今まではそういう文章を書いたことがなかったので、難しかった。目線の違い、落差を一番感じているのは自分である」というY氏の発言である。また自らメディア業界に身をおいていた経験によって、普通の生活者の感覚として、他の人とのずれはないのかといったようにクールで客観的に見えているところもある。Y氏の場合、シビックメディアに入る前にラジオ・テレビの電波媒体に対して「本当にこれでいいのか」という疑問があった。こういう認識があるので、地域の情報環境が抱える問題点が客観的に見えるようになってきた。

実際に「市民の目線」という合言葉の定義は難しい。N氏が語ったところによれば、「なかなか見つからない。ただシビックメディアに入った時点で、札幌に引っ越してきて一年目で、札幌の市民になりたいと思っていた。取材を通して聞くことが新鮮で仕方なかった。市民になりたかったということで、市民の目線で冷静に見えていたのかもしれない。今まで住み慣れていた街ならば、ここまで新鮮な気持ちで取材できたかどうかははっきりとわからない」とのことであった。

N氏の場合、食にかかわる仕事に携わってきており、最終的に料理になっていく過程しか知らなかった。どのような環境でそれが育っていくのか、それを知ったことで意識が「すごく変わった」。市民の目線とは、事実の切り取り方に留まらずに、新たな認識過程そのものであるとも言える。

三　活動にかかわってからの変化

Y氏にとって、シビックメディアという活動への参加の敷居は高かった。情報を発信するという行為に対しては、すでに能力や経験を保持していたが、それがシビックメディアの論理とは大きく異なっていたことは先述の通りである。そのために「もがいた時期」があった。その「気持ちの中で壁がなくなった」のは、一枚の写真であったという。ウェブシティさっぽろには、〝今を伝える〟というコンセプトを体現するように時々の写真を掲載するコーナーがあるが、Y氏自身、それまでは「何を撮っていいのかわからない」というように構えてしまった部分があったが、自分のマンションの前の大雪を撮って、それがウェブシティさっぽろに掲載された。地域のことを伝えるというのは、「これでよいのか」という気づきがなされた。

これが一つのきっかけとなり、「自分の中に街を感じる情緒がなかった」ということを改めて認識する。そして「気持ちの中に街を感じる情緒が出てきた」ことが実感された。内的な変化がはっきりと見られる場面である。例えば、「それまでは無関心であった街への感受性が高まった」「(以前は) 朝出がけに地下鉄に乗るまでの間、ごみが散乱していようがいまいがあまり気にならなかった。今ではなぜ夜のうちに出すのか、ごみネットに入れないのかという疑問を持つようになった。そしてごみを片付け、倒れている自転車を起こすようになった」「道路脇に植えている花壇を気にしなかったが、誰が植えているのかということに関心を持つようになった」などの地域に対する見方が大きく変化してきたのである。「正直に言うと、東京みたいな感じで隣や地域の人に会うのがいやだった、わずらわしかった。そういった気持ちはなくなった。シビックメディアに入っていなかったら到底このようにならなかった」という自己を振り返るような発言が聞かれた。

地域に対する見方はF氏も同様に変化したとしている。市民参加と一口に言っても、市民は「行政を批判する。ついそれが楽だから。〝保育園を作ってくれればいいのに〟、〝もっと税金をこのように使ってくれればいいのに〟そういう感じの意識が出ていたと思う」。しかしシビックメディアの活動を通じて、そのように行政に要求する、あるいは「ものを申す」主体としての市民活動ではなくて、むしろ自分たちで解決しようとする主体という立場や、行政にも一定程度理解を示す方向に変わっていったという。「行政の中にもがんばっている人もいるし、問題があればそれをわかりやすく説明すれば改善につながるとか、札幌市役所の人と二人三脚でがんばっていく、市民活動であっても『行政とぶつかるのではなく、一緒に行為を励ましあう』ということを感じた。ここに入って柔らかくなった。前向きになった」。

N氏も「行政側の人ということで壁を作っていた部分はすごくあった。そういう人たちと一緒に何かを作り上げていくという経験は始めてだった」と語っている。このような認識が聞かれるのは、まさにシビックメディアとしての成り立ちに非常に密接に関係しているように思われる。行政（職員）との共同作業を通じての協調あるいは信頼関係が見られるということである。

　またN氏は取材や記事制作の過程で地域と向き合い、様々な事物と出会うことでのメリットを強調する。「街を好きになることで本当に暮らしていくことが楽しくなるというのはすごい発見であった。東京にいた時には、その街が好きでそこに住んでいるという意識は全然なく、会社に近いからとか、家賃が見合うからとかいう理由であって、そのエリアが好きで暮らしていたわけではなかった。街が好きということを感じて生きていけば、生活自体がすごく変わるのではないか」と語っている。

四　シビックメディアの活動の広がり

　シビックメディアは情報発信活動のほか、様々な事業を手がけている。その一つに札幌市から委託を受けて、札幌市内に点在するコミュニティFM放送局を連携する事業がある。実際にこの作業に当たっているY氏は「非常に難しい」としている。その理由としては、全て民間企業であり、経営形態、考え方、理念が違う。ある意味商売のライバルとなりうる同業者ということでそれを結び付けることは難しいということであった。

　しかし連携を実現することによって、札幌市に対してどのような影響を及ぼすのかということをY氏は考え始めた。それまでは各放送局の放送エリアのことだけを考えていたのだが、連携すれば、札幌市全体の放送局であるということを意識し始めざるを得ない。こういったコミュニティ放送では市民参加型でアマチュアのパーソナリティが放送していることも多いが、リスナーが増え影響力が大きくなると、「くだらないことを言うと、規範が怖い、しっかり勉強しなくてはならない」と各局ともにはたと感じるようになる。Y氏は「身の回りの情報を公共の電波として発信する、情報の公共性ということをしっかり意識していない」と、放送が「垂れ流し」になるという意味では、「これは公害と一緒だ」ということを感じている。局同士が連携することを考えなければ、「それぞれのテリトリーでよしと思って」しまっていた。連携が進めば局自体もこれによって変わり始めるだろうとしている。

Y氏によれば、連携に関しての主体はあくまで放送局であるので、参加している局でコンセンサスをとりながら進めていくしかない。もともとのメディア特性として、コミュニティ・ラジオは市民の関心が薄いし、さらには行政からの関心も薄い。しかし間違いなく、コミュニティFM放送は「市民に一番近い電波メディア」であり、それが認知されさえすれば、敷居が低いために参加しやすく、生活に密着しているので入って来やすいと捉えている。そして商業的なコミュニティ放送局が生き残るためには住民に親しみを感じてもらうことが最も大事であろう、としている。

シビックメディアが運営するストリーミング型放送の「空色ステーション」では、札幌市職員が来て、市の情報を話す機会がある。行政用語自体は文章で書いてしまえば難解だが、実際に〝話し言葉〟に変換すると理解しやすいという。行政からの情報は一部の人だけではなくて、札幌市民全体にかかわる情報が流されることも多く、ラジオはもっと必要な情報を〝わかりやすく〟伝える役割を担ってもよい。それにもかかわらず、「どこの店が美味しいとか、そのようなことばかり流している」。Y氏自身、以前はこの作り手側に属していたわけであるが、上記のような制作のスタンスに関して「おかしい」と感じるようになった。

シビックメディアが与えた影響として、シビックメディアのホームページ構成が、行政などのウェブサイトの構築の仕方に影響を与えたという点が挙げられる。公共機関のホームページは「わかりにくかったが、シンプルで見やすさを重視しているウェブシティさっぽろと似たようなものが出てきた」という。「変にゴテゴテしなくても、美術館のホームページのように芸術的過ぎてよくわからなかったものもあった」。ウェブシティさっぽろのように、「ちゃんと見ている人は、変わっているということがわかる。このようなのは良い影響かと思う」という見解が聞かれた。(9)

N氏は「職人」を紹介するコーナーを担当している。札幌でこんな人たちががんばっている、という意識が生じてきた。市民の中には〝食の最先端は東京にある〟という思い込みがある。アクセスする人は職人魂に感動してくれる。そのように感じてくれる人はじわじわと増えてきたと感じるという。

子育てを一段落したF氏は、その経験を活かしてシビックメディアの中で、子育てに関するホームページ作り支援の事業を主導している。子育てに関する情報を掲載した本は札幌市の各地域で作られている。子育てしている人たちが欲しているような情報を調べて載せたいが、本だと一度作ってしまえば情報がどんどん古くなってしまうといった問題点がある。そこでインターネットのホームページにして更新できれば、各家庭で新鮮でしかも実際的な子育て地域情報が閲覧できる。このように「必要であり、よいとわかっていてもなかなかできないこと」が、シビックメディアの活動を通じて実況できる楽しさがあるという。

五　地域住民に対する認識

ところで興味深い点として、シビックメディアで活動する人の出身地は札幌以外、あるいは札幌など北海道出身だが一度進学や就職などによって道外に出た人が多いという事実が見られる。

逆に、札幌に生まれ育ち、定住している「地元の人」というのは、シビックメディアの構成比では少数派である。N氏やF氏が言うように、「よそ者だから、札幌の良さを客観的に見ることができる。地元の人はその良さやありがたみもわかっていないので〝当たり前〟に思ってしまい、〝それのどこが良いのか〟というところがある」。

N氏は、本来ならば地元の人がその地域を誇りに思って、「もっと大事に、ここを大切にしたいとかそういう気持ちが育つことが大事ではないか」という。「地元の人が一緒に自分たちの街を良いものにしたいとその気になれば、住みやすくできると思う。一八〇万都市で結構あきらめてしまっているのではないだろうか。本当に狭い範囲、例えば自分たちの身の回り、町内から快適に過ごすために変えることができる。そういうことを地元の人たちが思えるようになるとよい」。地域住民が少ない現状のシビックメディアの活動だけでは、「よそ者の手によって作られている」という印象があるのも否めないのではないかとのことである。

F氏は京都の例を持ち出しながら、「京都の人たちは歴史ある自分たちの街に誇りを持って頑固にがんばってやっている。（札幌でも）そういう誇りを持って頑固にがんばっている地元民を育てるというか、もっとこれから増やしていかないと、どのへんからしたらよいのかわからない。このことはすべからく実感する」。

またN氏が感じていることとして、「札幌でいちいち感激することが多かったが、『何がそんなに』と言われてしまう。そのたびにがくりときてしまう」。「今あるこの空気、空間、緑にしても、壊すのは簡単なので、それを当たり前だと思われてしまうと困る。ありがたいと感じて欲しい」とN氏は言う。「都心だけど、きちんとした緑もあり、殺伐としていない部分が残っている。風には弱いが雪には強いとかいうがんばりはたいしたものであると思うが。ちゃんと見て、いいものはいいと。だから大事にしないと。木を切ってビルを作ったり、道路を広くしたりする、木を切ってしまったら終わりだよということを見て欲しい。保存を訴える記事を作っていきたい。古い洋館を壊された時の記事のように、それを惜しむといったようなものである」。

F氏は感激したことを『ようこそさっぽろ』のコーナーでコラムとして書く。「素晴らしい緑の空間にある芸術の野外彫刻を紹介し、彫刻が似合う街で、建物の中にあるのではなくて、緑の環境の中に芸術品がある。そのような潤いを持てることの喜びを表現したいと思う」。例えば札幌駅前の並木が切られることになった。ウェブシティさっぽろ内で写真展を企画し、市民に画像を撮ってもらって投稿を呼びかけるなど、その並木を記録するという試みをした。なかなか投稿がなく、結局仲間内で撮ったりしているのが実際であるが、何とか札幌市民に訴えかけて大事にしていきたいと言う。

一般のメディアの中ではそういう情報は報道されたとしても埋もれてしまう可能性が高い。台風は会話になるが、駅前通りの並木が切られることに関しては、会話の話題に上ることはまずない。逆にF氏が投げかけると、「えっ知らない」といったような市民からの反応が返ってくる。このような情報は「ほぼ一〇〇％、表には出てこない情報だと思う。（地元の人は）切られてしまうことに関して、意識にいくまでの関心がない。関心がないということが悪だと思う」。

インタビューした三人の見解を聞く限りでは、シビックメディアのスタンスにあまりブレはないように思われる。商業的なメディアは取材先だけではなくて、読者に対してもおもねるような姿勢をとり、過剰な飾りたてをするが、そのような飾りは必要ないという考え方である。

このような姿勢は「ウェブシティさっぽろを見ている人の関心を高めるためには、見てもらうための演出は全くいらない。視聴率や部数を稼ぐような演出・仕掛けは要らない。市民が率直にどう感じたのかということを訴えつづければ、時間がかかるが、いいのではないか」というY氏の発言にはっきりと見てとれる。「華やかで一瞬にしてぱっと消えてしまうようなことではなくて、時間がかかるが、一回それを自分の中にいれたら、それがずっと残っていくというか、それは地道な作業ではあるが、そういう深いところにはいっていけるようなことが重要である」と。

市民参加のコミュニティ・ラジオの場合、多くのアマチュアが関与するが、本当に克服してなくてはならない相手とは「市民の中にこそあるのではないか」との指摘は興味深い。市民が放送で話をする際、東京発の情報に染まっている傾向が強いという。「中央のタレントに憧れがある。タレント指向でしゃべりたい、キー局がやっている番組のようなものにひかれてしまう」。しかし、Y氏は「同じしゃべるにしても、自分の足元に着目してしゃべることが重要である」と考えている。「(それを意識するか、しないかでは)話す内容に差がでてくる。たぶん記事の中にもそのようなことがあるのではないか」。このようなことに気づいているだけに、見せかけの派手さというよりも記事の中身でじっくり読んでもらいたいと言う。

また表現者として自分のことばを探すことも重要であることが強調される。実際に「自分のことば」で話すということはとても難しい。「マス・メディア的メッセージは溢れているので、それしか見ない人に自分のことばを届けることほど難しいものはない。やってみないとわからない。踊らされて人形みたいに(マス・メディアと)同じようなことをやってしまっているか、そうではなくて自分は自分なりの視点をもって、自分の頭で考えて自分のことばで話すのか、その一線がどこで引かれるのか、やるとどこかで気がつく。気がつけば早いが」。Y氏はコミュニティ・ラジオの発想をもとに次のように表現した。「ラジオは演出された世界が本当は必要なのかどうかは疑問である。必要なことは、みんなが面白いと感じること、ただのおかしいFunではなくて、インタレストinterestとして、面白い、興味深いと感じることを素直に言えばよいのではないか」。

このような考え方はどのような方法によって担保されるというのか。「市民の目線から味付け、深く掘り下げる、表面や見ているところだけではなく、実はその裏には根っこにこのようなことがあるということを調べて、聞くなりして、そこまで見てもらうと、〝あ、そうなのか〟と感じてもらう。自分たちもびっくりするし、知った人たちもびっくりするし。演出ではなくて、しっかり調べてみることでできることが大事である」。

N氏の場合、メディア表現としてこうしなければならないという規範意識より前に、職業として「食」に携わっていることから、シビックメディア内でも主に食にかかわる取材を行っている。「食にはみんな興味があり、職人さんに会いに行って取材できるのはいいという人もいるが、人によっては、『お金ももらえないのに、わざわざ自分の休みの時間を割いて取材に行って、それをまた原稿にして時間がかかることに対して何が楽しいの』と思う人もいる」。そういう考え方を否定はしないが、記事を書いたり取材をしたりすることだけがシビックメディアへの参加の仕方ではないので、それをうまく伝えていけばもう少し違う形でシビックメディアへの活動へ参加してもらえる人が増えるのではないかとしている。

F氏によれば、児童館の活動などは「近隣の人が調べものを分担して、発信してくれればよい。そういう関わり方で広げていきたい。このような市民のつながりができれば、確実に継続的な活動につながっていくことになるだろう」。

ところでこのような市民参加の活動の評価判断として、それにアクセスしたり、参画した人の数といった量的な指標はよく引き合いに出されるものである。これを地域住民のメディア活動に当てはめれば、その活動がどの程度の人に届いたのか（リサーチ）やオーディエンスの数ということになろう。しかしシビックメディアの場合、総じて数や規模を追求するということはあまり考慮されていないようである。

参画人数はＮＰＯ形式をとっていることもあり、その会員数ということになろうが、ヒアリング時点で三〇名であり、その数自体はさほど変化していない。「シビックメディアでは人を増やすことを考えていない」とのことであり、作り手の人数という規模には安易な拡大という方向性にこだわっているわけではない。

またもう一つの代表的な評価基準としてのネットをどの程度の人が閲読したのか「アクセス数」というものがある。シビックメディアは「どうしてもアクセス数をのばす」という感覚ではやっていないとのことである。「結果としてそのような数字になっている。月間一二万アクセスを取りたいからやっているのではなくて、やっていたら一二万アクセスになっていたという方が近い」という発言が聞かれた。アクセス数に対してこだわりはさほど見られないし、メールマガジンは読者を増やすために発行しているが、必要以上のPRをしていないとのことである。ましてはウェブシティさっぽろの活動を大々的にアピールすることはない。それでも増えてきているのは興味を持つ人が増えてきていることの証しであると捉えている。「取材をしに行くと、そこで取材を受けた方がメールマガジンを持っていて、記事が掲載されるということを流していいかといったようなことを言うので、そのような地道なことで増えていっているのではないか」と述べている。数や規模を追求しない代わりに、シビックメディアは理念に従い「もっとしっかりと突き詰めてやろう」ということにやや強いこだわりを持っていることが見てとれた。

六　今後の活動の方向性

今回のヒアリングはリーダーと言うよりも、コアメンバーに対するインテンシブなインタビューであった。発言からは組織全体の考え方もうかがえるし、同時に個々人が考えていることも把握することができると思われる。

三人の個々の見解を通底していることとして、目指していることはシビックメディアという〝独特の位置を活かした情報発信や仲介役〟とでも言うべき役割である。例えばY氏が言うように、ラジオで伝達すべき札幌市からの行政情報があった場合、それを個別に制作・発信するのではなくて、各地域のコミュニティ放送局で、「同じ共有の情報として使えたらいいなあ」という考え方である。そのような仕組みを作ってしまえば、対応する行政の手間が省けるし、各局も同じ努力をしなくても済むので、協力すれば効率的である。行政の情報は各地域に対するものも含まれようが、大ていは札幌市民全体への情報だと考えられ、「そこはうまく活用していきたい」という意向が示されている。

また先述のように「行政情報の翻訳」といった作業を、現状では各コミュニティ局が行うことは人材的に厳しい状況であるので、シビックメディアのような機関が代行するということもありうるのではないかとも考えられる。シビックメディアがするべき仕事かどうかはまだわからないが、「クオリティ的には問題はない」という。「行政の情報をわかりやすくする、そこの作業を市民（＝シビックメディア）がやっていることに醍醐味があるのではないか」としている。

F氏は「私自身は参加してみて楽しい。配偶者の転勤などで職も辞めざるを得ない、そういう人がたくさんいると思う。（シビックメディアの活動のように）このようなことができるのだということを伝え、やれることがあるということを伝えたい。あきらめている人も多いので、あきらめないでちょっとでもできるということを知らせたい。『書けないよ』とか、しり込みしてしまう人も多いのが現状ではないか」とし、メディア活動を通じての地域貢献の可能性を追求していきたいとしている。

N氏によれば、農作物は北海道でたくさん作られているが、実に七割は本州向けに出荷している。「北海道は美味しいものがたくさんあるよねと本州の人は言うけれど、実際にそれを北海道の人が食べているのかというと話は違う。（北海道民が）それを意識しているのかは疑問に思っていることで、（その事実を認識すれば）もう少しほこりを持てると思う。消費者がそこに気づけば作っている人も自信を持てるので、もう少し元気になれる。農業する人自体がそういう目を持ってくれるようになればうれしい。実際に『北の香り』という品種の小麦粉を栽培しており、張り合いの部分をもう少し感じてもらえれば、商品を届けることによって、小麦粉が生きてくる使い方をしてもらえればよりうれしい。作り手にとっての喜びにもつながる。もう少し自分の地域を愛せる、食という文化を通じて、みんなが同じところで元気をもらえればよい」と考えている。

このような構想は、現在のシビックメディアの活動の枠に留まらない。「『北の香り』を使った商品ができたとしたら、農家の人に食べてもらうチャンスがあると思うし、そのようなことをあちらこちらで触れ回っていると、この前も、その収穫に立ち会ったという人がたまたま会場にいて、輪が広がっていくこと自体が楽しい。そういうことに対して反響を感じるというのは大げさだが、『どこで買えるのですか』という話を聞いたりすると、すごく関心を持ってもらっているということがわかってうれしいし、関心を持ってくださる人はいるのだから、こちらもがんばって情報発信したいという気持ちになる。記事にはなっていないが、今はパンを作るという試作段階には達している。いずれ、パン屋さんに対して〝試作してみませんか〟という記事を書いてみたい」という段階にまで達している。

逆に言うとこのようなプロセスは、商業メディアでは取り上げられにくく、地域住民の非商業メディアであるシビックメディアだからできるのかもしれない。うまくいっている「成功例」だけではなく、「失敗例」も同時に示していくことで、情報の受け手にその事例に愛着を感じてもらうことができるだろう。

シビックメディアが様々な情報の媒介の役回りを演じていることは言を俟たない。例えば、地元で活躍している人たちを取り上げる連載企画「札幌の横顔」コーナー[10]で北海道のライフセーバークラブ理事を取り上げ、同時に空色ステーションにも出演して頂いた。そのあと、脳性小児麻痺患者に対して水泳を教えるインストラクターとして活動している人を取材したが、「なかなかプールを開放してくれない」との悩みを抱えていた。この両者をシビックメディアが仲介することで、両者が連携し、札幌の近くの海水浴場である「ドリームビーチ」でライフセーバークラブメンバーが協力し、その立会い・監視の中、患者に水泳をしてもらうという企画が二〇〇五年に実現することになった。まさに「ウェブシティの取材で、〝点〟が〝線〟になった」事例と言えよう。

Y氏は「緻密に考えながらやったわけではないが、こんなこともできると勉強になった」と話をしていた。

第四節　京都三条ラジオカフェの活動から

地域住民によるメディア活動が全国各地で〝点的〟に展開されるようになったことで、それまではメディアとは全く無縁であったような人がメディアと積極的にかかわっていく、あるいはそれを通して自己表現をしていくということの敷居の高さを下げた側面が指摘されよう。つまりメディアは誰でもが参与可能な空間である事実が徐々にではあるが、白日の下にさらされるようになって来た。そのような事例の一つとして京都三条ラジオカフェの活動を次に見ていきたい(11)。

一　京都三条ラジオカフェの概要

最初にメディアの概要を紹介しておきたい。ラジオカフェは二〇〇三年三月開局したコミュニティFM放送局である。対象エリアは京都市内全域で、対象域内人口一〇〇万人である。事業の主体はNPO法人であり、特定非営利団体に放送免許が交付された最初の事例とされ、「制度的には日本の放送史における画期をなす事例」と指摘する声がある。基本コンセプトは、「市民による市民のための放送局」＝「市民型放送局」、「街角のカフェのようなラジオ局」「老若男女の市民が集い発信する放送局」などと着想されているが、同種の市民型放送局としては神戸の「FMわいわい」(神戸市長田区)が挙げられよう。NPOが主体となって運営されているが、同時に設立段階の行政当局との交渉過程において、「サポートカンパニー」という「京都ラジオカフェ株式会社」が設立されていることである。これは開局時の資金の捻出やNPO運営の放送局認可申請のための戦略として設立されたものである。

実質的に放送局機能を担っているのは、NPO法人「京都三条ラジオカフェ」であり、会員制による組織作りがなされている。番組の制作者も「番組会員」として局の一員になるという考え方である。番組作りの特徴として、番組会員が放送時間に合わせて「放送利用料」を負担して放送局を財政的に支えるというものである。このような制作体制による番組がほとんどであり、局自体が自前で番組を作ることはない。局の専従スタッフは会員の番組作りのサポート役となっている。以下ではNPO放送の立ち上げから、今日に至るまでを概観していこう。(12)

二　NPO放送局の立ち上げ

最初に当事者である福井氏（京都コミュニティFM理事）のメディア観について聞いた。もともと学生の時から「市民とメディア」というものには興味を持っていた。そして現在立命館大学教授の津田氏の著作の中で、イタリアでは酒場単位でラジオ局が運営されており、〝自由ラジオ〟的な展開があったということを知る。身近なメディアによって「市民とメディアの一致」を目指すことを考えたという。福井氏のこれまでの放送に対する認識は、「（イタリアに比べて日本では）それこそメディアは市民とは全く関係ないもので、よもや学生がメディアを使って自分たちの言いたいことを言うなんてことは許されない、相手にもされないような、そういう位置にいたと思う」というものであった。

具体的に市民ラジオ放送局を構想することのきっかけとして、福井氏が中心となり「KBS京都アクセスクラブ」という市民組織を作り、年会費一二〇〇〇円で資金を集めて京都のローカル民放局であるKBS京都で市民の提供する番組を作ろうという動きが起こる。福井氏はその事務局長としてかかわることになった。その後、アクセスクラブでの限界を感じ、「市民が放送を作る文化というものを、一度しっかりと育てないと前に進まないなという想いを強くした」。この時点でＮＰＯという発想はどこからも出てこない。そこに一九九八年のＮＰＯ法制定で、ＮＰＯが放送局を持つのは可能ではないかと考えていた「京都ＮＰＯセンター」のグループや〝環境ＦＭ〟という環境専門のＦＭ局を作りたいというグループが合流することで今の形に結実していった。

ＮＰＯが放送局を運営するといった構想は「そのような事例が今までなかった」というだけで、前途多難であった。「放送は営利事業である。したがって株式会社にしか認めませんという流れは何とか変えたいという強い思いはあった。」「みんなの協力を得るにはやっぱりＮＰＯが便利である。制度的なことに関するたくさん論争をした。しかし、今のコミュニティ放送の株式会社と同じシステムでも十分できるし、ＮＰＯでも何ら変わるところはないということもある。ただ、その時に、いろいろなメディアが聴ける京都の街中において、うちのメディアの特徴は何かと考えたのだが、それが『市民の作る番組を流す』という〝決意〟であった」。既存の商業放送局は《視聴率・聴取率》という絶対的なものさしが存在している。それは結局、視聴者・聴取者という、どのくらいの塊が番組を見聞きしているのかという量的な観点からの指標である。しかし、ＮＰＯが運営する意義として、このような商業とは一線を画すことが目指された。

「何人の聴取者がいるのかとかそういう疑問はあろうが、発信のシステムの観点から言うと、そういう企画を丁寧に番組にして発信をするなど市民的なムーブメントがあれば、番組と一緒にそのムーブメントを育てていくとか、それで面白いと言ってくれる人は必ずいると思う。それこそがうちの放送局のあり方である」。

三　番組制作の特色

このような番組制作の考え方は個々の番組表の解説を見れば一目瞭然である。そこに並んでいる番組のラインナップからは、基本的な番組スタイルを崩すということから始まっているように思われる。

「うちは実際の局のOBを含めて協力者から現にたくさんしてもらっているが、一方で、それ自身が新しい放送の文化として模索できる流れを作りたいと思っている。その意味では、どこの局にもあるような、DJが流して、そのDJの楽しさで聴取者がつくという形も当然あるのだが、そうした音楽とDJの語りだけで流れるというパターンから言えば、何が起こるか、どんな番組になっていくかわからないという面白さも含めて、その形は少し見えてきているなと思っている」とのことであった。

番組を支えるのは多様な担い手である。意外なことに担い手として目立つのは、現役やOB・OGを含めたマスコミ現場の人が多いとのことである。個人の資格で参加しており、当然番組会員であるので、「放送利用料」を支払ってまで、好きな番組を放送している。その辺りの動機はどのようなものであろうか。やや長くなるが引用してみよう。

「制作の現場にいる人たちからは、面白いと言われる。現に関テレ（関西テレビ）のディレクターもここで番組を作っているし、NHK京都放送局のチーフ・アナウンサーはうちの理事として今年就任した。既存の放送局に勤めている人たちも、本当の意味で自分の放送を作りたいといっても作れないわけで、ここで作るのを楽しみにしている人たちも出てくるだろうと思う。例えば、京都新聞に勤めている人たちも、二チームほどうちで番組を作っているが、完全に個人として参加している。一つは、自分たちで音楽のチームを作っている。三分の番組の放送料は毎週五〇〇〇円となっている。彼らは六分の番組なので通常は一〇〇〇〇円であるが、深夜帯は三割引なので七〇〇〇円である。もう一組の方は、自分は安定した生活をしているが、高校の同級生で音楽活動を今でも続けている友人を応援したいと考えた。それで、奥さんに相談して七〇〇〇円のお小遣いで六分の番組を毎週放送している。その友人の音楽を一曲入れて、自分でも喋りたいことがあるのでDJの真似事をする。それを聞きつけた同僚の新聞社の人が、うちのチームでやろうと言って番組が成立している。放送局を支える費用として放送利用料という形で有料だが、自分たちで自由に放送発信してもらおうということである。インターネットも似たようなことがあると思うが、こういうシステムの中で作られる新しい文化というのはやはりあって、それぞれが参加をしている」。

四　京都という地域特性との関係

ところで、京都三条ラジオカフェが成立するための要件はどのようなものであろうか。ここで一つ留意しなくてはならない要素として、〝京都であることの必然性〟と、他地域での〝ラジオカフェモデル〟適応が困難であるということである。

「今日も午前中に、愛媛の松山の道後温泉の方で作りたいとＮＰＯの人たちが来ていた。そこで映像中心にいろいろ活動しているＮＰＯであるが、そちらではうちのモデルは多分だめだと思いますよと言った。（なぜかと言うと）この京都という場所、それこその需要がそのまま形になっていくような、位置や人や規模などの条件があると思う。だから、地方に行ったら、多分、行政がどれだけ関わっているかという違うモデルが必要と思う」。

放送利用料というお金を払ってまで番組に出て自己表現をしたいと考える人の層の厚さ、さらにそれを聴取する社会層が地域住民の中に存在していることがラジオカフェモデルを下支えしている要因であると考えられている。

五　地域メディアとしての存在意義・社会的影響力

次に存在意義の認識について聞いた。本章の最初で述べたように新しいメディアが社会的に成立するためには、存在意義や独自性をどこに求めるのかという点が重要であろう。メディアというとその社会的影響力はすぐに気になるところであるが、ラジオカフェの場合はその点に関してかなり自覚的に冷めた自己規定をしているように思える。発言から拾ってみよう。

「もともとテレビ局などのいろいろなレベルのメディア、特にマスのメディアはどれだけの影響を与えているかということがある。新聞などのペーパーのメディアやインターネットの新聞みたいなものも含めて、そういうのはたくさんあるが、そういう中から言うと、うちなんかが頑張ってもそんなに影響するものではないと、基本的には思っている」。

ではその存在意義をどこに見出しているのかという点については、個々の番組の持つそれぞれの《メッセージ性》ということではないかとの見方を示している。その例を体現するものとして福井氏が引き合いに出すのは、地元の新聞メディアの取り上げ方の変化である。

「例えば、京都新聞などの新聞がうちを取り上げている。新聞は、うちが開局する頃は、〝市民が作る〟放送局ができるという報道をずっとしていた。そういう雰囲気が一年間あった。ところが今年になってからは、番組ごとに報道するようになった。新聞が取り上げる頻度は（京都の他のメディアと比較すると）うちが抜群である。それは番組のひとつひとつに物語があるからである。やっぱり、取り上げるべきパブリック性、話題性はあって、例えば『難民ナウ！』も一人の人が企画をして毎週の三分番組で始めたものだが、メディアにいる人間が考えるわけがないような企画なので、みんな応援したくなるはずである」。福井氏の言葉では「物語性」と表現されているが、個別の番組が持つメッセージ力に着目している。

「ラジオカフェが育つ場所であったり、それ自身が非常に価値のあるものを発信する。うちの理事長は最初の挨拶で、『ここを孵卵（ふらん）器のように使ってくれ』ということを言ったが、やはりそういういくつかの視点でここの位置づけというものはあると思う」。

京都における地域情報の特質について、「地域情報といえば、京都新聞である。私は、年代的にも新聞かもしれない。インターネットもないわけではないけれども、地域メディアと言っても、本当の地域の情報というのはそういうところに載らないと思う。生で伝わってくる情報が本当だと思っているから、そっちのほうが大きい。逆に言ったら、こっちのほうにいろいろ集まってきているということもあるが。いろいろなことをやっているなあと実感するほど、いろいろな人がいる」。

『難民ナウ！』など一見地域情報ではないと思われるものを京都から発信することの意味についてはどのように考えればよいのであろうか。「地域と言ったときに、京都のここら辺が地域、なんて全然思わないというか、世界が地域であって、それを京都から見ることが地域性だと思う」。

六　開局して一年半での現状認識と課題点

ラジオ局の運営主体であるNPO京都コミュニティ放送が、NPOとして会員組織を作り、事業収入とともに、会員からの会費で運営資金を確保している。番組放送料金による収入が主であり、番組の量が現在の倍になれば局の運営が安定する。現在は放送枠が埋まっておらず番組の少なさの改善が必要であるとのことである。

また組織強化も課題である。「組織的な整備は相当してきたと思う。内部の職員の配置、NPOの職員と会社の職員の役割分担も含めて整理はできてきている。あとは、あと半年ぐらいでしっかりとひとつの形を作り上げていきたい。局内の理想の高い人はひとつのイメージがあって、その理想と局（の現実）を天秤にかけるということは当然あるわけだが。開局時は仕方ないが、『こういうのではないとだめだ』という思いも強くあり、そういう理想に近づけるのがここ半年の最大の課題だと思う」。

番組の充実に関しては、どのように考えているのであろうか。

「クオリティも当然だが、僕らはクオリティ論を入り口にはしない。だから、『誰でもOK』なのである。ただ、番組をやる過程ではクオリティを大切にしようと言っている。音が、その人の頭に入っていって伝わるというのは一定の技術が必要で、特別なそういう経路があるから、それは守らないと、と言っている。それがクオリティである。しかし、情報としては、番組の作り手たちはみんな専門家というか特別な知識や特別な想いがある人たちだから、それをしっかり伝えることでクオリティは十分あると思う」。ここで言われているクオリティとは番組の出来不出来という問題よりも、その情報の深さや質の高さであるように考えられる。先述のメッセージ性のある情報という指摘に通じるものがあろう。

最後に、福井氏の構想について聞いた。「交流空間メディア」としてのラジオカフェとして育てたいという意向があるという。「(ラジオカフェでは) プロの作り手も自ら番組作りに参加しており、理想的な放送メディアの形を追求している。メディア全体を育てたいという気もある。昔はそういう横のつながりがあったのだが、最近、そういうのも聞かなくなったから。若い子らはそういうマス・メディアを選んで入社して、それはそれでステイタスだが、もう少し幅広く、いろいろな交流があっていいと思う。ここの空間がそういうふうに機能する、(ラジオカフェが存在する) 三条御幸町という空間がそういう人を集めていくというような流れになればよいと思う。本当に僕はラジオにこだわっているわけではなくて、発信をするシステム全体をどう見ていくかという感じだと思っている」。

第五節　まとめと今後の課題

一　まとめ

以上、北海道シビックメディアにおける地域情報制作の担い手の認識と、京都三条ラジオカフェではＮＰＯ放送メディアのあり方について概観してきた。本章の冒頭で送り手＝当事者たちの認識が新しいメディアとしての社会的生成と不可分であることを説いたが、ともに地域メディアとしての情報発信の活動を担う観点から、自分たちのメディアの立ち位置を確認しつつ、それに合わせてオーダーメイド的に番組や記事制作を行ってきている。仮説として示した通り、商業的なマス・メディアに対する代替的な情報制作や発信を担うという自己規定は明確に見られた。今回のヒアリング調査から垣間みられた地域住民にとってのメディア活動に対する認識や意味づけを以下三点のポイントにまとめる。

第一にその動機付けや目的であるが、既存のマス・メディアに対するオルタナティブという側面もあるが、それ以上にその地域に住む自分たち自身のためであり、ひいては地域社会を変革していくきっかけになれば良いと考えられている。第二にその社会的影響が及ぶ範囲については、はっきりとした効果が得られておらず、実感されていない。また活動者も既存マス・メディア的な発想にたった効果自体をそれほど求めないという姿勢がみられる。第三に提供する情報や番組に関しては、メッセージ性という観点から強い確信が持たれており、情報発信という行為の積み重ねの中で徐々に社会に訴求していけたら良いとしている。

二　研究上の課題

地域情報化の個別ケースがクローズアップされる中で、リーダーのみに対して行ったヒアリングによる知見の一般化が多いように思われる。筆者はこのような手法に対して、もとよりネガティブな評価を下すものではない。実際、本章の後半部分の記述はキーマンと目される人物に対する聞き取りにもとづくものである。

しかしながら、このようなリサーチデザインは、リーダーと実際の制作の担い手たちが思いや認識を共有しているという、言わば一枚岩的な組織や集団の存在ということを前提としており、この送り手内部での複数性は改めて問われることはなくなっている。実際の参画者に関してのインタビューは、送り手内部の構造の多層性・多様性をうかがい知る上で貴重な資料となろう。このような多層性が新しいメディア秩序としていかに結実していくのか、今後の継続的な調査の中で解き明かさねばならないだろう。

そして、長い間、受け手の立場であった人たちがどのように主体的な送り手になっていくのか。やはり地域社会との関わり合いの中で検証されるべきである。事例を収集することとその理論化を同時に行いつつ、「メディアの担い手＝アクター論」というモデルを彫琢していかなくてはならない。

(1)　例えば、松野良一ほか著（二〇〇四）「特集　子供、学生、市民のメディア活動」『中央評論』一四ー一四五頁など。

(2)　地方ケーブルテレビ局関係者からヒアリングした際に得た証言より。情報発信をしたい人は固有の意見を持ち、それをメディア上で公表していくというタイプも考えられるが、実際の住民が作成する番組では、この三者の「お知らせ」的なものが多くなっているとの経験的な知見を得た。

(3)　札幌市役所の担当職員インタビュー調査（二〇〇二年九月実施）より、得られた証言である。

(4)　主にリーダー層にヒアリングしているので、当然リーダー層が考えているウェブシティさっぽろに関する認識や評価が中心となっている。

(5) シビックメディアでは「単なるＩＴ教育ではない」メディアリテラシー向上に注力している。メディアの種類を問わず情報を収集して、編集できる力をつけることが目指される。

(6) 札幌市の職員発言より。

(7) シビックメディアが受託している札幌地域情報サイトである。想定している閲読者は「札幌への観光客」であり、前述の「都市プロモーション」の一翼を担うものである。

(8) 札幌市からの委託事業の一つとして、ラジオ連携の実証実験が進められている。

(9) 札幌市役所の担当者も同様の見解を示していた。担当者へのインタビューは、二〇〇四年九月に行った。

(10) この『札幌の横顔』というコーナーでは、どのような人を取り上げるのか、提案者が候補を挙げ、それを企画会議で検討する。取材には提案者が一人で行くというよりも別の人と一緒に行く、あるいは提案した人以外が取材するということである。取材過程で「札幌地区の人的な横のつながりを実感することが多い」とのことである。

(11) 本章はヒアリング調査および文献・資料等から執筆した。ヒアリング調査の概要は以下の通り。①調査日時：二〇〇四年九月一七日、②調査対象者：福井文雄氏（ＮＰＯ京都コミュニティ放送・理事／京都ラジオカフェ株式会社・代表取締役）、③調査項目：主要なもののみ⑴開局するまでの経緯、⑵開局後1年半の総括、⑶番組制作の実際、⑷現状の課題点、⑸京都という地域社会とのかかわり、など。福井氏は放送局立ち上げについてのキーマンであり、局運営に関しては福井氏のアイデアがかなり色濃く反映されていると思われる。

(12) 本章で参考にしている資料としては、上述の福井氏のヒアリングに加え、京都新聞でラジオカフェを取り上げた記事のほか、「京都三条ラジオカフェ通信」（二〇〇四年九月号、番組テーブルと主要な番組の紹介）、「市民とメディアと京都三条カフェを考える」（二〇〇四年一月市民メディア交流集会二〇〇四［名古屋市］事例発表の資料として配布されたもの）、局制作の「説明資料」（一〇〇〇円にて頒布）など。

主要な参考文献

浅岡隆裕　（二〇〇四）「『公共であること』の変容―地域情報の産出をめぐる北海道・札幌市の試みを中心に―」早川善治

郎編著『現代社会理論とメディアの諸相』中央大学出版部、三三九－三七五頁。
L.Haddon, 2004, Information and Communication Technologies in Everyday Life ; A Concise Introduction and Research Guide, BERG.
林香里（二〇〇二）『マスメディアの周縁、ジャーナリズムの核心』新曜社。
佐藤卓巳（一九九八）『現代メディア史』岩波書店。

第五章　自主制作の現況

早川　善治郎

第一節　自主制作の環境

現在の日本のＣＡＴＶ局の放送番組には、放送時間の総量、番組の本数、番組内容の差異などに関わりなく、総称的に「自主制作放送」あるいは「自主制作番組」と呼ばれている放送番組群がある。「自主制作」と言われる所以は、当該ＣＡＴＶ局の局員と予算や各種放送器材を動員して放送番組が「制作」されることにある。日本で最初に「自主制作」番組が放送されたのは、一九六三年の郡上八幡のＣＡＴＶ局からであった。以来、五二年（二〇〇五年現在）が過ぎている。多くのＣＡＴＶ局は、開設・放送開始直後は番組の数こそ少ないにせよ、「自主制作」放送に意欲的であった。他方では、日本のＣＡＴＶは行政府の各省庁をヘッドにおいて設置されたことも関連するであろうが、「自主制作」の〈度合い〉には濃淡があった。

しかしながら、五二年の歴史を経た現在、「自主制作」態勢や実績にどれほどの歴史的成長・発展の実態が見られるであろうか。最近ではむしろ各ＣＡＴＶ局の「自主制作」状況はかつてよりも後退もしくは低調である、という指摘さえ耳にする。五〇年の間に「自主制作」をめぐる環境にどのような変化があったのか。たとえば、ＣＡＴＶに関連する技術（ハード、ソフトの双方）面の発達・発展は顕著なものであったはずだが、それが負の要因として作用したのか。あるいは、放送現象を律する制度的改変がブレーキになっていたのであろうか。こうした点に留意しつつ最小範囲のCATV「環境」の特質を点検しておきたい。

一　メディアの足跡

日本のCATVは難視聴対策メディアとして一九五五年に群馬県伊香保の共同受信施設でスタートした。地上波テレビの区域内再送信が中心の機能だったが、さらには区域外再送信のメディアとしても発達していく。上記した郡上八幡からの「自主制作」番組の初放送は一九六三年。やがて一九七七年の〈三全総〉で地方の復権が提唱されるや、「地域の情報化」が強調され、〈地方の時代〉を実現する「地域メディア」として、地域コミュニテイの形成に寄与する役割が期待された。CATVは同時再送信と自主放送のメディアとして確固たる存在となった。

八〇年代に入ると、CATVは「多チャンネル」や「双方向性」の機能が重視され、「ニューメディア」の一翼をになわされることとなる。さらに、九〇年代には「ニューメディア」の名称のもとに、「情報ハイウエイ」「マルチメディア」へとその期待機能は上昇する。まさに〈IT革命〉の時代の開幕であり、CATVは「ケーブル・インターネット」と呼ばれる新しいメディア段階に進展する。HFCやFTTHといった光ファイバー技術を取り込んだブロードバンド回線利用で、社会の隅ずみにサービスを提供するメディアに進化した。〇三〜〇四年にはインターネットのアプリケーションとして「IP電話」も実用化した。そして、〈放送と通信の融合〉を実現したメディア、地域の総合情報インフラという、まさに世界的な「IT革命」の象徴的メディアとして二一世紀の初頭に立っているのである。

二　法規の変化

一九七二年に「有線テレビジョン放送法」が施行された。ＣＡＴＶは電話と同じ、もしくは電話線と共有の「送電線」を送信装置とするメディアである。無線地上波の無指向性とは異なる同軸送信線を必要とする。送信↓受信の両サイドの人間は〈固有の個人たち〉である。これは新聞や出版と同様に、販売・購買者が確定していることを物語る。無線地上波のラジオやテレビのように不特定多数者を〈受け手〉とするメディアではない。

にもかかわらず「有線テレビジョン放送法」は無線地上波のラジオやテレビを規制する「放送法」と内容上同様の法律を義務づけられたのである。ＣＡＴＶ事業者の保護育成や管理監督の法的条件が用意されたといってよい。

やがて、〈ニューメディア〉としてのＣＡＴＶの経営に習熟していなかった業界の活性化を企図して、様々な規制緩和が施されていく。外資規制の段階的緩和（一九九三、九七、九八、九九年）や撤廃、地元事業計画者間の一本化調整指導の廃止（九四年）など、行政側の育成策が相次いだ。その結果、外資の斯界への進出が顕著になり、複数市町村にまたがる事業者の族生、〈地域独占〉の崩壊現象の開始、といった激甚な変化が展開されていく。ＣＡＴＶ業界は弱肉強食原理の例外領域ではなくなった。

一九九七年には複数ＣＡＴＶ事業者のヘッドエンドの共有化が認められ、それはＢＳデジタル・ヘッドエンドの共用に至る。二〇〇二年になると、通信事業者が自前の回線インフラを必要としない「電気通信役務利用放送法」が制定された。放送と通信の融合はかくして現実のものとなった。大手の通信事業者の参入により、多チャンネルの放送業界が実現する可能性が高まり、ＣＡＴＶの「地域独占の時代」は終焉する。総合商社、大手電気メーカー、外資系資本の参入によってＭＳＯ（Multiple System Operation）が出現する。加えて〇五年までに行われた市町村合併政策は、

表5－1　進むケーブルテレビの規制緩和

1993年12月	外資規制の緩和・撤廃	外資規制について5分の1未満から、3分の1未満に緩和、1999年6月に撤廃
1993年12月	地元事業者要件の廃止	有線テレビジョン放送施設の設置許可にあたり、当該施設を設置しようとする者に対し、当該施設が設置される区域に活動の基盤を有することを求めていた制度を廃止
1993年12月	サービス区域制限の緩和	サービス区域を市町村単位とする一行政区域制限を撤廃
1994年9月	複数事業計画者間における一本化調整指導の廃止	競合により、事業化が進んでいない地域の事業化の推進
1993年12月～1994年12月	有線テレビジョン放送施設の設置許可等の申請所等の簡素化	設置許可等の申請所の添付書類の大幅な簡素化を実施
1997年12月	複数ケーブルテレビ事業者間のヘッドエンドの共用化	ケーブルテレビ事業者が効率的にデジタル化投資を行えるようにし、デジタル化を促進する観点から、ヘッドエンド設備を複数の事業者で共用することを認める
1998年6月	電気通信事業者の加入者系光ファイバー網の利用	公正有効競争の確保を前提に、ケーブルテレビ事業者が電気通信事業が敷設した加入者系光ファイバー網の利用が可能
1998年9月	ケーブルテレビ加入者網における無線システムの実用化	ケーブルテレビ局のネットワーク構築の補完的な手段として、基地局から各加入者宅までの伝送に無線システムを利用することを認める

出典：西正・野村敦子『ケーブルテレビのすべて』2002年、東洋経済新報社、49ページ。

ＣＡＴＶ局間の広域連携を促進する不可避の行政的外圧であったといっていいだろう。(表5－1参照)

ＣＡＴＶ事業者間の連携・統合、新会社の設立が盛んになる。二〇〇〇年には、関西地区で「阪神シティケーブル」、東海地区には「東海デジタルネットワークセンター」が出現した。首都圏でも「ジャパンケーブルネット」が全国的規模のＭＳＯとして活動を開始したが、この年には、ＣＡＴＶ業界一位と二位のＭＳＯ＝ジュピターテレコムとタイタス・コミュニケーションの合併が見られた。これは文字どおり日本のＣＡＴＶ界最大のＭＳＯである。経営的なスケールメリットを最大化するところに到達したと言ってよいであろう。

以上のような業界の全体的な法規関係の変遷過程で、ＣＡＴＶの「自主制作」活動自体とその成果は、そのメディア「環境」の発展・発達と比例して進化してきたであろうか。以下では、現在活躍中の各地のCATV局の「自主制作」の現況を点検しつつ、この課題判断のためのデータを収集していこう。

第二節　自主制作の現況

一　沖縄ケーブルネットワーク

最初に沖縄県内のCATVから三局を取り上げて概況を見ていこう。その最初は本島の那覇市に本社のある沖縄ケーブルネットワーク（OCN）のそれである。OCNの会社設立は一九八八年七月二一日。二〇〇五年現在、その認可エリア対象世帯数は二四三、三四三であり、総加入世帯数は五二、二七一である。チャンネルはNHK総合、同教育、琉球放送、沖縄テレビ、琉球朝日放送、BS、CS、であり、コミュニティchとしてはOCNをもっている。この局の放送は広報番組から出発した。現在は広報番組として「突撃南風原（はえばる）探検隊」（後述）をもっている。

OCNは二〇〇四年七月現在、毎週・月〜金の午後八時〜深夜一時に、日替わりの三〇分番組「沖縄ニュースToday」を放送している。このニュース番組は、資本関係のある「琉球新報」の編集局デスクがニュース解説を担当するシステムとなっている。

他方、地域情報番組の制作面におけるNPOの活動は極めて活発である。当初CATVの営業マンが各市町村に広報番組の提供を要請していたところ、各方面からその要請が出てきたので、親川善一氏（四〇歳代）に制作を依頼し、一九九八年五月以降今日に至る。番組のオンエアーは九八年九月からである。以下では親川氏の属するNPO（氏は

NPO法人調査隊おきなわの理事長）の活動を紹介しておくべきであろう。

「NPO法人調査隊おきなわ」がその名称である。発足は二〇〇三年。会員は二〇名程度。彼らはもっぱら寄付をするスポンサー的立場の人々である。実際に番組の企画や制作・編集を行うのは協力者（常時二〇名程度、多い時は六〇名になった）と言われる人々。職業や社会的位置も多様であり、会社員、郵便局員、医師、主婦、各種教員、大工、中・高・大学生、フリーター、ミス糸満、等々、のボランティアである。NPO法人ができるまでは任意団体として番組制作を行っていた。その当時は、TV番組づくりはコミュニティFMの「テレビ版」だと認識していたというのが実態だった。番組の企画や制作の打ち合わせを行う「協力者会議」は毎週火曜日の夜八時から始まる。「新沖縄発！おもしろ調査隊21」（四五分番組、火・金・土・日に合計六回OCNで放送）は、インディーズバンドを立ち上げて、大人気をはくしていた。

法人の資金は二〇人のメンバーが拠出している。そして協力者は多い時は三〇人に達することがある。法人になって今年（二〇〇五年）で三年目である。メンバーの合い言葉は「面白い番組を作ろう」であり、親川氏＝写真屋のスタジオに夜八時頃に番組のテーマや問題を各人が持ち寄り討議を繰り返す。このスタジオは「サウスポイントスタジオ」と命名されており、ノンリニア機を使用して番組編集を行えるレベルに達しているという。完成した作品はOCNから流すシステムになっており、OCNとは番組の企画のさいに相談したり注文するていどで、あくまでも制作・編集過程はNPO側のイニシアティブにゆだねられている。そればかりでなく、このNPOは番組のスポンサーをつけてOCNに渡しているのだから、営業活動もやっているわけだ。

OCNのコミュニテイ・チャンネルにはプロダクションや業界紙あるいは地域住民からの持ち込み番組もある。

他方、四年続いた「突撃南風原探検隊」は町役場がビデオ撮りを行い、編集は「調査隊おきなわ」が役場の注文に応じて完成させる。

自主放送番組は全てスポンサーによる収入でまかない、CATV局＝OCNからの金銭収入はない。制作費も編集費用も自前である。ただし、那覇市がスポンサーになった「庶民の名工」は例外だった。が、著作権はNPOに属する。番組の企画趣意で特記すべきことは、話題性にこだわることはしないで、環境問題や歴史的証言の記録、文化保護などの社会的貢献性を焦点にしている問題意識である。〈既存の放送局が出来ないことをやろう！〉というこのNPOの特質が浮き彫りにされているといってよいだろう。

CATVのネットワーク化については、どのように考えているか？　中央大学の松野良一氏が中心となって全国ネット化（JFN＝ジャパンフィルムネット）を推進してきている。北海道の学生が中心となって映像コミュニティ「ムーブ・ユー」というNPOを立ち上げた。他に参加者は京都精華大学（映像メディア研究所）、中央大学松野研究室（ネットワーク多摩）、そして「調査隊おきなわ」である。しかしながら、親川氏の哲学はCATVのネット化よりもインターネットで世界中をネットワーク化する方に重心がかかっているようだ。その方が費用もかからないし、手軽に出来る。県人会の結束も固い。そうした背景により、洗練されたマスメディアの番組づくりよりも、地元志向のことばや風景を大切にしなければならないという主張が参加メンバーに対して強調されることとなる。

ローカリティに関しては、行政圏としての沖縄という意識はなく、圏外と沖縄、海外と沖縄との関連性を常に念頭においてものを考え、人間関係を大切にする。沖縄人としての仲間意識は、親族、同族、同県人などの関係、そしてそれらとのハートの繋がりを重視する。海外とは県人会（者）を介して繋いでいく。さらに、沖縄はアジアの中心（キーストーン）という自負がある。風俗や流行における「東京化」は埒外であるようだ。

二　宮古テレビ（MTV）

国の政策である「新世代ケーブルテレビ事業」（総務省）と「田園地域マルチメディアモデル整備事業」（農水省）の施設助成によって設立・開局した。県と平良市および四町一村からも助成を受けた。スタート時（一九七八年）はNHK二波と自主放送のみであり、当初は電通の技術指導を受けた。それ以前は電波が届かなかったため、那覇から三六〇㎞の海底ケーブルに拠っていたが、一九九〇年には光ファイバーの時代を迎えた。

CATVを導入する契機は新聞報道に対する非難→偏向報道批判であったという。新聞報道を信頼し得なくなった経験が〈正しい報道〉希求の誘因となる。新聞に代わるメディアとしてテレビがクローズアップされた。公正な報道をテレビに求めようというわけである。だから、CATV局としては常に新聞論調との比較を重視した放送を行うように配慮した。

MTVは自主放送にどう取り組んできたか。現在の自主放送は九chのニュースと一〇chのイベントもの（市町村議会中継、選挙速報、さらにはトライアスロン競技の実況放送など）の二波である。制作スタッフは四九名。必要に応じて関連会社の社員の応援をあおぎ、ある時には全体で七〇名を越したこともあった。平良市を含んだ宮古島と伊良部町のサービスエリアの加入率は約六〇％超。一般のCATVと同様にMTVも地上波を再送信している。オリオンビールからの広告収入と受信料で経営的には堅実であり、黒字経営である。

自主チャンネルでは県内報道を中心に行っている。報道内容は事件・事故のニュースと、プロ野球のキャンプ地なので地域情報とからめてこれをニュース種にしている。ニュース番組は〈地域密着〉をめざし、その観点で話題や出来事を的確に流すように努めている。とにかく、取材は「自前＝地元」メディアに徹していこうと考えている。

自主制作にとって〈地域密着〉こそが番組制作の基本である。OCN（沖縄ケーブルネットワーク）とは繋がりがあるので番組協力を行っている。NPOからの〈持ち込み〉はないが、最近では高校生に番組づくりに協力させようと考えてもいる。先記の地元新聞二紙には島内の詳しい死亡記事が出るのだが、日曜日は休刊なので宮古テレビが行っているのも地域密着の期待に応じた努力の証左である。

沖縄本島と離れているため、宮古の島民の情報欲求は非常に強い。その証拠として、『宮古毎日新聞』（発行部数一六八〇〇部）、『宮古新報』（同約五〇〇〇部）が健在である。二紙ともかなり質の高い紙面内容の地元紙であると評価してよい。

では、他地域とのネットワーク化をMTVはどのように考えているのか。

北海道の大滝村（MPIS）から研修に来たことがある。それが契機になって、番組交換を今後行いたいと考え始めている。この番組交換の発想は先方の社長の奥さんが宮古出身という関係から出てきた話だという。以後、島内で生産される諸物産や観光を通して他地域と経済協力や協調をしなければ発展は期待出来ないし、そのためにCATVの情報交流やネットワーク化は必要だという発想に帰着したのである。他方、二〇一一年からデジタル化に着手し、IP電話も進展している。インターネット加入者は一〇〇〇世帯を超えている。

三　石垣ケーブルテレビ（ICT）

石垣ケーブルテレビ（ICT）のネットワーク化構想はどうであろうか？　この点では意外な答えが出された。ICTの現経営者はネットワーク化には反対の方針であることを明言している。その理由は次のような事情による。曰く「地域密着が必要だから」なのだ。ネットワーク化するとどこの局でも同じ放送内容になる。そうはしたくないと言う。CATVはNHKやインターネットで流さない情報を放送すべきである、と。

「住民の目線」という表現で説明がなされる。住民にとっては地域や親戚といった横の繋がりが強いため、何かコトがあれば直接本人に圧力がかかる。したがって、住民はテレビには出たがらない。テレビ局の人間が取材に出向いてアナウンスすることが求められるのだ。しかし、それが公平な扱いでなければ直ぐに苦情が局にくる。石垣の人間は何かあると足を引っ張るくせがある、と言われているようだ。対して、宮古はいったん決まれば団結する気風があるという。

石垣は政治的にも人間関係的にも複雑であり、互いに干渉したり監視したりしている（長老支配）ため、放送として政治的な事柄に関わることはやりたくない。政治的には「中立」を堅持したい。そしてむしろ地域の文化や伝統に力を入れるべきだ。（もともと流刑地として政治犯が多く、宮古島は経済犯が多かったため、石垣からは政治家や文化人が多く出現している。）

石垣にはＮＰＯの団体がない。ＮＰＯは必ずしも中立ではないので〈色がつく〉可能性があるため、ＩＣＴではＮＰＯと一緒にやるつもりはない。ただ、ＮＰＯを利用すれば費用がかからないという魅力はある。ボランティアなら結構！　ボランティアが継続的にやってくれるならば多少の「金」は出しても良いと考えている。

自主制作番組への取り組みについてはどうか。ＩＣＴは一ｃｈでは議会放送とその再放送を、六ｃｈでは毎週月〜金の夕方七時三〇分から二五分間の番組を放送している。この番組はリピート放送されている。

二〇〇五年にはＩＣＴ発足二五周年を迎える。システムとして五年前から〈一番太い〉光ケーブルの幹線は引いてある。ＩＰはまだだが……。二〇〇四年中には宮古とも光ケーブルが繋がる。

石垣島は市街地に人口の九〇％が集中し、ＣＡＴＶ加入世帯は七〇％（七千世帯）に達している。石垣島は島内一行政（石垣市）で纏まっていて、宮古のように島内が複数の市町村で構成され互いの利害でもつれるようなことはない。現在、自主放送としては市議会（石垣から議員が登場したので）中継に人気がある。つまり、市議の誰が何を言うかということに熱い関心が向けられているのだ。現在は市役所からの収入とＣＭで黒字経営を続けている。

石垣にも宮古と同様に、『八重山毎日新聞』（一四八〇〇部）と『八重山日報』（部数不詳）という地元紙があるが、量・質ともに前者の方が勝っている。

四　由利本荘市ＣＡＴＶセンター

由利本庄市は二〇〇五年三月二二日に一市七町が合併して誕生した。由利本荘市ＣＡＴＶセンターは旧大内町営ＣＡＴＶ（ＭＰＩＳ）の後身である。したがって、現在の由利本荘市ＣＡＴＶセンターのハードおよびソフトは旧大内町営ＣＡＴＶのそれとほぼ同じである。

最近はＭＰＩＳの自主制作番組が全国的に低調であると言われている。自主制作番組について、旧大内町営ＣＡＴＶでも創設当初はあまり軌道に乗れなかったが、数次にわたる視察や研修会で活気づき、今日の番組を制作することが出来るようになった。初期の住民参加（ボランティア）は頼もしかった。

しかし、事業主体が行政のためプロがいないこと、人事異動の制約のために旧大内町営ＣＡＴＶ時代でも自主番組に十分なノウハウを会得することは困難であった。けれども、開局当初から地元のニュースを発信することは数少ない局スタッフの熱意によって依然として続けられている。日替わりの一五分ニュース以外に特別番組（約三〇分）、情報ランド、ＯＮＴパッケージ番組（例：パソコン講座＝インターネットサービス制作）、ウィークエンド（一週間のニュースを編集したものを土・日）に流している。他方、自主放送は時間が決まっていないので、放送終了次第、文字放送や朝日ニュースを流している。ニュース、「特番」を含め職員五人で制作（企画・撮影・編集・音入れ、広告など）

しているのである。マンネリ化すれば「特番」で自己を引き締めるよう、気を入れているという。

前身がＭＰＩＳでありながらも自主制作を続行するには、ＮＰＯを含め住民の協力と参画が不可欠であろう。番組制作のプロがいないので制作に関わる専門的指導はまず望み難い。当初、上記のごとく各種団体からの協力員がいたが、人事異動などの理由で固定メンバーはいなくなった。住民からの情報通報はしばしばある。そのような場合、行政の問題には前向きに扱うように心がけている（例：水稲種子の混在事件の際には、「広報」のレベルではなく「番組」として積極的に取り上げて報道した）。

近年の住民参加番組としてのカラオケ大会（年一回、約一時間半）は人気番組である。また、持ち込みテープもしばしばあるが、編集センターの職員が指導したり請け負ったりしている。ＮＰＯの活用や番組制作活動への加入者を増やすためにも、自主放送は一層必要性を増していると思われる。モアチャンネルでは普及率は上がらない。とにかく、自分の身近な地域内の出来事や子供や孫が登場する番組はよく見られる。これはこれまでの制作・放送の経験からの確信である。また、それらの放送内容が住民同士の会話促進に寄与していることも確かなことである。

次に、今年の市町村合併とインターネット敷設の関連はどうか。合併特例法に基づく「特例債」は四〇〇億円。うち七〇億円がセンターの使用分である。ＣＡＴＶのネット回線（七七〇ＭＨｚ）ＦＴＴＣの伝送路のために、一三〇億円がかかるため、新世代地域ケーブルテレビ施設整備事業と地域イントラネット基盤整備事業の補助金があり、一三〇億円のうちの三分の一は総務省からの補助金。農水省の交付金が若干ある。

市町の合併で誕生した新市三二〇〇〇戸のうちの約九〇％が、二〇〇五年以降のＣＡＴＶへの目標加入者数とされている。本庄市以外は七〇～九〇％の加入を予定している。予算面では、人件費は「地方公務員」であり問題はない。新市になりスタッフは支所に二人ずつの七カ所で計一四名増である。増員されるスタッフには研修が必要である。

ハードと設備維持費は加入者からの収入でまかなう。ＣＭ制作は出来ないので、持ち込みに期待することにしている。この由利本荘市ＣＡＴＶセンターの今後の活動状況には注目したいところである。

五　秋田ケーブルＴＶ（ＣＮＡ）

この局は一九八四年創立の都市型ＣＡＴＶである。従来はインターネットに力点を置き通信情報メディアとしてハード・ソフト両面の装備を強化してきている。ＣＡＴＶとしては、どちらかと言えば、自主制作放送活動の面ではあまり目立たない局であったようだ。

現在、コミュニテイチャンネル（自主放送）は一波のみである。開局当時は「秋田魁」とは敵対関係になるのではないかと言われていた。が、予想に反して出資してくれる関係になっている。一九九七年の〈規制緩和〉以降ＣＮＡの動きは活発化した。日商岩井からも出資が実現した。このＣＮＡは記者クラブに加盟していないが、このことに対して秋田市内の民放三社は安堵したという。

今年（二〇〇五年）でＣＮＡの発足以来の累積赤字は解消する。これからは新しいことをやっていく方針である。現在の自主放送は三〇分（うち、自主制作＝一五分、社宣＝五分、番宣＝五分、県広報＝五分）ものを月に八〜九本やっている。今秋からはこれを六〇分ものに拡大する。制作要員として新人を二人採用し計四人態勢にする。実質的に自主制作は二・五倍以上になり、放送時間では四〇分程度に拡大されることが決定されている。

ＣＮＡは「ニュース」番組はやらない方針だ。理由は、県単位の情報はＮＨＫと民放がやっているし、県域放送と言ってもその七〇％は秋田市関係なのだから。「ＣＮＡ」としては〈祭り〉などのイベントものはやらず、（つまりその他の三〇％分を）〈日常的な事象〉の取材や放送に徹したいと考えている。緊急放送のテロップ出しも（放送法との関連があり）出さないことにしている。

ＣＡＴＶの加盟社であるＮＧＦや大手町の「Ｎ・Ｃｏｍ」とは〈番選〉でやりとりすればよいと考えている。〈サーバント的役割〉をやってくれるので便利なのだ。その点では、「中海」のＳＣＮ（→〈送出〉機能であり、gathering は出来ない）とは異なり、対立的関係にもないのでＮＧＦを利用すれば良いと考えている。

ＣＮＡはランチの広告（ただしラーメンや寿司はやらない）、幼稚園、老人、宗教団体の行事、等の情報は流している。

六　帯広シティケーブル

帯広シティケーブル（ＯＣＴＶ）の設立は一九八一年。事業開始は一九八五年。社員数二九名。報道制作スタッフは全六名。うち企画制作スタッフは二名。この員数は一般のＣＡＴＶ局なみだと言えよう。地方のＣＡＴＶ局で番組制作に直接関わるスタッフはせいぜい六〜七人であり、それにアルバイトが若干名補助要員としてつく程度である。専任のスタッフは取材・編集・アナウンサー等々、ひとりで何役をもこなしている。これは地上波テレビ放送局ではほとんど見られない過酷な労働である。

ＯＣＴＶは帯広市全域と音更町の一部をサービスエリアとし、ＣＡＴＶ利用者は二六〇〇〇件（二〇〇四年七月）である。最大株主は「十勝毎日新聞社」。自主放送は地域情報番組「がぶっと十勝」であり、週間ニュースを主体とした「いちばん十勝」、その他を放送している。インターネット加入者は七〇〇〇件を超えている。デジタル化は二〇〇七〜八年を予定している。

ＯＣＴＶが設立・事業開始した一九八〇年代は新聞の発行部数も伸びた時代であり、「北海タイムス」は倒産したが、情報欲求の顕著な時代でありＣＡＴＶ開始にとっては好条件が揃っていた。日本ケーブル協会の会員社ではあるが、ＳＣＮには加盟していない。番組制作過程で外部の団体とタイアップすることはあるが、かと言ってＮＰＯから企画を相談されたことはない。なお、ＯＣＴＶの自主制作番組は次のとおりである。

「がぶっと十勝」（金、土、日、放送のワイド番組）

「いちばん十勝」（月、火、放送のニュース）

「トークバトル in 十勝」（二〜三カ月に一回程度の不定期番組。住民参加のトークもの）

「BBS tokachi」（ＢＢＳは文字中心に集めた時事通信ニュース）

「トークバトル in 十勝」では住民参加の番組を放送したことがある。番組制作の方法は、事前に住民からメッセージを受け付けておいてそれを紹介し、そのメッセージの内容に対する反応をスタジオに登場した住民から発言してもらうというやり方であり、活気があったとのことである。またスタジオに登場してもらった住民（七〜八名）に、十勝の観光や市町村の合併、ＷＥＲＣなどを論じてもらい、これも好評であったという。

チャンネルが１つだから他局制作の番組を流すことは難しい。Ｊ・ｃｏｍとは番組を流したりもらったりしているが、放送時刻や番組編成の点で問題がある北海道内のＣＡＴＶ局との間にはネットワークはない。全局に自主制作番組の枠がないからだ。以前に一度「一関」と番組交流をやったことがある。

開局当時は一日三回ニュースを流していた。しかし、単純な地域情報としては「十勝毎日新聞」（略称「勝毎」、部数九〇〇〇〇部）が力量を発揮しているので、ＯＣＴＶは映像＝画を特化していった。今でも「勝毎」やＴＶ、ＦＭウイング（「北海道新聞」系列）を素材源・情報源にしている。「ＦＭオビヒロ」という局もある。ＯＣＴＶは記者クラブには加盟している。

帯広シティケーブル（ＯＣＴＶ）は、他の民間ＣＡＴＶ局と違い新聞社が母体のケーブル局のせいか、報道に情報が集中しがちだという傾向を指摘されている。しかし、番組編成担当者は〈ワイド番組〉を主体とする編成であることを強調する。「勝毎」との関係で言えば、その影響力を利用した番組ＰＲをしている（ラテ欄）のは否めない。ＦＭの人間がＴＶに出演するし、テレビの人間もＦＭで活躍している。生中継をやる時にはＦＭ「ＪＡＧＡ」のレポーターがやる時もある。ＷＲＣではスポーツアイとも連携した。つまり、メディアミックスを積極的に実行しているのである。

七　「自主制作」現況の特徴

さて、以上では自主制作放送に重心を置いてＣＡＴＶ局六社の現況を簡略に概観した。ただし、これら六社を現在日本のＣＡＴＶ局の自主制作活動をめぐる代表例として紹介したのではない。統計処理による典型例として抽出したわけでもない。にもかかわらず、今回聴取調査した二〇数社を超えるＣＡＴＶ局のなかで、この六社の自主制作活動状況には日本のＣＡＴＶ局に固有の特徴が伺えるのである。なお紙幅の関係で、六社以外の活動現況の記述は省略しなければならなかった。

ＣＡＴＶ局の自主制作活動を見ると、固有の特徴のひとつとして、制作スタッフの員数、制作予算、放送施設・設備などの（地上波放送局との比較での）貧弱さ。加えて、制作経験の質・量、問題意識や発想様式のレベル（地上波放送局のそれが高度だなどとは思わないが）。これらが制作番組内容・本数を規定するのは否めないであろう。なかでも制作予算とスタッフ数の弱小性は、決定的な効果をもたらしていないか。結果的に、それは〈ゼニのかからない〉再送信メディア化への傾斜を強め、番組（放送文化）創造活動を退化させる要因となっていたのではないか。その点では、旧大内町営CATVの持続的な制作意欲は例外的な実践ぶりだ、と認めて良いであろう。

さらに気づくのは制作協力者（地域住民）の有無・多少の事情である。特に沖縄ケーブルネットワークに見られたNPOやボランティアの存在とその活躍ぶりは、決定的な要素となっていることが判明した。むしろCATV局よりも今後も自主制作活動にとってはイニシャティブをとるのではないか、とすら予感されるのである。

番組交流＝交換も、自主制作意欲を刺激する重要な要素になる可能性がしめされている。番組交流のネットワークには期待してよいのではなかろうか。他方、本章の冒頭に記したメディア「環境」や「法規」は、CATV各社の自主制作活動にとっての〈外壕〉として、強力に貢献もしくは影響してきたことはいうまでもない。

第三節　「自主制作放送」の最前線

一　以上の「自主制作の現況」には、CATV局員の当初の意気込みを継続もしくは継承・発展させている事情を浮き彫りにしているものも少なくない。あるいはその本来のメディアとしての機能を創造的に開花させているものも見られる。しかし他方、メディアの技術システムと行政の〈保護的〉法規を経営至上主義に貢献させることに没頭するものも少なくない。
CATVは地上波放送テレビとは異なる役割を期待されたメディアであった。地域指向のコミュニケーションメディアであった。（A）難視聴解消の〈切り札〉としての同時再送信と、（B）地上波テレビのレベルを超えるニュアンスに富む地域的「自主制作」番組の提供。ときには双方向通信の実施。これらを現在も実行しているCATVはあるが、その実数はあまり多くない。そこには解決不可能な諸事情があることを無視してはならないであろう。

一九七二年施行の「有線テレビジョン放送法」が含意するように、ＣＡＴＶは「同軸線」の放送メディアである。したがって地上波放送と共通のコミュニケーション的機能を内包しているのである。上記（Ａ）と（Ｂ）はまさにその点を示唆しているのだ。

二　このように、放送メディアとしてのＣＡＴＶは双方向コミュニケーション機能をもちながら、

①ＣＢ＝Communicative Broadcaster（流通＝発信→中継機）

②ＰＢ＝Productive Broadcater（制作＝発信→従来の地上波ＴＶやプロダクション）

の両機能も具備している。ＣＡＴＶは今いずれの方向を指向しているのか。双方向コミュニケーションの機能をもつメディアでありながら……。

この両機能のいずれか一方を喪失もしくは停止することによって、企業的繁栄を指向する際に、皮肉なことにＣＡＴＶは企業的に莫大な利潤を獲得する方向を発見した。それは上に見たような「ＩＰ革命」時代のＭＳＯ形式であった。そこでは上の②ＰＢ＝Productive Broadcater（制作＝発信→従来の地上波ＴＶやプロダクション）の機能・能力の退化は著しい。ＣＡＴＶの内包する機能の二重性は、今後も葛藤を続けていくことであろう。利潤の追求と事業採算性重視の経営至上主義は、広域指向を持つ〈インフラ事業者〉として一層の力量を発揮していくことが容易に予想される。もう一方の公共性・公益性・地域指向の文化創造性を希求する「自主制作」追及主義の今後の展望やいかに？というのが本章の課題でもあった。ＣＡＴＶによる地域コミュニケーションのメディアとしての機能＝価値の評価に関わる判断内容を記述するのが課題であった。

「自主制作」の前途は必ずしも明るくないと判断せざるを得ないのだが、全国のＣＡＴＶ事業者がこの状況を座し

て黙認しているわけではない。二〇〇四年には日本ケーブルテレビ連盟に加盟している事業者のなかに、県域などのエリアごとに「CATV連絡協議会」という事業者連合組織を結成し、一〇〇％の連携接続を達成したものが現れた。「協議会」参加県はまだ九県（二〇〇四年現在）に過ぎないが、この動きは今後着実に拡大して行くと予想される。「協議会」参加各局は、番組交換、同時放送、行政サービス、市民向けサービスなどの提供を進めながら、通信・放送事業内諸領域での協力関係を強化する方針である。

この動きが全国に広がっていくならば、地域コミュニケーションメディアとしてスタートしたCATV局の全国版が実現することになる。ネットワークという流通経路がシステムとして稼動するならば、あとはその経路を流れる番組の制作次元での開発手法の強化がテーマとなろう。

先記したCATVの二つのコミュニケーション機能のひとつに「CB＝Communicative Broadcaster（流通＝発信→中継機）」があった。これはもうひとつの機能と比較すると格段に〈ゼニ〉のかからない装置で実現できる。二〇〇〇年に関西で実現した日本のCATV界最大のMSOはこの機能を売り物にするメディアである。これは、しかし、理念としてのCATV局のメディア・ローカリズムとは無縁の効果を伝達するコミュニケーションメディアである。メディア・ローカリズムを確保・強化・発展させることこそが、全国のCATV事業者の〈夢〉であったはずだ。その〈夢〉が現実のものとして姿を現すことは不可能なのか。

三　二〇〇〇年に鳥取県米子市に産声をあげたSCN（Satellite Communications Network）というユニークな通信＝放送システムがある。このシステムは、言うなれば、日本全国のローカルCATV局をネットワークに組み込み、通信衛星を使用して加盟したCATV局に番組を配信する組織である。SNCは加盟する地方CATV局制作のコンテンツ（番組）を衛星を通じて収集し、整理・編集して再び衛星で各地方CATV局に番組を流す。この場合、SCNはキー局の機能をはたし、巨大MSOに対抗する放送番組のネットワークつまり映像のシンジケーターになるのだ。

SNCには二〇〇三年末に日本全国のCATV・一三〇局が加盟している。ローカルCATV局の自主制作した番組はSNCの番組ライブラリーに貯蔵され、加盟社の番組編成表にヒットしてコンテンツを配信する。また、日本国内だけでなく、海外の放送局とも衛星によって番組を交流する構想に立ち、目下着々とその実現に向かって実行体制を構築中である。日本の「ローカル」から「グローバル」へ。日本の地方CATV局は今、放送と通信の機能の融合の所産として新しい形相を獲得しようとしている。

参考文献

林茂樹（編）『日本の地方CATV』中央大学出版部、二〇〇一年。

早川善治郎（編）『現代社会理論とメディアの諸相』中央大学出版部、二〇〇四年。

『新・調査情報』四三号。


〈謝辞〉

本章所収の地方CATV六社で現況聴取にご協力下さった以下の方々に対して、その氏名（役職名は省略）を記し、篤く御礼を申し上げる次第です。

「沖縄ケーブルネットワーク」の島袋宗昭氏、「NPO法人・調査隊おきなわ」の親川善一氏、安次富日奈子氏、一柳亮太氏。「宮古テレビ」の池間作一氏。「石垣ケーブルテレビ」の保田伸幸氏、山野渥子氏。「由利本庄市CATVセンター」の伊藤鋭一氏、堀川鋼毅氏。「秋田ケーブテレビ」の土方博生氏、鵜木八寿氏。「帯広シティーケーブル」の林浩史氏、楠野博氏、丸本靖氏の皆様です。ご多忙にもかかわらず貴重な時間を提供して下さり誠に有り難う御座いました。

第六章　県域情報ハイウェイを介したCATVネットワーク化の可能性

――鳥取県の情報化政策と「CATV全県ネットワーク構想」を事例として――

内田康人

はじめに

二〇〇五年現在、日本は一躍ブロードバンド先進国に躍り出ている。ADSLを含めたDSLサービスは、一九九九年度末のサービス開始以降まさに驚異的な伸びを見せ、二〇〇三年度末には一千万契約を突破、二〇〇五年九月末時点で一四三一万契約となっている。(1) CATV、FTTH(2)、FWA(3)も含めたブロードバンド契約数は二一四三万契約（二〇〇五年九月末）となり、世帯普及率としても四〇%を超えるなど、世界でもトップクラスのブロードバンド環境が整備されてきた。(4)

「e-Japan戦略」(5)に代表される国家政策やキャンペーン合戦・サービス合戦に見られる民間事業者の企業間競争がこうした環境づくりに貢献してきたことは、周知のとおりであろう。その一方で、「情報ハイウェイ」構築をはじめとする地域インフラの整備や民間事業者のADSL整備における公的関与など、都道府県の施策がもたらした効果も、条件不利地域を中心に無視できないものである。

第一節　県域地域情報化政策の概要

一　県域における情報化政策の展開

八〇年代以降、地域情報化政策は国の省庁主導のもと、各種モデル事業が進められてきた。その流れのなかで大きな転機となったのが、自治省による「地方公共団体における地域の情報化の推進に関する指針」（一九九〇年）である。[6]「地方公共団体にとっても情報化は今後二一世紀に向けて地域住民の福祉の向上と地域の活性化を図るうえで、避けて通ることのできない戦略的重要性を有する課題」[7]との認識が示され、各自治体による「地域情報化計画」策定の重要性が指摘された。情報化計画の策定を奨励することにより、計画そのものの成否やその遂行状況はともかく、自治体自ら主体となり、地域の情報化を計画的・総合的に進めていこうとする機運の高揚に寄与してきた。いわば情報化政策の地方分権が進んだともいえる。一九九四年には、郵政省電気通信審議会の答申[8]に基づき、光ファイバーによる全国規模のインフラ整備が前倒しで進められることになった。全国規模の基幹的なネットワーク構築と大都市部の整備は早期に着手されたものの、その先のエリアへの拡張は主に民間事業者や都道府県レベルの自治体に委ねられた。

さらに、情報化政策の事業内容に大きな変革をもたらしたのが、インターネットの商用開放にともなう社会的なインパクトである。九〇年代後半以降になると、インターネット技術、つまりブロードバンド・ネットワークの構築とネットワーク・アプリケーションの活用を軸に情報化政策が進められてきた。岡山県などでは、「地域イントラネット」というコンセプトのもと、基幹ネットワークとしての「県域情報ハイウェイ」の構築や住民からのアクセス網の整備、各種アプリケーションの導入といった取り組みが先導的に進められた。二〇〇四年四月時点で、四七都道府県のうち三八団体で情報ハイウェイの整備が完了しており、地域の基盤的な情報通信インフラの構築は一段落しつつある。現在、関係者の関心はそれらをどう活用するかに移行してきている。

二　県の地域情報化政策のあり方

県による地域情報化政策は、「インフラ整備」、「行政情報化」、「地域情報化」という大きく三つからなる。「インフラ整備」としては、情報ハイウェイなど情報通信基盤の構築・整備や、その管理・運営、情報発信をつかさどる情報センターなどの施設建設が代表的である。「行政情報化」については、近年では「電子自治体」という考え方・構想のなかに、その内容が凝縮されている。主に、行政組織を対象とした情報化により、①行政内部の業務体制・体系の変革、②行政手続き・住民サービスの電子化を進め、行政業務の効率化と住民サービスにおける利便性の向上を目的としている。

そして「地域情報化」とは、行政組織の外部にあたる地域全体、地域住民の生活をまるごと対象にした情報化といえる。その考え方や取り組みの手法はまさに多種多様であり、あいまいでとらえにくい概念でもある。行政機関においては、公共アプリケーション・地域内システムの設計・構築・運用や人材育成といった取り組みを指すことが多い。しかし、地域内の情報や知識等の伝達・流通・処理・蓄積を目的としたものや、地域における情報メディアの構築、地域内のコミュニティの生成・活性化に関わるものまで含めて、この概念を理解する必要があろう。

さて、以上三つの取り組みは、いずれも同じ論理・考え方に則って進めることのできるものではない。「情報化」の考え方には、主として二つの論理が内在すると考えられる。一つはデータをあつかい、効率化・標準化を志向するもの。もう一つが意味あるシンボル・記号をあつかい、個性化・差異化を志向するものである。

前者は、業務の標準化、効率化、住民の利便性の追求を志向する「行政情報化」の論理に、概ね対応すると考えられる。さらに「インフラ整備」も、機会均衡、格差是正を志向することから、同じ論理に依拠するものと理解できる。考え方としては、コスト削減やエネルギー・行動の省力化をめざし、情報（データ）の処理・流通の効率化をねらうものである。結果的に、合理化や効率化、標準化にそぐわない個性、感性、感情、あいまいさなどは、対象外や規格外、剰余として削ぎ落とされることにもなりうる。

一方、「地域情報化」とは、各地域の個性化、他地域との差異化により地域全体の多元性を志向するものでもある。地域情報をとりあつかう情報過程を通じて住民に何らかの創発作用を引き起こし、感情的充足や社会的交流の充実など住民の満足度を高めることが期待されている。これには、地域情報の流通により地域に関する記号・シンボルを豊穣に生産することで地域の価値の創出をめざす目的志向と、情報行動や協働活動のプロセスそのものを通じて住民に何らかの感情やエネルギーが惹起され住民の主体性や自発性の発動につなげるコンサマトリー志向があり、この両面をともに見落とさないことが重要である。

すなわち、「地域情報化」とは、前者のみならず後者の論理も併せもつ複合的なものであり、それゆえわかりにくいものになっていると考えられる。こうした論理の違いゆえに、「インフラ整備」・「行政情報化」と、「地域情報化」とを同じ土俵や尺度で論じることは必然的に困難をともなう。とりわけ「地域情報化」は、産業の論理になじむものとも、利益の出るような性質のものともいいがたい。よって、産業振興だけにとらわれない、より地域生活や生活者の目線に立った取り組みが求められてくる。

三　理念としての「メディア・ローカリズム」

では、「地域情報化」としては、どのような理念に基づいた取り組みが望まれるのだろうか。ここでは、その一つとして、「メディア・ローカリズム」という理念を提示する。

林茂樹によると、「メディア・ローカリズムとは、メディア自体が地域（住民）による地域のためのメディア活動を展開するなかで、地域の安定や発展、まちづくりに貢献することを志向することで、中央を意識せず、中央経由のメディア活動を排除した考えや行動様式のこと」(9)である。つまり、地域メディアを軸とした地域情報の流通によって、住民が生活の拠点たる地域を、中央に依存しない「ローカルとしての個性をもった存在」として見つめ直し、再発見する運動である。地域の画一化ではなく差異化によって、地域の個性化を図ろうとするローカリズムの運動とも理解できる。

そのために、地域情報を生み出し流通させる仕掛けとして地域メディアを導入し、その社会的浸透と定着により、地域情報を起点とした「地域における価値の創出とその発信」をめざすことになる。その際、いかに地域内の住民・民間企業・NPO等の自発的な動きを誘発できるか、それらを活動の動因としていけるかが、重要であろう。

四　本章の目的

本章では、事例として鳥取県内の地域情報化をめぐる諸動向についてとりあげる。住民が地域への愛着やアイデンティティを高め、地域社会における自発性・能動性を発揮するために、鳥取県ではどのような取り組みや試みが進められているのだろうか。その回答の一つを、情報ハイウェイの活用方策としてのCATVの利活用とそのネットワーク化という取り組みのなかに見い出していく。

次節以降では、鳥取県内の諸状況（地域社会、地域メディア、県の情報化政策）をふまえ、CATVネットワーク化をめぐる取り組みの諸動向を把握する。そのうえで、ＣＡＴＶやＣＡＴＶネットワークが、地域情報化（政策）においてもつ意味やその位置づけについて考察することを、本章の目的とする。

第二節　鳥取県の概況

一　地域特性――東西に分断した二つの生活圏

（1）地理的特徴と空間的配置

鳥取県は、四季折々の風光明媚な景観に恵まれた、自然環境豊かな土地柄である。北は日本海に面しており、鳥取砂丘をはじめとする白砂の海岸線が続き、対岸には朝鮮半島を望む。その背後にあたる南側は、中国地方の最高峰・大山に連なる中国山地の山々が控える。東西に約一二〇km、南北約二〇～五〇kmと、東西に細長い地形が特徴である。県土の七三・五％を森林が占める山地の多い地形ながら、千代川、天神川、日野川という三つの河川流域に平野が形成され、それぞれ鳥取市、倉吉市、米子市が流域の中心都市として発達している。境港市は、日本海側の三保湾と島根県側の中海とにはさまれた漁港であり、日本海沿海を代表する貿易港のひとつでもある。

東西に長い県土のなかで、県庁所在地・鳥取市は県の東端にあり、もうひとつの代表都市・米子市は西端に位置する。兵庫県に近接し京都など関西方面に近い鳥取市と、島根県に隣接し県都・松江市と高速道路で、岡山市と伯備線で結ばれる米子市とでは、経済圏も大きく異なっている。

（2）未発達な公共交通

こうした東西に長く伸びた県内で、鉄道網も高速道路網も十分に発達しているとはいいがたい。鉄道網は、海岸線

図6－1　鳥取県全域の道路交通網

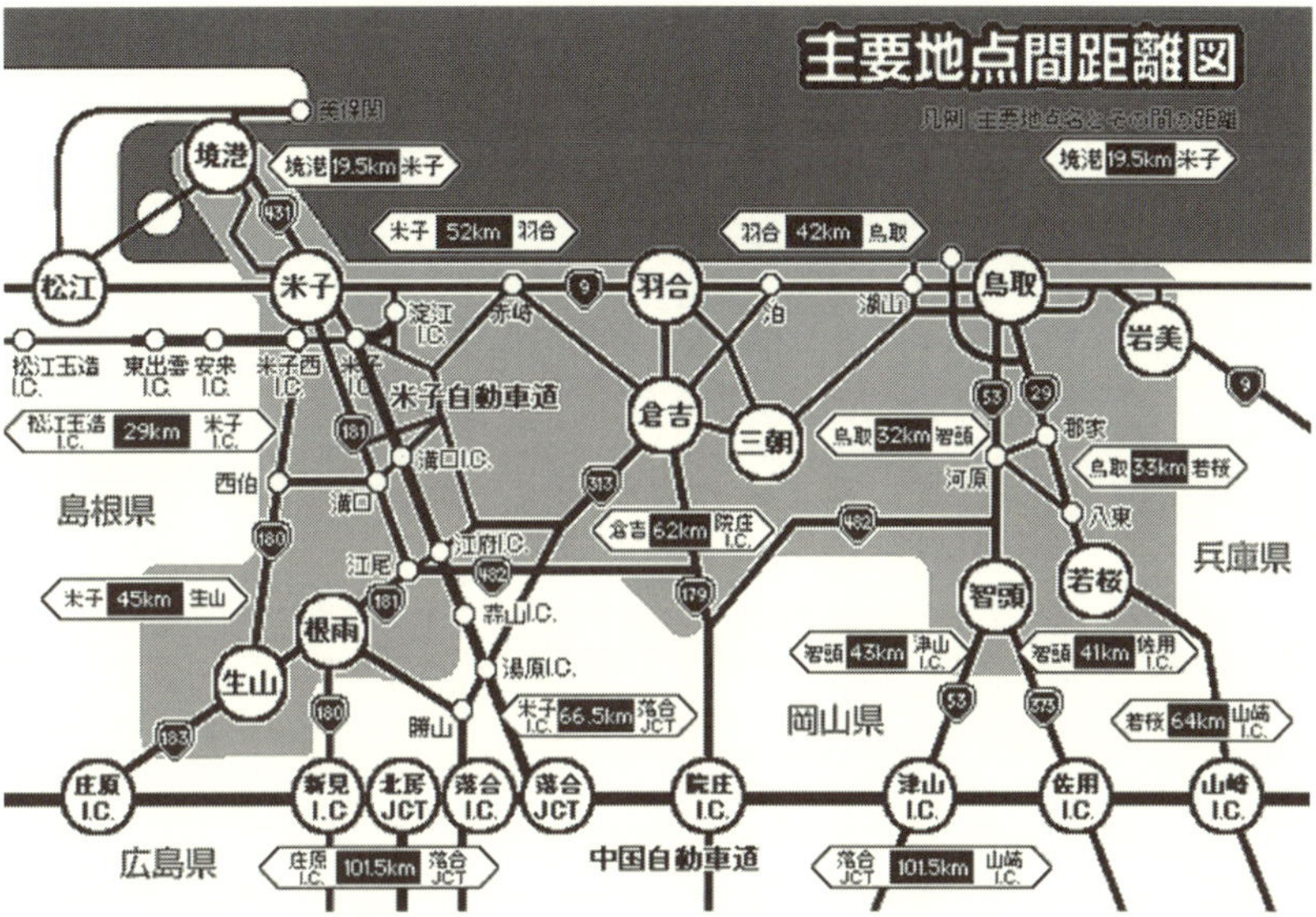

出典：鳥取県ホームページより

に沿って走る山陰本線をバックボーンとし、その支線として、鳥取から南方向へ伸びる因美線、米子から南へ岡山方面と結ぶ伯備線、米子と境港を結ぶ境線がある。しかし、県域全体として見れば、他県と比べて見劣りする感は否めない。

また、県内の高速道路も整備が進まず、必然的に日本海沿いを走る国道九号をはじめとする一般道路に依存せざるを得ない状況にある。道路舗装率、改良率ともに全国上位の高さを誇り、保有自動車数も全国平均を大きく上回っていることは、裏を返せば県内の公共交通が未発達な現況を反映したものともいえよう。

航空網としては、県内に鳥取空港と米子空港という二つの航空基地をもつ。東京方面には一日三～四便、名古屋方面には一日一便で空路を結んでいる。

二　人口動態——人口の少なさと過疎化・高齢化

鳥取県の人口動態に関する特徴としては、人口の少なさと過疎化、高齢化の進展を挙げることができる。

人口は県全体で六十万七千人ほど[10]と、都道府県別では四七都道府県中最下位。隣県「岡山市」の約六六万七千人にも満たない。さらに、一九八五年の六一万六千人（国勢調査）をピークに、じわりじわりと減少を続けている。ここ数年来は旧厚生省の将来人口推計を大幅に上回る年間千人超のペースで人口減少が続き、六〇万人のラインも間近に迫っている。特に農山村地域における過疎化、なかでも若年層の流出が顕著である。

高齢化も着実に進展している。六五歳以上の老年人口が一四万四二〇七人、老齢人口割合（高齢化率）は二三・六%[11]と、全国平均の一九・七%を大きく上回る全国第七位の高さである。高齢化も、同じく旧厚生省の将来人口推計を五年以上も上回るペースで進んでいる。[12]山間部の町では高齢化率が軒並み三〇%を超え、四〇%を超す自治体も見られる。

三　県内の産業構造

鳥取県の産業は、第一次産業に特色が見られる。農業は、米、野菜、果実、畜産がバランスよく営まれている。特産の二十世紀梨は日本一の生産高を誇り、海外にも輸出される。また、沿岸の砂丘地帯ではラッキョウ、長イモ、白ネギなどが、大山山麓の黒ぼく地帯ではスイカやブロッコリーなどがそれぞれ栽培され、地域の特性を活かした農業が行われている。林業は、智頭町や若桜町を中心とする古くからの林業地域を中心に、県土の七〇%を超す森林で良質なスギが産出される。水産業も、日本海に面した一八の漁港があり盛んに行われている。なかでも境港は、アジ、サバ、イワシ、スルメイカ、ベニズワイガニ、マグロなどが大量に水揚げされる日本海屈指の沖合漁業基地であり、漁港周辺に広い水産物加工団地を有する国際的な水産都市でもある。[13]

第二次産業は、製造品出荷額に占める「電子・電気産業」の比率が約四七%と全国でもっとも高いのが特徴である。

なかでも電子部品は、国内外のメーカーに供給されている。しかし、九〇年代以降、製造の場がアジアにシフトするなかで工場の海外転出が続き、県内の製造業は縮小傾向にある。一方、第三次産業はこれといった特徴に乏しく、他県に比べてもやや立ち遅れた感がある。商業規模としても全県的に伸び悩みが見られる。こうしたなかで、新たな産業の誘致と雇用の創出、さらに県内産業の活性化と新時代に即応した起業の促進が期待されている。

県民の就労状況を産業別割合で見ると、第一次産業一一・五%は全国七位であり、第二次産業二九・七%は全国平均並み、第三次産業五八・三%は全国平均よりやや低い数値となっている(14)。ここからも、農業、水産業、林業という第一次産業が相対的に盛んな地域であることが読みとれる。

以上から、鳥取県の地域社会についてまとめると、周囲を山と海に囲まれた県土と未発達な公共交通ゆえに、地理的空間におけるモビリティが制約を受けていることがわかる。それにより、生活行動が一定の範囲内に制限され、生活圏の流動性が抑えられることで、結果として生活密度の高い地域となっている。さらに、人口の少なさ、規模の小ささも、県域でありながら地域としての一体感を生み出す方向に機能するものと推察される。

産業構造としては、県内では第三次産業が相対的に弱く、第二次産業も大きな転換点をむかえ今後に向けて変革を迫られている。それゆえ、若年者にとっては就労の機会が制限されており、また県外に進学した者にとってもUターンの機会を得ることが困難な状況にある。その結果、若年層を中心に人口流出が進み、高齢化の進展を一層早めていると考えられる。

四　近年の鳥取県の特徴的な動向と取り組み

(1) 片山県政による庁内改革の推進

鳥取県の県政としては、「改革派」と名高い片山善博知事が一九九九年四月に就任。以降、鳥取県の庁内改革を推し進めている。片山知事の改革のポイントとして、以下のような特徴があるという。

まず、「現場主義・現場重視」である。国や東京を見るのではなく、現場に積極的に出て行くことで県民の声に謙虚に耳を傾け、住民という足元から施策を進めることを求めている。二つ目は、「情報公開」による「行政の透明性」である。政策の結果のみならずその過程、つまり議論のプロセスから公開することとし、さらに一般の政策のみならず、予算要求や査定結果についても同様に進めているところに、その徹底ぶりがうかがえる。三つ目は、「スピード感のある行政を」である。七〇％の精度でもいいからとにかくスピードアップを心がけ、もし間違いがあれば後で正せばよいという。さらに、ITを行政に活かすことで、組織や業務体系の効率化も図ってきた。

こうした改革により、情報公開や議会改革に成果が見られ、また無駄な公共事業も四割ほどの削減に成功したという。さらに、県内の情報化への取り組みも着々と進められている。

（2）進む市町村合併

「平成の大合併」として全国的に推進された市町村合併が、鳥取県内でも二〇〇四年度に一挙に進められた。二〇〇四年九月一日、東伯町と赤碕町が合併し琴浦町となったのを皮切りに、翌二〇〇五年三月末までのわずか半年ほどのあいだに、県内三市二四町一村を巻き込んだ計九件の市町村合併が行われた[15]。これにより、市町村数が従来の三九から二〇に半減しており、鳥取県内の市町村は、二〇〇五年八月現在、鳥取市、米子市、倉吉市、境港市という四市と五郡一五町一村によって構成されている。

（3）環日本海圏地方政府との国際交流

鳥取県では、日本海対岸諸国に近い地理的な条件を活かし、特色ある国際交流を進めている。「環日本海交流の西の拠点」をめざし、とりわけ活発に交流を進めているのが、韓国江原道、中国吉林省、ロシア沿海地方、モンゴル中央県という環日本海圏地方政府四カ国との広域的な連携である。一九九四年から「環日本海圏地方政府国際交流・協力サミット」を毎年持ち回りで開催し、経済・観光・環境・文化など多様な分野にわたり積極的に交流を進めている。さらに、「環日本海圏観光促進協議会」も随時開かれており、地域間の観光交流に一役買っている。

また、梨が取り持つ縁で始まった中国河北省との交流は、一九八六年の友好省締結以来、農業分野を中心に友好関係を深めている。さらに、県内の市町村では、人形が縁で始まった鳥取市とドイツとの交流、ラジウム温泉が取り持つ三朝町とフランスとの交流など、地域の特性を活かした国際交流が行われている。

第三節　鳥取県の（地域）メディア状況

一　県域メディアの概要と特徴

鳥取県の地域メディアとしては、県域でのテレビ、ラジオ、新聞、さらに細かい地域圏をエリアとするＣＡＴＶがある。[16] まずは、県域のメディア状況から見ていこう。

現存の県域メディアとして最も古い歴史をもつのは「日本海新聞」であり、その起源は一八八三年（明治一六年）六月に発刊した「山陰隔日新報」までさかのぼる。一九三九年一〇月には、「鳥取新報」、「因伯時報」、「山陰日々新聞」の三紙が合併し、「日本海新聞」が誕生した。[17] 一九七五年には経営難で一時休刊するも、同年一二月に「新日本海新聞社」が設立され、翌一九七六年五月より引き継ぎ発行を始めている。現在では、鳥取本社（鳥取市）、西部本社（米子市）、中部本社（倉吉市）の県内三本社体制のもと、鳥取県域をエリアとする県紙として着実に発行を重ねている。

テレビ・ラジオといった放送メディアも、県域メディアとして登場してきた。ラジオ放送は、一九三六年一二月の「NHK鳥取放送局」の開局により、放送が開始された。民放ラジオとしては、AM波の「ラジオ山陰（RSB：現「山陰放送」BSSラジオ）」（本社：米子市）が一九五四年三月に開局している。一九八六年に開局したFM放送の「エフエム山陰（V-air）」（本社：松江市）とともに、鳥取・島根両県をエリアとして放送しているのが特徴である。

テレビ放送も、やはりNHKによる公共放送がその嚆矢となっている。民放テレビとしては、一九五九年三月に日本テレビ系列の「日本海テレビ（NKT）」が開局、一九七二年九月からは鳥取・島根相互乗り入れ放送を開始している。一方、AMラジオを開局していたTBS系列のRSBは、一九五九年一二月にテレビ放送を開始し、その後「山陰放送（BSS）」に社名を改めている（一九六一年六月）。さらに、一九七〇年にはエリア内三番目の局として、フジテレビ系列の「山陰中央テレビ（TSK）（本社：松江市）」が開局している。NKT、BSS、TSKの三局は放送エリアを鳥取・島根県両県にまたがる範域としており、両県の民放テレビ局は「二県三波体制」になっている。

以上のように、民放のラジオ、テレビ放送ともに、放送エリアは鳥取県内だけでなく、島根県との二県合同体制である。つまり、鳥取県では、NHKを除けば、純粋に県域の放送メディアが存在せず、きめ細やかな地域情報の提供が手薄になりがちである。その一方で、地域の流動性が比較的低く、日常的な生活行動圏がある程度限定されていることから、生活に直結する地域情報への関心や需要は決して低くないと思われる。特に米子圏においては、鳥取圏と松江圏のはざまに位置することから、既存の放送メディア体制では住民の生活圏に適合した地域情報を十分に得られていなかったものと考えられる。

二　県内ＣＡＴＶの現状――地域メディアとしての普及・定着

（1）県内ＣＡＴＶの概要

よりきめ細やかな地域情報に対する要請や需要を満たす地域メディアとして、鳥取県内ではＣＡＴＶが大きな存在感を示している。

県内では、六つのＣＡＴＶ局が開局している。炭谷晃男によると、鳥取県の「ケーブルテレビには、大きく分けると都市型ケーブルテレビと農村型ケーブルテレビがある」という。[18]都市型ＣＡＴＶ局としては、鳥取市・倉吉市をエリアとする「日本海ケーブルネットワーク」と、米子市、日吉津村、境港市、伯耆町（旧岸本町エリア）にサービス提供している「中海テレビ放送」という二局。農村型が、「ケーブルビジョン東ほうき」、「東伯地区有線放送（グリーンネット東伯）」、「伯耆町有線テレビジョン放送（旧溝口町有線テレビジョン放送）」の三局。さらに、自治体型として、鳥取市、および近隣旧六町（合併後四町）を対象とする「鳥取テレトピア」が開局している。また、鳥取情報ハイウェイを経由したＣＡＴＶの整備も進められており、日南町では「中海テレビ放送」から、三朝町や旧関金町では「日本海ケーブルネットワーク」から、いずれもハイウェイ経由で番組の配信が行われている。

開局は、「中海テレビ放送」の一九八九年がもっとも早い。他局も、「日本海ケーブルネットワーク」の一九九二年をはじめ、概ね九〇年代の開局であり、全国的に見ても決して早いスタートではない。[19]

（2）県内ＣＡＴＶ局の特徴

鳥取県内の多くのＣＡＴＶ局は、開局にあたって難視聴対策を主たる目的とはしていない。むしろ、コミュニティ・チャンネルによる地域情報の提供に比重がおかれていた。県内初のＣＡＴＶ局である「中海テレビ放送」の設立時には、「お金の配当よりも文化の配当をします」（「中海テレビ放送」専務・高橋孝之氏）と呼びかけ、地元の経済人から支援を集めたという。実際に、鳥取県内のCATV局はコミュニティ・チャンネルの制作に力を注いでおり、全国的に見ても盛んに放送されている地域と言える。「中海テレビ放送」の例を挙げると、コミュニティ・チャンネルとして、「ニュース専門チャンネル」、「イベントチャンネル」、「パブリック・アクセス・チャンネル」、「生活情報チャンネル」という四つのチャンネルをもち、制作部門に一〇人というCATV局としては際立った人員配置をしている。また、CATVの役割として、「地域番組の自主制作によって地域の活性化に寄与すること」に愚直にこだわり、市民の意見を反映した番組制作体制を整えているという。

こうした背景には、地域メディアとしてのCATVの役割に高い理念をもち、コミュニティ・チャンネル作りに取り組んでいるリーダーたちの存在がある。県内各局の制作者に話を聞いても、「コミュニティ・チャンネルあってこそのCATV」という意識が浸透しており、コミュニティ・チャンネルに対する制作者側の意識の高さをうかがい知ることができる。

「十年来の地域に向けた真摯な番組作りの積み重ねにより、地域住民からの理解や信頼を徐々に得られるようになってきた。しかし、一度住民の期待を裏切るようなことをすれば、長年かけて培ってきた信頼は一瞬にして崩れてしまう。信頼を築くのは長い年月がかかるが、それを壊すのは一瞬のこと」（前出・高橋氏）。

長年にわたるこうした取り組みの蓄積により、鳥取県内のCATVは地域住民からの理解と信頼を勝ち取ってきた。地域に欠かすことのできないメディアとして少しずつ浸透、定着してきた結果が、高い普及率へとつながっている。CATV普及率は、加入世帯数八万七六七二世帯、加入率四〇・四％と、全国平均（三四・六％）を大きく上回っている。[20]

（3）鳥取県ケーブルテレビ協議会の設立とその役割

さらに、鳥取県では、県内におけるCATVの普及促進と広域ネットワーク構築をめざし、一九九六年一二月に県内CATV五社（当時）の参加のもと、「鳥取県ケーブルテレビ協議会」が設立されている。

近年の話題は、情報ハイウェイによるCATV局間相互接続への対応と、韓国江原道のCATVとの交流という二つである。

情報ハイウェイによるCATV局相互接続への対応として、二〇〇三年内にはハイウェイを活用した自主制作番組の交換や共同番組の制作などの協議を進めている。二〇〇四年四月からは、鳥取県情報ハイウェイ開通に向けた各局交流番組「とっとリンク」も開始している。こうした県内CATV局間の番組交換や共同番組制作については、第五節にて再度触れる。

一方、協議会として、韓国江原道のCATV局三局との国際交流も行っている。国境を越えたCATV局間の交流は、全国初の取り組みである。二〇〇三年一〇月には鳥取県との共催で韓国のCATVとの交流調査団を派遣し、二〇〇四年四月には韓国からの派遣団を受け入れるなど、相互間の往来も盛んである。ちなみに、韓国江原道のCATVは、道内五三万世帯のうち四五万世帯加入と九〇％近い普及率を誇っており、鳥取県との交流をきっかけに「江原道CATV協議会」も設立されている。二〇〇四年五月には、韓国との番組交換・交流番組を開始しており、三〇分程度の番組を月一回のペースでやり取りするなど、今後の展開にも目が離せない。

三　衛星を使ったSCNの試み

鳥取県の地域メディアを語るうえで外せないのが、前出・高橋孝之氏が設立した「サテライトコミュニケーションズネットワーク（以下、SCN）」である。高橋氏は、映像による「地域の独創性をもった情報発信」、「地域から全国への情報発信」という夢を実現するべく、各地のCATVと相互に番組を交換しあえる仕組みを作りたいと考え、一九九三年に「サテライトコミュニケーションズ西日本」を設立した。

SCNの目的は、以下の四点。①通信衛星を利用した全国CATVネットワークを構築すること。②CATVの全国発信ニーズに対応すること。③さまざまな地域コンテンツを相互に流通すること。そして、④CATV業界の情報を提供することにより事業者を支援することである。

設立にあたっては、鳥取・島根両県のCATV事業者等から支援を受け、資本金三千万円でスタートを切った。一九九八年には通商産業省「先進的アプリケーション基盤施設整備補助金」の交付を受けている。その後も増資を重ね、高橋氏自身の私財もつぎ込み、二〇〇〇年四月には約四億円かけて衛星通信設備を自社保有した。同時に、社名も「サテライトコミュニケーションズネットワーク（SCN）」へと変更し、CATV向けコンテンツ配信事業を開始している。開局後は、わずか二カ月で全国一〇〇ほどのCATV局の加入を集め、現在では一四〇局との事業者連携を実現している。二〇〇一年二月には、総務省から「特定通信・放送開発事業実施円滑法」に基づく新規事業認定も受けている。

SCNは、「情報がすべて東京に集められて、編集され、東京から発信される仕組みを是正できないか」という発想から、東京一極集中型の情報発信の現状に対抗する一つのあり方として、鳥取・米子という地方からの情報発信の流れを作ることをねらっている。また、衛星を使ったCATVの新しいネットワークを活用することで、地域情報の発信・流通を促進し、地域主体のコミュニケーション社会をめざしている。こうした取り組みは、第一節で触れた「メディア・ローカリズム」という理念をまさに体現するものといえよう。鳥取発のSCNの理念は、次節以降でとりあげる鳥取県内の地域情報化の底流にも脈々と息づいているのである。

第四節　鳥取県の情報化政策

前節までの地域特性および地域メディア状況をふまえ、本節では、これまで鳥取県ではどのような情報化政策が行われてきたのか、あるいは行われようとしているのか、その全体像を見ていこう。

一　県内情報化政策の歴史

鳥取県の情報化政策の萌芽は、一九九六年までさかのぼる。この年、県の情報化施策を総合的に推進していくための羅針盤として、『鳥取県高度情報化推進計画』が策定された。これは、地域情報化の推進、情報通信基盤の整備、情報ネットワークの形成という三つを柱としたものである。一一月には、県民が各種行政情報の入手を容易にするための情報ネットワークとして、「とりネット」の整備を開始している。「とりネット」へのアクセスポイントは五カ所（鳥取、倉吉、米子、日野、八頭）に設置され、県内どこからでも市内通話料金でインターネットを利用できる環境が整備された。(21)一九九八年度には、「とりネット」の回線を幹線として、県内の学校ネットワーク「Torikyo-Net」を構築している。これにより、県内の学校は市内通話料金でインターネットに接続可能となった。さらに、庁内ＬＡＮの幹線としての利用、県・市町村行政イントラネット実験（一九九九―二〇〇〇年）での活用など、当初は「とりネット」を中心に情報化政策が進められてきた。

片山知事が就任した一九九九年度以降は、知事の庁内改革の一つである「ＩＴを行政に活かそう」という考えのもと、新たに各種情報化施策が進められてきた。就任当初から、ＩＴの導入による行政組織や業務体系の改変・効率化を掲げ（第二節四（1）参照）、一年目の一九九九年度には、基盤となる庁内LANの整備が進められた。ITや情報化への期待は、情報化を扱う部署の改変とその変遷に明確に表れている。二〇〇〇年四月に、鳥取県政で初の情報化の専門部署として「情報政策課」を新設。二〇〇二年四月には、行政の電子化に取り組むため、新たに「電子県庁推進課」を新設し、情報政策課の機能の一部を分離独立させた。これにより、喫緊の課題であった電子県庁へ取り組む体制が整備され、行政手続のオンライン化や庶務センターの設置等により行政事務の簡素化・効率化が推進された。さらに翌二〇〇三年四月に、電子県庁推進課は、ITを利用した行政改革の推進を担う「行政経営推進課」となり、ITを利用した政策改革の推進をめざし、組織改変の権限も委譲された。このように、ITを活用した庁内改革、電子県庁を推し進める「行政経営推進課」と、地域の情報化、IT産業の振興を担う「情報政策課」という二課体制を整えている。

二　アクションプログラムとしての『とっとりIT戦略プログラム』の策定

片山県政以降、鳥取県では長期計画としての大がかりな総合計画を策定していない。片山知事は、「計画を作るために膨大な労力とお金を費やしても、職員がいわゆる逃げ口上に使うばかりで意味がない」という。県のやるべきことは、「作るんだったら毎年中身を見直して、いまの時点で何を住民が望んでいるのか。何をやるのか、何をやったか。むしろやったことを明確に」することであり、「日々県民が県に行う政策提言とかパブリックコメントとか県民の声自体を集約したものが県の進む方向」との考え方である（以上、鳥取県企画部情報政策課長（調査当時）・岡村俊作氏）。

こうした知事の意向を受け、情報化政策としても三年ほどの中期的な行動計画（アクションプログラム）を設定し、プログラムの見直しと進捗状況のフォローアップを毎年行っている。このアクションプログラムとして『とっとりIT戦略プログラム』が最初に策定されたのは、二〇〇一年のことである。その完成にいたるまでも、多方面からの提言や意見・議論を踏まえてきた経緯がある。

（1）背景としての鳥取県の情報環境——デジタルディバイドの存在

その一つが、二〇〇〇年八月以降に行われた旧郵政省による「鳥取県地域情報化ヒアリング調査」である。この調査結果は、『地域のデジタル・ディバイドの解消に向けて　～鳥取県情報化ヒアリング調査報告』（二〇〇〇年一二月）としてまとめられている。本報告書によると、鳥取県はデジタルディバイドのモデル地域とされており、デジタルディバイドとして二つの格差が指標されている。一つが地域間格差、もう一つが世代間格差である。さらに、地域間格差には、①全国の先進地域と鳥取県とのあいだ、②県内の都市部と過疎・山村など条件不利地域とのあいだという二段階の格差が存在する。鳥取県では、民間通信事業者による光ファイバー網の整備が立ち遅れる傾向にあり、とりわけ県内山間地域等では高速情報通信の普及が進まず、都市部とのデジタルディバイドや情報格差の拡大が懸念されてきた。

こうしたデジタルディバイドの解決方策として、本報告書では、発生要因に応じた取り組みの必要性を提言している。具体的な対応方法として、①基本的情報通信サービスが利用できる環境の整備、②自治体内の情報化推進体制の整備、③高度なネットワークの整備、④地域の情報通信産業育成に資する環境の整備、⑤情報化の普及・定着という五つの方向から対応策が提示されている。

さらに、パブリックコメント等による県民からの意見（二〇〇〇年八―一一月）、県内市町村の意見、県議会での議論など多方面にわたる意見交換をふまえたうえで、二〇〇一年一月に『とっとりIT戦略プログラム』が策定されている。

（2）『とっとりIT戦略プログラム』の内容

このアクションプログラムは、行動計画の期間として二〇〇一—〇三年度までの約三年間が想定され、プログラムの見直し、改訂が毎年行われている。さらに、『フォローアップ』により、年度ごとに『戦略プログラム』の進捗状況、成果と課題についてとりまとめている。

アクションプログラムのなかで、行動目標として計画の柱となっているのは以下の三点である。

①情報通信基盤の整備と利活用：まずは、県内に基盤となる高速情報通信網を構築・整備する。それを基盤として、電子自治体を構築することで公共サービス・行政事務の高度化・効率化を図り、さらに県民生活の向上、産業の振興にもつなげていく。

②情報リテラシーの向上：これからのIT社会に対応した情報教育、人材育成を行うことで、整備した情報通信基盤を有効に利活用できる人的環境づくりをめざす。

③地域情報化の促進：地域情報化の担い手である市町村、事業所・企業、NPO、各種団体等のITへの対応を支援・推進する。

こうした計画の前提として、デジタルディバイドへの問題意識が見られる。この政策課題の積極的な解決と格差のないブロードバンド環境の実現に向けて、本プログラムの中核的な位置を占めているのが、「鳥取情報ハイウェイ」の整備である。同時に、それを利活用した電子自治体の構築も構想されている。

また、CATVに大きな期待を寄せていることも、本プログラムの特色の一つである。CATVや衛星といったメディア技術を活用することで、デジタルディバイドを解消するねらいを読みとることができる。

以下では、鳥取県の情報化政策における核心部分ともいえる、①情報ハイウェイの整備、②電子自治体の構築、③CATVの活用という三点を中心にとりあげていこう。

三　情報ハイウェイ政策とその特徴

(1)「鳥取情報ハイウェイ」の概要

「鳥取情報ハイウェイ」は、二〇〇一—〇三年度までの三カ年の整備事業として、県が主体となり政策的に構築が進められてきた。県内一円に1Gbpsの伝送能力をもつ高速・大容量の光ファイバー網を張り巡らし、公共部門の幹線系通信網を整備することで、県内にバックボーン回線を確保しようとするものである。二〇〇四年四月には、全市町村を結んだ総延長二七〇㎞にもおよぶ高速ネットワークが完成し、全線運用を開始している(22)。

この取り組みは全国的に見て決して早いものではなく、どちらかといえば後発にあたる。しかし、それを逆手にとり後発のメリットを活かしているところに、鳥取県の情報ハイウェイ政策の特色がある。というのは、隣県に情報化政策の最先端を走る岡山県があり、トップランナーなりの多大な労苦や試行錯誤の末に体得したノウハウを教わる機会に恵まれたからである。岡山県という先導者を視野にとらえつつ、鳥取県はより無駄を減らした効率のよいハイウェイ整備を進めてきた。

また、東西に長く伸びた県内において交通の便に恵まれず、特に県の両端に位置する二つの都市圏のあいだでの行き来が容易ではないという地理的な不便さも、情報ネットワークの設置を後押しすることになった。

ハイウェイ整備の目的の一つは、県が住民開放型の高度情報インフラを整備することで、デジタルディバイドの積極的な解決を図ることにある。また、行政運営の簡素・効率化(電子自治体の情報通信基盤)、行政サービスの向上

（医療・福祉、教育、環境など）、地域産業の振興（ネットビジネスなど）、教育、福祉・医療およびCATV局のネットワークなどさまざまな用途に幅広く活用することで、県民生活を向上しようとするねらいもある。つまり、地域活性化のための戦略的情報通信基盤という位置づけをもっている。

県内外の各種ネットワークとの相互接続も、徐々に進められている。例を挙げると、県・市町村連携による地域公共ネットワークである「県・市町村ネットワーク」、県内約二五〇の学校を県教育センターとネットワークする「学校ネットワーク（Torikyo-NET）」、大学、短大、高専等を結ぶ「学術ネットワーク」、「CATVネットワーク」、さらに隣県情報ハイウェイとの「広域ネットワーク」などがある。これらと相互接続することにより、各種ネットワークの利活用をさらに進展させていこうとするねらいをもっている。

ネットワーク構築にあたっては、以下のような理念や考え方にもとづいて整備を進めてきた。将来的に多方面での活用を見越して、県のみでなく市町村、CATV等の利用を前提に必要な芯数を確保すること。大容量のギガビットレベルの伝送を行うこと。さらに、整備にあたって、国の起債等を活用することなどが考慮されている。

（2）「情報ハイウェイ」をめぐる論点

「情報ハイウェイ」は、鳥取県のみならず、全国各県でも精力的に整備されてきた。しかし、その手法は必ずしも画一的なものではなく、その地域なりの考え方・やり方で進められている。したがって、情報ハイウェイをめぐっては、いくつもの論点が存在している。それらを整理すると、以下の三点に集約可能である。

一点目は、「どのように構築するのか（あるいは構築しないのか）」という論点である。ハイウェイ構築にあたって、行政自らすべての整備を行う「自設方式」をとるのか、それとも民間事業者の回線を使用する「借り上げ方式」とするのが、議論の中心を占めている。さらに、住民のアクセス網をどのように整備するのかも、重要な課題である。自治体側ではあえて整備しないというあり方も、その理由や代替策は一律ではないものの、当然選択肢の一つとなる。

二点目は、「どのように運用するのか」である。ハイウェイの運営を自治体直営とするのか、民間に委託するのか。あるいは、その利用を地域に広く公開するのか、行政専用として非公開にするのかなどが、その内容となる。

さらに三点目として、「どのように活用するのか」という難題も控えている。アプリケーションやメディアとして何を利活用していくのか、地域情報をどのようにあつかうのか、コミュニティの問題とどう関与させていくのかなど、ハイウェイの整備が進んできた現在まさに問われている論点である。鳥取県では、その一つの方向性として、CATVの全県ネットワーク化に特色ある取り組みが見られる。これは、次節にて詳しくとりあげる。

以下では、一点目、二点目の論点を中心に、「鳥取情報ハイウェイ」の特色を浮き彫りにしていく。

（3）ハイウェイ構築における二つの代表モデル

鳥取情報ハイウェイの特色の一つに、行政が自ら情報通信基盤を設置し、その管理も担う「自設方式」をとることが挙げられる。自設網にあくまでこだわったのは、「通信業者の事業計画と必ずしも一致しない」（前出・岡村氏）からだという。民間事業者だけに任せていては、条件不利地域を抱える県域で利用価値の高いネットワークを実現することは困難となる。また、こうした大容量の回線を行政だけで利用するのはもったいないと、民間への公開・開放も進められている。

このように、鳥取県では、ハイウェイの構築、運用において、原則として「自設—自己運営—民間への開放」という形態をとる。しかし、鳥取県は財政基盤が弱く、厳しい県行財政の運営を迫られていることから、すべてを自設網というわけにはいかない事情もある。それゆえ、行政ネットワーク網においても、民間の光サービスが可能な地域では、適宜民間サービスを併用するという柔軟さも併せもっている。

「民間がやらないのなら行政で作ってしまおう」という「自設方式」をとるのが鳥取県であれば、その一方で、同様の状況にも関わらず、「何とか民間事業者の投資を誘導する工夫を凝らし、民間によって整備された回線を借り上げよう」とする「借り上げ方式」をとるのが隣県・島根県である。[23] 背景として類似した地域社会条件をもつ両県において、その取り組みが対照的であるところが興味深い。

「自設方式」、「借り上げ方式」とも、各々メリット・デメリットをもつ。[24] 行政側はそれらをふまえ、さらに自県の置かれた状況・条件（地域特性、財政状況、将来構想など）を冷静に判断したうえで、適切な選択を迫られることになる。

（4）鳥取情報ハイウェイの利活用に向けて

今後に向けて重大な議題となっているのが、情報ハイウェイをどのように利活用していくかという三点目の論点である。これに対するよりよい解法を求めて、全国各地で実に多彩な取り組みが試行錯誤されている。

鳥取県としては、①行政利用、②公共利用、③一般利用、④CATV利用という四つの方向から、ハイウェイの利活用を視野に入れている。

まず、行政利用としては、行政事務の効率化を図るため、県庁と各市町村を結んだ行政イントラネットとして利用されている。具体的には、総合行政ネットワーク、県庁内LAN、県基幹業務系ネットワークなどへの利活用である。[25]

公共利用では、公共サービスの高度化を図るため、地域活性化に向けた公共バックボーンとして利用することが考えられている。具体的には、学校間での遠隔講義や遠隔共同授業、遠隔医療、大型公共施設映像配信システム等へ活用されている。

一般利用とは、ハイウェイを一般開放し、アクセスポイントを通じて県民やISP・企業等に活用してもらうものである。各種団体・企業等も原則無料（電気代等の実費のみ）でハイウェイを利用することができ、民間事業者によるサービスが期待できない地域でのハイウェイを利用した県民向けDSLサービスやベンチャー企業等に光インターネットサービスが提供されている。

さらにCATV利用としては、CATV局間のデジタル放送ネットワーク等にハイウェイを活用することが考えられており、第五節にて詳しくとりあげる。

四　電子県庁への取り組み

電子県庁に向けての取り組みは、主に二つの方向から進められている。一つが、行政組織内の情報化・電子化・IT化であり、行政事務の簡素化・効率化をねらうもの。もう一つが、行政組織とその外側にある住民や各種組織等とのインターフェイス部分をIT化・電子化することで、県民サービス（県民利便性）の向上と積極的な情報公開をめざすものである。

前者の例としては、電子決済システム、職員電子申請システム、テレビ会議システム、文書交換システム、各種業務システムの導入がある。同時に、業務自体の変革も進んでいる。紙による届出の廃止、決算経路の変更など事務処理の見直し、BPRの推進による組織の見直しと業務処理能力の向上、予算要求や知事協議の電子化、辞令交付・職員名簿・事務分担表などのデータベース化が実施されている。

後者としては、公文書開示請求、自動車税住所変更届出をはじめ申請書等がダウンロード可能となるなど、インターネットによる行政手続が徐々に開始されてきた。審議会等の議事録、知事記者会見等の生中継、さらに電子申請、電子申告、施設予約、電子調達、情報公開、地理情報、電子会議室など、インターネット上のサービスもすでに始まっている。

五　ＣＡＴＶの活用

鳥取県における情報化政策の特色の一つに、ＣＡＴＶというメディアを積極的に取り込んでいることが挙げられる。その背景には、第三節でみたように、鳥取県内ではＣＡＴＶが地域メディアとして浸透し、高い普及率と大きな存在感を示している実態がある（第三節二参照）。

情報化政策にＣＡＴＶを取り込むことになった直接のきっかけは、前出の郵政省「鳥取県地域情報化ヒアリング調査」であったという。鳥取県では、難視聴二万世帯、二県三波の民放テレビといった決して恵まれているといえないメディア環境のなか、デジタルディバイドを解消するための方策として、ＣＡＴＶの有効活用が考えられてきた。特に、農山村部など条件不利地域におけるデジタルディバイド解消のためには、相応のリテラシーが求められるパソコンではなく、スイッチひとつで情報環境を保障するＣＡＴＶが有効だという。

つまり、テレビメディアとしての数々のメリット——すでに社会に広く浸透・定着している、新たなリテラシーが求められない、みんなで楽しめる、映像ならでは楽しさやリアリティなど——が高く評価されている。また、コミュニティ・チャンネルの意義を、「身近な情報への欲求を充足するもの」（前出・岡村氏）と理解しており、特に農山村部での需要が高いという。さらに、主にラストワンマイルにおけるハイウェイへのアクセス網としても、全県をネットワークするブロードバンドインフラの整備に寄与するものと期待されている。

このように、ＣＡＴＶは地域間格差、世代間格差のいずれにも対応しうる、デジタルディバイドの解消に向けた有効なメディアとして、行政サイドから期待が寄せられている。

表6－1　『とっとりＩＴ戦略について』５つの基本方針

1．ＩＴによる豊かな県民生活の創造（県民生活の向上）
医療・福祉、生活分野、教育・文化芸術分野、防災・交通分野へのＩＴ活用
2．ＩＴを活用した活力ある産業の育成と雇用創出（産業の活性化）
情報関連産業の振興、地域産業のＩＴ化
3．行政のＩＴ化の推進（電子自治体の推進）
県民の利便性の向上、開かれた県政の推進、行政運営の高度化・効率化
4．ＩＴ社会を担う人づくりの推進（人材の育成）
県民の情報リテラシーの向上、産業を支えるＩＴ人材の育成
5．ＩＴ社会を支える基盤づくりの推進（デジタルディバイドの解消）
デジタルディバイドの解消、ネットワークの安全な運用

出典：鳥取県『とっとりＩＴ戦略について』をもとに作成

六　鳥取県の情報化政策の進捗状況と課題

本節では、鳥取県の情報化政策の全体像を鳥瞰してきた。すでに「とっとりＩＴ戦略プログラム」は、二〇〇三年度をもって完了し、二〇〇五年度より新たな戦略プログラムが開始している。ここでは、本節の終わりとして、『とっとりＩＴ戦略プログラムのフォローアップ』と新たな『とっとりＩＴ戦略について』から、これまでのアクションプログラムの成果とやり残した課題、今後のＩＴ戦略のねらいや展望についてまとめておく。

これまでのアクションプログラムでは、念願であった「鳥取情報ハイウェイ」の完成が最大の成果であった。これにより、県内にＡＤＳＬ、ＣＡＴＶなどのブロードバンド環境が拡大し、難視聴地域も大幅に縮小している。

その一方で、いまだに多くの課題も積み残している。まず、県内のブロードバンド環境は大都市圏と比較すると低い水準にとどまり、解消が進んでいるとはいえデジタルディバイドが依然として残っていることである。また、県民のリテラシー向上や人材育成の取り組みが不十分であるという。さらに、ブロードバンドコンテンツの開発も実態としてなかなか進んでいない。

以上の課題をふまえ、今後の目標としては、情報ハイウェイをいかに活用していくのか、その環境整備や人材育成、公共アプリケーションの開発、情報コンテンツの制作・流通といったソフト面に焦点がしぼられてくる。『とっとりＩＴ戦略について』では、「県民が高度情報化社会の恩恵を等しく享受できる、活力ある豊かな鳥取県の実現」に向けて、五つの基本方針を柱に各分野におけるＩＴ化の推進をめざしている（表６－１参照）。

すなわち、これからの鳥取県の地域情報化政策のポイントは、①情報ハイウェイと既存の各種ネットワークとの接続による、新規アプリケーションの運用など新たな展開の推進、②ハードの構築・整備からソフトの活用への転換（生活・産業・行政面でのハードの活用、人材育成）、③インフラのさらなる整備によるデジタルディバイドの解消、という三点と考えられる。

インフラやハード面の整備は、その成果が目に見えてわかりやすい。その一方で、インフラの活用方法や情報コンテンツ、人材育成といったソフト面での取り組みは成果を示すのが困難かつわかりにくく、また長期間にわたる蓄積を要するものでもある。それゆえ、インフラ整備とはまた違った論理や手法に基づき、じっくりと腰をすえた取り組みが求められてくる。

第五節　情報ハイウェイを介したＣＡＴＶネットワーク化

一　「ＣＡＴＶ全県ネットワーク」の概要と特徴

（１）概要とその位置づけ

情報ハイウェイ活用の一つの方策として、鳥取県では「CATV全県ネットワーク構想」が進められている。これは、情報ハイウェイを介して県内すべてのCATV局をネットワークするもので、多様な価値や多方面にわたるメリットを生み出そうとする特色ある取り組みといえる。

第二章でとりあげたように、CATVの事業者連携やネットワーク化は、鳥取のみならず全国的な趨勢として盛んに進められている。こうした動向について、第二章では四つのパターンに分けて理解してきた。鳥取県のケースは、行政が主体的に関与した県域でのCATVネットワークであり、三つ目のパターンである「県などの自治体が関与する連携」として位置づけることができる(28)。

CATVネットワークの構築をめぐっては、鳥取県では二つのアクターが主体的に関与してきた。それは、情報ハイウェイを整備した「鳥取県」と「CATV事業者」であり、両者の協働のもと各種の取り組みが進められてきた。その前提として、両者にとっての期待や思惑、将来展望等の方向性がかみあい、相互にメリットをもたらす互恵性と地域に資するという公共性・公益性があらかじめ見込まれ、双方が合意に達する必要があろう。

以下では、県あるいはCATV事業者にとって「CATV全県ネットワーク」とは具体的に何を実現し、両者にどのようなメリットをもたらすものなのか、簡単に触れておこう。

（2）県の期待

まず県の立場としては、CATVのネットワーク化に政策上何を期待するのだろうか。端的にいえば、ハイウェイをどう活用するかという懸案への一つの有力な解法として、県の施策における可能性を広げるものと理解できる。具体的には、(イ)デジタルディバイドや情報格差の解消、(ロ)住民サービスの向上、(ハ)CATV事業者の経営合理化、という三方向から期待が寄せられている。

(イ)　デジタルディバイドや情報格差の解消

「ＣＡＴＶ全県ネットワーク」は、複数の方向からデジタルディバイドや情報格差を緩和するものと考えられる。まずは、ＣＡＴＶのネットワークをブロードバンドインフラととらえることで、住民アクセス網として活用することができる。また、放送メディアとしても、番組配信による難視聴解消と多チャンネル放送サービスの提供が同時に可能となる。つまり、難視聴の農山村地域にＣＡＴＶ局を新設しなくても、ハイウェイ経由で地域通信網やアクセス網(地域住民ネットワーク)と接続すれば、簡易ヘッドエンドの設営だけで都市型ＣＡＴＶ局から多チャンネル放送を受信でき、整備コストの低廉化と運営の効率化が実現できる。既述した日南町、三朝町、旧関金町のほかにも、合併後大山町となった旧三町や鳥取市と合併した旧八町村でもハイウェイを利用したＣＡＴＶの整備が進んでおり、この先数年のうちには県内ほとんどの市町村(旧三九市町村中三六市町村)でＣＡＴＶの視聴が可能になるという。

このように、ＣＡＴＶは通信インフラとして、また放送メディアとして、同時に異種のデジタルディバイド・情報格差へと対応可能であることから、特に条件不利地域においてその強みを発揮することが期待されている。

(ロ)　住民サービスの向上

「ＣＡＴＶ全県ネットワーク」は、いわば、ＣＡＴＶによる県内全市町村の住民ネットワークの構築としても理解できる。このＣＡＴＶネットワークを活かした、県民生活の向上が期待されている。例えば、都市と農山村との地域交流支援やＣＡＴＶ各局間の協力・応援体制の整備・確立、災害時の県民への災害情報の提供などが考えられている。また、県民参加型の番組制作、江原道ＣＡＴＶ協議会との交流といった国際交流への有効活用も期待される。さらに、コミュニティ・チャンネルの充実、番組交流、安全かつ高速なインターネット接続サービスなど、ＣＡＴＶ局が提供する各種サービスが向上することで、結果的に住民サービスの向上へとつなげていく方向性も考えられる。

(ハ)　CATV事業者の経営合理化

CATV事業者は、地域の情報・通信産業を担う地元の主要企業の一つである。事業運営上有利な環境が整備されることで経営上のメリットがあれば、あるいはデメリットが解消されれば、それは一事業者としての経営振興だけにとどまらないであろう。地域内の情報基盤の整備や文化資本の蓄積、住民による地域の再発見と地域内活動の活性化などによる経済効果は、地域産業の停滞に歯止めをかけ活性化に向けた土台づくりに寄与することも考えられる。CATV事業者にとってCATVネットワークがもつ意義については、引き続きとりあげていく。

(3) ネットワーク化によるCATV事業者の新たな展開

CATV事業者の今後の事業展望において、「CATV全県ネットワーク」とはどのようなメリットをもたらすものであろうか。そもそもCATVネットワークとは、第二章によると、「物理的なネットワークという裏づけに基づき、経営上の自立性・主体性を担保しつつも、スケールメリットを活かした経営の効率化、利用者サービスの向上をめざす事業上の提携・協力関係」であった[29]。これを敷衍すれば、以下のようなメリットが考えられる。

まずは、経営統合ではなく各事業者の経営上の自立性・主体性が保持されることである。また、二〇〇六年に迫ったデジタル放送開始に向けた送受信施設の共用などの共同対応、インターネット設備の共同化、バックボーン回線の共用、維持管理の共同化など、スケールメリットを活かしたコスト削減により経営合理化を図ることが可能である。さらに、放送コンテンツの流通の面では、番組の共同制作や番組交換、番組交流なども考えられるだろう。

このようにCATVネットワークの活用方法は多方面にわたるが、とりわけ鳥取県としての独自性ある取り組みに「鳥取県民チャンネル構想」がある。これは、CATV局の全県ネットワーク化により、各局のコミュニティ番組や伝統芸能、フォーラム、イベントなど地域の映像を全県中継し、それを「県民チャンネル」という一つのチャンネル

ようとするものである。まさに、「CATV全県ネットワーク」において目玉となる取り組みといえよう。

二　CATVコミュニティ・チャンネルの全県放送――「鳥取県民チャンネル構想」

(1)「鳥取県民チャンネル構想」の概要

「鳥取県民チャンネル構想」とは、鳥取ハイウェイを使ったインターネット回線、CATV、さらにSCNの通信衛星(CS)という三つの情報網によって県内全域をネットワークし、この情報ネットワークを利活用することで、全国初の県情報専門チャンネルを立ち上げようとする試みである。鳥取県のさまざまな情報を県内各家庭に配信するだけでなく、県外、さらには海外への情報発信や情報交流も視野に入れている。

これに向けて「鳥取県民チャンネルコンテンツ協議会」が設立され、設立総会が二〇〇三年六月に開催された。発起人は、中海テレビ放送専務であり、SCN社長の高橋孝之氏。会長には鳥取大学の道上正学長(当時)が選出された。協議会会員には県内CATV事業者をはじめ、行政、各種の地域企業、大学など教育機関、医師会など医療・福祉団体、NPOなどが名を連ねる。さらに、協議会への参加を「企業・団体に限定するのではなく、関心をもつ地域住民には個人としても参加してもらいたい」(前出・高橋氏)との考えから、住民の個人参加にも門戸が開かれている。協議会では、産・官・学・民による協働の場として、それぞれの要望や意見をチャンネルに反映しつつ、専門家などの意見もとり入れるという。さらに、住民の声を聴き住民参加を促すことで、「住民による住民のためのチャンネルづくり」をめざしている。そのために、引き続きとりあげる、県民を対象としたコンテンツ制作の研修も同時に進められている。

図6－2　鳥取県民チャンネルのコンテンツ例

○県内のニュースや出来事を毎日配信
○議会等の中継
○鳥取県の最新観光、イベント情報の提供
○知事と県民のテレビ対談
○県政情報や公共情報の紹介
○県内のスポーツ大会の中継
○市町村だより（物産・観光）etc
鳥取県情報を県民へ発信
鳥取県防災システムと連動し、24時間、生中継体制で県民へ防災害情報を提供
鳥取県防災システムとの連動
SCN
鳥取県民チャンネル
通信衛星を使って全国のCATV視聴者と環日本海諸国へ
CATVを通じて各家庭へ配信
鳥取県情報を全国に発信
環日本海諸国との映像交流
○鳥取県の観光やイベント紹介
○企業誘致、Iターン、UターンのPR
○他県知事との衛星対談
○他地域と多元中継で結び情報交流
○鳥取県出身者のための番組　等
○鳥取県の経済、文化、観光等を紹介
○環日本海諸国と経済、文化の交流
○環日本海諸国からの映像情報をデジタルアーカイブ　等

出典：鳥取県民チャンネルコンテンツ協議会ホームページ

「鳥取県民チャンネル」の主な内容は、県民に県内情報を提供する「鳥取県内向け番組」、日本全国に鳥取県情報を発信する「全国発信番組」、そして「環日本海諸国との映像交流」の三つである。コンテンツの候補は図6－2のとおりであり、県議会中継や防災速報、各CATV局制作の地域情報などが挙げられている。

このチャンネルの特徴は、「多種多様で大量の情報を自由度の高い編成で提供でき、また県内外への映像による情報発信が可能なこと」である。そのため、県からの広報や県内における防災情報[30]の充実が期待できるという。また、CATV、通信衛星、インターネットを併用することで県内全域にくまなく情報提供が可能となることから情報格差の是正に寄与すること、地域の物産や観光などの情報を内外に発信することにより地域間交流や地域の活性化に貢献すること、さらに新産業や雇用を県内外に創出することも期待されている。

鳥取県ケーブルテレビ協議会では、各局が制作した番組を交換する交流番組「とっとリンク」を、二〇〇四年四月から開始している。これは、テーマを決めて各局が五分程度を担当し県内全局合わせて三〇分番組とするもので、県内各地の話題を視聴者に提供している。CATV局側でも、「鳥取県民チャンネル」に向けた準備が着々と進められているのである。

県としてもこの構想には期待を寄せており、協議会会員に名を連ねる情報政策課・岡村課長（当時）も期待感と支援を表明している。

「自立するまでは時間がかかると思うが、行政としてもさまざまな形で支援していきたい。インフラ整備だけでなく、コンテンツ制作の研修なども行っていきたい」（前出・岡村氏）。

（2）「鳥取県民チャンネル」のもつ意味

「鳥取県民チャンネル構想」は、単独の県域としてのテレビ放送をもたない鳥取県では、県域テレビ放送の代替としての意味をもつ。しかし、「県民チャンネル」の意義はそれだけではない。県域テレビ放送は、県庁所在都市をはじめとする県内大都市の視点に立った取材・編集・情報発信が行われることで、放送内容もそのような大都市発の情報に偏りがちである。しかし、CATV全県ネットワークでは、各地域がそれぞれ情報発信を行うことで、多元的な視点からの情報発信が可能となる。それにより、都市部への情報の偏向という課題についても改善が見込めよう。

さらに、CATVという地域メディアがネットワーク化することで、発信される地域情報そのもののネットワーク化、それと連動した住民、組織等の社会的なネットワーク化という現象も起こりうる。すなわち、地域をまたいで共通する、あるいは重なり合うテーマや社会問題・争点について、各地域の立場や視点を尊重した相互間の交流や討議を行う場・プラットフォームの形成も期待することができる。

三　県民映像創り手コミュニケーション支援――「県民映像創り手育成事業」

鳥取県では、県、ケーブルテレビ協議会、県民チャンネルコンテンツ協議会等の支援のもと、ＳＣＮが事務局となり、地域の映像情報を制作・発信できる人材の育成も進めている。

「目指せ！地域映像プロデューサー　伝えたい想いを映像（カタチ）に」と県民に広く呼びかけられたこの研修事業は、「県民自ら地域の有形無形の文化的資産、地域活動、ボランティア活動等を取材、撮影、編集し、ＣＡＴＶ等の地域メディアを使って地域映像情報を発信できる人材（県民映像創り手）を育成することで、地域文化、地域活動の記録保存や地域情報発信を推進すること」を目的としている。また、「地域メディアの活用や地域コンテンツの取り組み方など、メディア・リテラシーの考え方を持ちながら、地域コンテンツの制作者として、総合的な番組制作の知識と技術を兼ね備え、優れた地域コンテンツを発信できる人材を養成するもの」であるという(31)。

研修内容としては、地域コンテンツ制作に必要な知識の講義（企画・演出・撮影・編集等）、デジタルビデオカメラによる地域映像の撮影実習、動画編集ソフトを使った編集実習などが行われている。

研修により制作した番組は、講師をはじめ専門家が評価・審査し優秀な作品を表彰するほか、ＣＡＴＶやホームページ上でも放映されている。また、修了生は鳥取県民チャンネルコンテンツ協議会の「地域映像プロデューサー」に認定されるという。

鳥取県では、中海テレビによる「パブリック・アクセス・チャンネル」の一〇年を超える歴史があり、従来から住民の制作した映像を発信する環境が用意されてきた(32)。三、四、八章でもとりあげているように、近年、市民メディア・住民メディアの活動が全国的にも活発になっている。こうした背景を受けて、この事業が鳥取県内に住民による

表6－2　鳥取県インターネット放送局の情報コンテンツ

「知事記者会見」	片山知事のあいさつや記者会見等の録画
「県議会中継」	県議会本会議の「ライブ中継」と「録画放送」
①「ライブ中継」	県議会本会議の開会から散会までのライブ中継
②「録画放送」	ライブ中継した映像を録画で配信
「イベント中継」	イベント、講演会、シンポジウム等のライブ中継
「ライブラリー」	イベント、講演会、シンポジウム等、県が作成した鳥取県紹介ビデオ「とっとりの力」の配信
「生涯学習講座」（トリピー放送局）	「未来をひらく鳥取学」などの講座
①「未来をひらく鳥取学」	歴史・文化、産業、教育・福祉、国際化、自然・環境、人権、健康・生活
②「生涯学習講座」	学芸員講座、健康講座、青少年育成、野外活動、むかしばなし、ボランティア
「映像でみる鳥取県の民族・行事」	鳥取県に伝わる年中行事や芸能の映像

出典：鳥取県情報政策課ホームページをもとに作成

映像発信活動の定着をうながし、県民自らの手によって「鳥取県民チャンネル」を盛り上げようとする機運につながっていくことが期待される。

四　県内情報コンテンツの掘り起こしと発信
――「鳥取県インターネット放送局」

「鳥取県民チャンネル」をいざ作ろうとしても、地域情報コンテンツの掘り起こしや発信、その体制づくりは一朝一夕にできるものではない。しかし、鳥取県では、こうした動きにつながる取り組みがすでに行われている。その一つが、「鳥取県インターネット放送局」である。

「鳥取県インターネット放送局」とは、県議会や知事記者会見、フォーラム等の様子を、インターネットを通じて県のホームページ（とりネット）上から配信するものである。ＡＤＳＬやＣＡＴＶなどブロードバンド環境の急速な普及にともない、二〇〇三年七月からブロードバンド配信も開始している。

現在配信されている情報コンテンツは、表6－2のとおりである。また、リンクが張られた鳥取県立博物館の「デジタルミュージアム」では、鳥取県内のさまざまな民俗行事を五分程度の動画で配信している。

このように、鳥取県では「インターネット放送局」としてすでに地域の映像コンテンツの配信が行われ、取り組みとして蓄積されつつある。こうした地域における映像資源の蓄積を有効活用できれば、「鳥取県民チャンネル」の開局へとよりスムーズにつなげていくことが期待できるだろう。

第六節　考察

これまで、鳥取県の地域社会の概況、県内の地域メディア状況、情報化政策の概要を俯瞰してきた。鳥取県の情報化政策としてはCATVの活用に特色があり、前節では鳥取県としての独自性が高い「CATV全県ネットワーク化」の取り組みに注目した。

以上をふまえ、本節ではCATVというメディアあるいはCATVネットワークを活用した地域情報化について考察を進める。まずは、地域情報化（政策）においてCATVとそのネットワークがもつ意味について、あらためて整理してみたい。そのうえで、こうした取り組みにおける課題や困難について考察し、鳥取県の今後に向けた展望につなげていく。

一　CATVとそのネットワーク化が地域情報化（政策）においてもつ意味

鳥取県の地域情報化政策において、CATVというメディアは重要な位置を占めてきた。例えば、「情報ハイウェイ」のアクセス網を市町村が整備するにあたっては、県は将来的なＣＡＴＶの活用を視野に入れ、光ファイバーのなかにケーブルテレビとして利用可能な帯域分を確保しておくように指導しているという。このように、政策として、ＣＡＴＶに期待を寄せ積極的に活用しようとする姿勢が見られる。

以下では、鳥取県の事例から得られた知見をもとに、ＣＡＴＶが地域情報化においてもつ意味と、さらにＣＡＴＶのネットワーク化によって生み出される新たな可能性について、三つの方向から整理して提示する。

（１）多元的なメディアゆえのデジタルディバイド・情報格差への多面的な対応

ＣＡＴＶは総合情報メディアであり、放送と通信の統合メディアでもある。テレビ（放送）メディアとして、難視聴対策としての同時再送信や多チャンネル放送、コミュニティ・チャンネルが提供される一方で、通信メディア（インフラ）として、ブロードバンドサービスやＩＰ電話、その他公共アプリケーションなどが実現されている。このように、メディアとして多方面へ展開可能なことから、ＣＡＴＶの導入は地域におけるメディアの多元性をもたらすものと期待される。

その多元性ゆえに、デジタルディバイドや情報格差の是正・解消に向けても多面的な対応が可能である。デジタルディバイド・情報格差には、大きく地域間格差と世代間格差の二つがあり、ＣＡＴＶはそのいずれに対しても改善に寄与するものと考えられる。

まず、条件不利地域における地域間格差としては、「ブロードバンド環境の遅れ」、「テレビ難視聴」、「情報過疎」という三つがあり、いずれもＣＡＴＶのみでの対応可能である。「ブロードバンド環境の整備」に向けては、情報通信インフラの面から、主にラストワンマイルにおけるハイウェイへのアクセス網として活用できる。「テレビ難視聴」に対しては、共同アンテナとケーブルを介した有線放送により解消してきた実績がある。さらに、ネットワーク化により、地域内にCATV施設を設立しなくても簡易ヘッドエンドの設置のみでも対応可能となっている。「情報過疎」については、多チャンネルサービスと、コミュニティ・チャンネルでの身近な地域情報や生活情報の提供により、情報環境の改善が見込まれる。

さらに、世代間格差としては、主に高齢者のリテラシーの未熟さに起因し、コンピュータ等の利用におけるアクセシビリティの不均衡が生じており、結果として世代間の情報格差を招いている。ここでも、テレビメディアとしてのCATVが格差是正に寄与しうると考えられる。つまり、リモコンのボタンを押すだけで難しいリテラシーが求められないメディアゆえに高齢者にも重宝されており、世代を超えて不可欠な情報源としての役割を果たしている。

以上のように、高齢化の進む農山村地域では、何種類ものデジタルディバイド・情報格差が同時かつ多重的に発生している。こうした条件不利地域においては、放送と通信にまたがる複数の特性を併せもつ多元的なメディアであり、地域間格差と世代間格差の解消にともに寄与しうるCATVは、その存在意義がより一層高まるものと考えられる。

（2）「地域の物語」の生成へ（テレビドラマやドキュメントの活用）

「地域の物語」とは、その地域の諸資源を動員し活用することによって作られた地域にまつわる語りのことである。地域に対する意識やイメージ、ステレオタイプ、意見などの主観的な形成をうながす働きをもっている。また、地域住民に広く共有され共同主観化することで実体化・主体化し、住民の自発的な活動を誘発するなど、地域に多様な影響をおよぼすものと考えられる。

CATVは、地域に根づいたテレビ放送としての高い公共性を備えることから、「地域の物語」を生成するうえで優れた適性をもつと考えられる。テレビ放送は、映像メディアとしての感性的・感覚的なインパクトや魅力をもち、特有のリアリティ構成力や伝達力を発揮する。また、視聴にあたって高いリテラシーが求められず、「ながら視聴」

も可能な身近で気軽なメディアでもある。一家団らんでもひとりでも楽しめるなど、娯楽性も高い。さらに、社会に広く浸透・定着し日常的な接触率も高い日常性の高いメディアであることから、人々に共通の話題や関心を提供する公共性の高さも併せもっている。すなわち、アジェンダ設定機能として、テレビでとりあげられることが地域社会で大きな意味をもつ、地域への影響力の大きいメディアといえる。

近年では、行政が主導してテレビドラマや映画のロケを誘致する活動が盛んである。ドラマや映画のなかで地域を舞台にストーリーが展開することでその地域ならではの物語を作り上げられ、それを地域のイメージアップや地域アイデンティティの確立に結びつけようとする試みと理解できる。

こうしたテレビドラマや映画の誘致に頼らず、住民たちの手でドラマを制作しようとする「住民ドラマ・市民ドラマ制作」も実際に見られる。長野県山形村ＣＡＴＶでは、地元青年たちによる「ホワイトバランスの会」が中心となり、地域住民のための地域住民によるドラマ作りが行われてきた(33)。鳥取県内においても、米子を中心とした県西部を舞台に、市民ドラマを制作する動きが進行中である。二〇〇四年一一月に準備委員会が発足し、二〇〇六年三月の収録完了、同年八月の放送開始をにらんで、原作の公募と決定、脚本・出演者・スタッフおよびテーマ音楽の公募、ロケ地の選定、配役オーディション、収録といったスケジュールが組まれている(34)。

その一方で、フィクションに限らず、ドキュメンタリー番組のようなノンフィクションによる「地域の物語」の生成も行われている。その一例として、「中海テレビ放送」が連続シリーズもののドキュメント番組として放送した「中海物語(35)」を挙げることができる。番組内では「十年で泳げる中海に」という「宣言」を提示し、地域に呼びかけている。そして、「先祖から受け継いだ貴重な財産」である中海を、郷土のシンボルとして誇れる「きれいな中海」として取り戻そうという物語を構成する。これにより、地域アイデンティティへの回帰の心情を住民に芽生えさせ、環境運動への自発的な参加をうながしてきた。

このように、地域をテレビドラマやドキュメンタリーの舞台として「地域の物語」を生成することで、地域のイメージアップ、住民の地域への愛着や地域アイデンティティの高揚、住民の自発性・主体性の発揮と地域への社会参加の促進、ひいては地域づくりへと結びつける効果も期待できる。

さらに、CATVがネットワーク化されることで、地域外にも情報の遅延なく「地域の物語」を発信することができれば、地域外に向けたイメージアップや集客効果による観光振興も見込めよう。[36] 地域内にとっても、地域外からのまなざしを通して自地域を相対化することにより、地域アイデンティティを再発見する効果が期待できる。

こうした「地域の物語」の生成は、まさに「地域による地域のためのメディア活動」であり、「メディア・ローカリズム」の理念にも通じるものといえよう。

（3）地域の（映像）情報ライブラリーに

鳥取県情報政策課・岡村課長（調査当時）によると、「地域のさまざまな（文化的な）資産を情報提供していくことで、CATVを『地域の文化センター』にしていきたい」という。ここでの「文化的な資産」とは、地域の伝統文化や物産、観光、フォーラム、イベント等が想定されていると考えられる。しかし、この段階では地域内のみの情報提供に過ぎない。

「地域の文化センター」たるCATVがネットワーク化されることで、「地域文化のネットワーク」として、地域内のみの情報提供から地域外への情報発信や情報交流の可能性も広がっていく。こうした地域の情報コンテンツ、特に映像コンテンツの相互交流や共同制作が進展することで、地域文化の相互交流も触発され、さらに情報のみならず、地域内外との人やモノの交流も盛んになることが見込まれる。こうした地域外との文化交流によって、地域の伝統行事の保存と文化継承にも貢献することが期待されている。

鳥取県では、「インターネット放送局」として、地域の情報コンテンツや映像コンテンツがすでにストックされている(第五節四参照)。情報コンテンツの蓄積方法としては、インターネット放送局のようなやり方のほかに、VOD(37)のシステムを活用する手法もある。これにより、「地域の映像ライブラリー」を構築していくことも可能である。情報コンテンツの内容としては、住民の制作した映像コンテンツ、コミュニティ・チャンネルの蓄積、インターネット放送局でとりあつかっているような映像コンテンツ、デジタル・アーカイブなど多様な地域情報が考えられる。

また、VODは映像情報をあつかうことから、情報ハイウェイのブロードバンドでネットワーク化されることで、そのメリットはますます高まるであろう。そうすれば、映像情報のネットワークのなかから、ストックされた大量で多様なコンテンツを、必要に応じて高速かつ自在に引き出すことが可能となる。これにより、いわば「地域の文化センター・ネットワーク」が構築されていくことになろう。

二　CATV全県ネットワークの課題

第一節で示したように、地域情報化のあるべき姿として、住民が自分の住む地域に愛着やアイデンティティをもち、地域へと自発的・能動的に参加していくことが求められている。そのために、どれだけ、地域の実情にあったオリジナリティのある施策、独自の試み・取り組みが、総合的に展開されているだろうか。国や他地域などからの受け売りではなく、成否はともかくとして、地域の人々や自治体がともに考え構想し実践していくことが重要であろう。

鳥取県で進められている「CATV全県ネットワーク」は、地域メディアとしてのCATVの連携、コミュニティ・チャンネルの相互交流、県民チャンネルの創設など、各地域の自立性や個性を担保しつつ地域における課題を克服し、有意義な連携を実現するものである。こうしたＣＡＴＶの活用のあり方は、地域としての主体性と独自性が感じられる、理念的にも優れたものといえるだろう。

しかし、そうした理念の裏側で、同時に現実的な課題や困難も抱えているのが実情である。まずは、各ＣＡＴＶ事業者の負担増大に関する問題である。とりわけＭＰＩＳ系など行政主導・農村型ＣＡＴＶでは、情報ハイウェイを介したＣＡＴＶネットワークに対して消極的な印象を受ける。そもそも人員・スタッフが限定されていることから、現状以上のことをする余裕がなく、負担が増えるという意識も強い。ネットワーク化・広域化の前にエリア内のことや目の前の状況で精一杯であり、「まず地域内を最重要視して、その延長線上に広域化を考えたい」という。一方の都市型ＣＡＴＶ局にしても、決して楽な立場ではない。現状ではどうしても幹事的な役割を担わざるを得ず、負担の偏りとその大きさを感じていることもまた事実である。

また、提供するコンテンツ内容やその質に対する懸念や不安もある。つまり、コミュニティ・チャンネルは他地域でも興味をもって視聴されるのか、そもそも他地域の情報に対する需要はどの程度あるのか、他地域でも興味深く視聴されるほどのコンテンツを制作できるのか、いかなる情報コンテンツが求められているのかといった課題である。

さらに、各ＣＡＴＶ局間に人材など諸資源の偏りがあるなかで、番組内容に一定の質が保てるのかという懸念もある。他県では近隣局間で番組を交換していたＣＡＴＶ局が、質の低い番組の提供が多かったことからメリットが感じられず、番組交換をとりやめたという事例も耳にする。継続していくうえで、無視できない問題である。

新たな価値を生み出すためには、ある程度の人的、金銭的かつ精神的な面でのコストや負担の増大がどうしても避けられない。また、複数のエージェントが連携する場合、相互間における保有する諸資源や負担の不均衡といった問題も生じてくる。新たな取り組みを成功に導くためには、こうした課題や困難に対して適切な対応策を講じることが要請されてくる。

まず、発生したコストをどう配分し消化していくのかという負担配分のあり方が問われている。つまり、負担が不均等にならないように、参加するすべての事業者が納得できる負担配分のあり方を模索し確立する必要がある。これは、労働力だけでなく費用負担に関しても同様である。そのためには、各事業者の事情を汲み取り、相互に配慮・尊重しつつ支援し合おうとする、バランスのとれた協調と互助をもたらす仕組みづくりが求められる。

また、各事業者が地域メディアの担い手として新しいものを作り上げていくことの意義を共有し、共に取り組んでいくことの誇りや一体感をもつための工夫も、インセンティブを高めるうえで重要であろう。

さらに、番組の質を保ち、また番組制作の負担を減らすために、ある程度テーマを決めて構成を統一して制作しようとする動きも、鳥取県内では見られるという。他局との連携・交流が、相互の切磋琢磨をもたらし、番組の質の向上につながっていくことを期待したい。

三　ＣＡＴＶ全県ネットワークの展開・展望――県域、国境を越えるＣＡＴＶネットワーク

二〇〇三年一〇月、全国初の取り組みとして、岡山県、兵庫県、鳥取県のあいだで情報ハイウェイの相互接続が行われた[38]。具体的には、三県の県立学校間での交流学習や防災情報の共有化が進められている。また、近隣の京都府・滋賀県・福井県でも情報ハイウェイが相互接続されるなど、県をまたいだ広域的な情報交流の潮流が着々と作られつつある。情報ハイウェイの相互接続をきっかけに、県内のＣＡＴＶネットワークが他県のＣＡＴＶ事業者にも広がっていく事態になれば、さらに広域の番組交換・共同番組制作のネットワークが実現する可能性も考えられる。これは、既存の東京を起点とした情報流通のあり方とは異なり、各地域同士が主体的に結びつき、新たに独自の情報の流れを

作り上げていくものとなりうる。それだけに、地域情報のやりとりを通じて、各地域が個性化・差異化への意識にめざめていけば、より多元的な地域の実現にもつながることになろう。このような取り組みは、これまでＳＣＮによって志向されてきたメディア・ローカリズムの理念を、別の形で体現するものでもある。こうした志向を根底に共有しつつも、また違った特性・性格をもつネットワークがさらに多層的に作られていくことで、「複合的な地域間ネットワーク」の実現に向けた展望も開けてくる。それに向けて、まずは県域のように限定された範域におけるネットワーク化の取り組みから、ノウハウを蓄積していく必要があるだろう。つまり、「鳥取県民チャンネル構想」の成否は、今後の、より広域なネットワーク化への可能性を占う試金石としての意味ももっているのである。

一方、海外に目を転じると、鳥取県はＣＡＴＶ協議会としても韓国・江原道と連携しており、二〇〇五年五月からは両ＣＡＴＶ協議会のあいだで番組交換も行われている（第三節二参照）。今後は、衛星や海底ファイバーなどを活用することで、国際的なＣＡＴＶネットワークにつながっていく可能性もある。さらに、韓国以外の環日本海地域とも国際交流が進んでいることから、鳥取県が環日本海地域諸国への情報発信の拠点となることも、決してありえない話ではない。日本海周辺諸国には約一二億の人々が生活し、豊富な労働力、拡大する巨大市場などが存在する。これまで鳥取県では、特色ある国際交流の実績を年々着実に積み重ねてきた。今後もそうした蓄積を順調に積み上げ、それらを活かしていくことができれば、その成果が実を結ぶ日も遠くのことではないかもしれない。そのとき鳥取県が、情報交流から人的交流や産業・経済的な交流までを活発に行う国際交流の有力な主体となれば、創出された鳥取県の価値を地域内外へ発信する契機となり、中央を意識せず地域の個性化をめざすローカリズムの運動がまさに本格化するであろう。こうした展望は決して夢物語ではない。その胎動はすでに始まっているのである。

（1）ＤＳＬの契約者数は、一九九九年度末のサービス開始以降、二〇〇〇年度末に約七万契約、二〇〇一年度末に約二四〇万契約、二〇〇二年度末までに約七〇〇万契約と急増した。

（2）"Fiber To The Home"の略。光ファイバーを各家庭まで敷設することにより、数一〇～一〇〇Mbpsの高速インターネット通信が可能となる。

（3）"Fixed Wireless Access"の略。加入者系無線アクセスシステムのこと。基地局とユーザを一対一で結ぶＰ－Ｐ（Point to Point）方式と、一つの基地局と複数のユーザが同時に通信を行うＰ－ＭＰ（Point to Multiple Point）方式があり、それぞれ最大速度約一五六Mbps、一〇Mbps程度での通信が可能である。

（4）いずれも総務省報道資料より。

（5）高度情報通信ネットワーク社会推進戦略本部「e-Japan戦略」、二〇〇一年一月。

（6）自治省の九〇年代初頭までの情報化施策の概要については、以下を参照のこと。
自治大臣官房情報管理室『新・地域情報化の考え方、進め方―地域情報化読本２―』、ぎょうせい、一九九四年。

（7）前掲書、一四一頁。

（8）郵政省電気通信審議会「二一世紀の知的社会への改革に向けて―情報通信基盤整備プログラム―」、二〇〇四年五月。

（9）林茂樹「第七章　メディア・ローカリズムの可能性」、早川善治郎編著『現代社会とメディアの諸相』、中央大学出版部、二〇〇四年、三三一―三三二頁。

（10）鳥取県人口移動調査結果速報（二〇〇五年七月一日現在）より。

（11）鳥取県年齢別推計人口（二〇〇四年一〇月一日現在）より。

（12）炭谷晃男「第三章　事例研究」、林茂樹編著『日本の地方ＣＡＴＶ』、中央大学出版部、二〇〇一年、一三七頁。
炭谷（二〇〇一）によると、旧厚生省の将来人口推計（一九九七年一月期）では、鳥取県の「二〇一〇年までの人口は、六十万八千人から六十一万八千人の幅をもって推移」し、「二〇一〇年での高齢人口二三・三％となる見通し」という。

（13）境港はまた、日本海有数の貿易港としての顔ももつ。一九九五年三月には日本海側では初の輸入促進地域（ＦＡＺ）として、国の承認を受けている。

（14）いずれも国勢調査、二〇〇〇年一〇月。

(15) 二〇〇四年九月一日に東伯町と赤碕町が合併して琴浦町に、一〇月一日には羽合町、泊村、東郷町の三町が湯梨浜町に、西伯町と会見町の二町が南部町になっている。また、一一月一日には、鳥取市が周辺の八町村（国府町、福部村、河原町、用瀬町、佐治村、気高町、鹿野町、青谷町）と吸収合併した。年が明けた二〇〇五年一月一日には、岸本町と溝口町が合併して伯耆町となり、三月には倉吉市と関金町が倉吉市に（二二日）、大山町、名和町、中山町が大山町に（二八日）、米子市と淀江町が米子市に、郡家町、船岡町、八東町が八頭町に（ともに三一日）と、わずか半年ほどの期間に合併が相次いでいる。

(16) なお、二〇〇五年八月現在、コミュニティFMは鳥取県内で開局されていない。

(17) 「山陰隔日新報」は、一九八五年一〇月には第三六四号で廃刊となり、新たに「鳥取新報」として生まれ変わった。その後、一八九二年四月に「因伯時報」が、一九〇八年四月には「山陰日々新聞」が、それぞれ発刊している。

(18) 炭谷晃男、前掲書、一四四頁。

(19) 県内のCATVの開局は、「中海テレビ放送」の一九八九年がもっとも早く、「日本海ケーブルネットワーク」が一九九二年、「ケーブルビジョン東ほうき」一九九五年、「東伯地区有線放送（グリーンネット東伯）」一九九六年、「溝口町有線テレビジョン放送」一九九七年、「鳥取テレトピア」二〇〇〇年と、おおむね九〇年代の開局である。

(20) いずれも、自主放送を行うケーブルテレビ（許可施設）の加入世帯数と世帯普及率（二〇〇四年一二月末現在）。

(21) その回線は当初、民間回線を利用し伝送速度六四kbpsであった。その後、一二八kbps、一・五Mbpsと増速され、二〇〇〇年には三Mbpsとなった。

(22) ハイウェイの構成は、県基幹行政ネットワークとしてのATM方式によるネットワーク（一五五Mbps、一部区間のみ六二二Mbps）、幅広く県民に開放するギガビットイーサネット方式によるネットワーク（一Gbps）、そしてCATV局間の放送幹線のためのベースバンド方式によるネットワークという三つのネットワークからなる。

(23) 島根県の情報通信基盤整備の特徴は、「民間通信事業者による積極的な設備投資の誘導に徹することとした点」（島根県ホームページ）にあるという。一般に通信需要が乏しいとされ、民間事業者の参入が得られにくいとされる条件不利地域であっても、「行政・産業界・県民を挙げて需要喚起を図りながら、民間通信事業者に対する的確な支援策を講じることによって、民間の設備投資を促進することができる」（同上）という。さらに、「自設方式」では、「場合によっては、行政による重複投資を通じて民業を圧迫し、民間通信事業者の設備投資意欲を阻害する方向に働くこともあるのではないか」という懸念を示しつつ、「民間が主導的役割を担うことを原則とし、国及び地方公共団体は、民間の活力が十分に発揮されるための環境整備等を中心とした施策を行う」（同上）という行政と民間との役割分担の基本原則に立ち返り、行政の関与のあり方を幅広く議論する必要性についても提言している。詳しくは、島根県情報政策課ホームページ「島根県の情報政策」を参照のこと。http://www.pref.shimane.jp/section/josys/index.html

(24)　「自設方式」は、何といっても自由なネットワークが組めることに最大のメリットがある。また、維持費が安い、高速ネットワークを構築できるという強みもある。反面、デメリットは、構築費用が高い、構成を簡単に変更できない、維持のための専門的な人材や手間がかかることである。一方の「借上げ方式」では、初期費用の安さが一番のメリットである。さらに、借り上げる回線が専用線であれば、構成を簡単に変更可能であり、またダークファイバーであれば、高速ネットワークを構築できるという利点ももつ。デメリットとしては、自由なネットワークが組めないこと、維持費が高くつくこと。ダークファイバーを用いた場合、構成を簡単に変えられないという欠点もある。

(25)　その他にも、土木設計積算等県市町村共用のネットワーク、住民基本台帳ネットワーク（幹線部分）、鳥取県教育情報通信ネットワーク、県民学習システム（生涯学習システム）、県庁〜各総合事務所間のＩＰ電話、映像伝送システムなどに活用されている。

(26)　人事、給与、共済組合・互助会等の福利厚生関係の申請・届出事務を電子化することにより、庶務事務の簡素・効率化を図っている。

(27)　“Business Process Reengineering”の略。業務内容や業務の流れ、組織構造・運営体系などを分析し、最適化すること。多くの場合、組織や事業の合理化が伴うため、高度な情報システムを取り入れることが多い。

(28)　本書第二章第四節三（2）を参照のこと。

(29)　本書第二章第五節二を参照のこと。

(30)　県防災情報システムと連動することで防災情報を県民に直接提供でき、リアルタイム、二四時間体制で対応可能という。

(31)　鳥取県情報政策課ホームページ　http://www.Pref.tottori.jp/jouhou/

(32) 中海テレビ放送の「パブリック・アクセス・チャンネル」は、一九九二年に二六団体を中心に立ち上げられ、二〇〇五年五月現在、三七団体が「Ｐ・Ａ・Ｃ番組運営協議会」に所属している。また、これに属さず、個人で番組制作をして持ちこんでいる常連も数名いるという。詳細は、以下を参照のこと。
松野良一「市民メディア論　デジタル時代のパラダイムシフト」、ナカニシヤ出版、二〇〇五年、一〇七—一一三頁。

(33) 金子靖夫「第七章　ケーブルテレビ—新しい傾向と展望」、松尾洋司編著『地域と情報〜メディアと住民の関係〜』、兼六館出版、一九九七年、一四五—一四八頁。
林茂樹「2　地域メディア小史—新しい視座転換に向けて」、田村紀雄編『地域メディアを学ぶ人のために』、世界思想社、二〇〇三年、五〇頁。

(34) 山陰ビデオシステム「市民ドラマ」ホームページ　http://www.s-video.co.jp/shimin-drama/index.htm

(35) 「中海物語」は二〇〇一年一月から二〇〇二年二月まで全一二回にわたって放映され、その後も継続的に続編が放送されている。詳細は中海テレビ放送「中海プロジェクト」ホームページを参照のこと。
http://gozura101.chukai.ne.jp//site/page/web/subtop/project/

(36) 韓国テレビドラマ『冬のソナタ』が巻き起こした韓流ブームによる韓国のイメージアップと江原道への日本人観光客の急増、『世界の中心で、愛をさけぶ』の大ヒットによる香川県庵治町の集客効果などは、記憶に新しいところである。

(37) "Video On Demand"(ビデオ・オン・デマンド)の略。視聴者のリクエストに応じて、ブロードバンドを通じ、希望の映像コンテンツを配信する仕組みのこと。

(38) 各県の情報ハイウェイ間の接続には、国の研究開発用ネットワーク（ＪＧＮ）が活用されている。

報告書・資料等

鳥取県「ＩＴ社会の実現に向けたアクションプログラム〜とっとりＩＴ戦略プログラム〜」、二〇〇一年一月（二〇〇三年七月改訂）。

鳥取県「鳥取県勢要覧平成一六年度版」、二〇〇四年。

鳥取県「とっとりＩＴ戦略プログラムのフォローアップ―３カ年の成果と課題―」、二〇〇五年二月。
鳥取県「とっとりＩＴ戦略について―安全で快適なユビキタス社会の実現を目指して―」、二〇〇五年二月。
鳥取県民チャンネルコンテンツ協議会「鳥取県民チャンネルコンテンツ協議会」資料、二〇〇四年七月。
郵政省「地域のデジタル・ディバイドの解消に向けて～鳥取県地域情報化ヒアリング調査報告」、二〇〇〇年一二月。

関連ＵＲＬ

ＳＣＮ㈱サテライトコミュニケーションズネットワーク　http://www.sc-net.ne.jp/
総務省（統計）http://www.soumu.go.jp/
総務省中国総合通信局（統計）http://www.cbt.go.jp/index.html
鳥取県（統計）http://www.pref.tottori.jp/
鳥取県情報政策課　http://www.pref.tottori.jp/jouhou/
鳥取県民チャンネルコンテンツ協議会　http://www.tottorikenmin-ch.com/

【謝辞】

鳥取県での調査にあたり、二〇〇四年八月三日に中海テレビ放送、サテライト・コミュニケーションズ・ネットワーク、山陰ビデオシステムにて高橋孝之氏から、八月五日に鳥取県庁にて県企画部情報政策課長・岡村俊作氏から、それぞれ聞き取り調査をおこなった。両氏には、調査以降も、メールや電話での質問等にもご返答いただいた。この場を借りて、感謝申し上げたい。（なお、本文中の職名は、調査当時のものである。）

また、八月四～五日にかけて、鳥取県内のＣＡＴＶ局四社、「東伯地区有線放送」、「ケーブルビジョン東ほうき」、「鳥取テレトピア」、「日本海ケーブルネットワーク」（訪問順）にて、聞き取り調査をおこなっている。応対していただいた担当者の方々に、御礼を申し上げたい。

第七章　地域情報インフラとしてのケーブルテレビ連携の形
――岩手・銀河ネットワークの事例から――

浅岡隆裕
内田康人

第一節　本章の目的(1)

ケーブルテレビ局の世界では、放送のデジタル化やインターネット、ＩＰ電話などの最新のＩＴサービスをより低コストで提供するために、共同利用できる設備は共用し、またネットワークに流れるブロードバンドコンテンツを共同調達する必要があると言われている。その実現のためにケーブルテレビの《ネットワーク化》が期待され、模索されている。もともと小資本かつ複雑な資本構成のケーブルテレビ局が単独で生き残っていくことは非常に難しくなってきている。そのため何らかの形で、ケーブルテレビ局同士での合従連衡が模索されており、そのバリエーションもいくつかにパターン分けが可能であろう。第二章の通り、県域でＣＡＴＶ局間の何らかの連携を推進している事例は数多く見られる。

本章ではそのようなバリエーションの一つとして、岩手県の「銀河ネットワーク」の事例を考察し、そこからのインプリケーションを探る。本章の目的は、岩手県の銀河ネットワークの事例を、事業者側の意図や認識から照射してみることにある。銀河ネットワーク構想は各地域のケーブルテレビのネットワークを相互に大容量の通信ネットワークで結び、広域的ネットワークとして整備して、岩手県においてのブロードバンド・サービスの早期実現を目指す取り組みである。

なぜ岩手県のネットワークに着目していくのか、という点について、最初に触れておきたい。

今でこそ全国のあらゆる都道府県で似たような動きが見られるようになっているが、岩手県ではデジタル化対応とブロードバンド・サービスの提供を主眼に置き、ケーブルテレビ局が主要な出資元となった「ネットワーク会社」が比較的早期に立ち上げられた。また設立に関してはケーブルテレビ局のみではなく、東北電力のグループ企業といった外発的なエージェントが参画し、それを支えていったという特徴が見られる。

今回はネットワーク誕生の経緯や背景、そして今後の構想などを事業のキーパーソン・関係者に対して、ヒアリング調査を行った。最後にネットワークの可能性と問題点について、論考を進めていきたい。

第二節　ケーブルテレビの現状認識とリサーチスキーム

一　ケーブルテレビをめぐる言説

近年〝ブロードバンドの旗手〟として取り上げられることが多くなったケーブルテレビについて、様々な角度から見ていくことにする。

まずは、行政の情報政策という観点から見てみよう。現在では、ケーブルテレビ回線網を地域の「基幹的な情報ネットワーク」として活用しようという取り組みが、「地域情報化」の主要な手法の一つとなっている。[2]

例えば、以下のような言説を行政の報告書に見ることができる。「近年は、ケーブルテレビのケーブルを利用してインターネット接続サービスを展開する事業者が急増しており、ケーブルテレビは放送と通信を総合的に提供する地域の基幹的情報通信基盤としての役割を果たすものと期待されている」。これまでもケーブルテレビの機能を使って地域の様々なサービスに貢献させる構想がなかったわけではないが、現在では情報技術を活用した地域独自のアプリケーションとして、住民の生活レベルで実用化されている点が異なる。

メディア産業（「メディアビジネス」）的側面からケーブルテレビの動向を捉えたのは、メディアアナリストの中湖康太である。[3]中湖は、アメリカのケーブルテレビの歴史を跡付け、その比較から日本のケーブルテレビは「ローカル・コミュニティ・メディア」としての行政方針によって育成されてきており、「細分化」というキーワードでその特性を捉えている。すなわち、「サービスエリアの狭さ」、「資本構成の複雑さ」ということである。今日、放送・通信市場へメディア企業、異業種を問わず、多くの企業が参入し、競争が激化していることを考えると、「資本力と規模の経済性の発揮が必要である」と述べている。

その理論的帰結により、「(日本の）ケーブルテレビ再生の課題」として、三点が挙げられている。①スピーディーな業界の統合、②デジタル放送（地上波、BS、CS）など有力チャンネルを統合し、有力チャンネルと補完的な関係を築くことによる差異化、③テレビとブロードバンドの両方のサービスを、より魅力のある料金で提供する、というものである。③については「ワンストップ・ショップの差異化」とも言えるが、若干補足しておくと、色々なメディアに対応するために個別の端末やデバイスを揃える必要がなく、ケーブルテレビモデムがあれば一挙に解決するというものである。

ているように思われる。

ところで、中湖は、「アメリカのMSO」[4]の説明に多くのページを割いており、成功した経営モデルとして措定している。

これらはいずれも《経営的な観点》からなされる考察であり、後に述べるように「地域メディアとしてのアイデンティティ」を命題に挙げるケーブルテレビの見方とせめぎ合っていることは言うまでもない。

ところで、事業の当事者であるケーブルテレビ業界側に目を転じてみよう。業界誌『ニューメディア』では、ケーブルテレビ経営の秘訣としては「地域から逃げない経営政策」にあるとしている。[5]まず時代的な背景として、平成の大合併を「ケーブルテレビという地域メディアにとって、テレビ放送開始五〇年目にして、やっとめぐり合った大チャンス期というべきである」としている。すなわち、約三三〇〇の自治体が約一〇〇〇に統合されると見られる合併によって、歴史的、文化的空間に統合される約一〇〇〇の基礎単位に、各々ケーブルテレビ局の存立が可能になるという。そして各地域では、デジタル化による映像、音声（インターネット電話）、データ（インターネット）などの多様な情報サービスを提供することによって、地域の基幹メディアたりうるようになるからである。「地域と住民の独自のニーズに立脚した事業」であり、「アメリカのMSOの真似を絶対にしてはいけないと結んでいる」。あくまで地域に密着したキメの細かいサービスを主張しているのである。

また、上の二者の中間に立つのが、ジャーナリストの伊澤偉行である。[6]伊澤は地方のケーブルテレビ局を長年取材してきた経験から、地域に独自の根を持つ「ケーブル文化」の成立に着目している。まず、デジタル化の流れの中、各地で進む「合従連衡」の動きをまとめる中で、その利点を整理している。すなわち、放送サービスでは、小規模エリアを考えていれば良かったが、高速大容量の通信サービスを提供することになると、広域型の共通のメリットが生じるという。例えば、ケーブルマーケットの価値を高める、そして共通のオペレーションを行うことで「効率が良い経営」ができるとしている。

しかし、その一方で地域独自における機能を求めているのである。すなわち、他には絶対にないローカルコンテンツであり、ケーブルテレビにおける蓄積によって「地域の映像データベース」が構築されていくとしている。ブロードバンド時代になろうとも、キラーコンテンツになるということを述べている。

ここまで見てきたように、それぞれの立場から様々な認識と主張が持たれていることが把握できた。とりわけ、「規模の効率化」を追求する立場、「地域に立脚した独立性」を重視する立場と、双方の対立を止揚する形でその中間を行くものがあるといった具合である。これは利益を重視する民間主導が多い都市型ケーブルテレビ運営と、公益を重視する自治体主導で加入率が極めて高い農村型ケーブルテレビの経営スタイルの違いと言えるのかもしれない。いずれもしても、一八〇度異なる立場や主張が出てくるほど、ケーブルテレビ局のブロードバンド時代の将来展望は見えにくくなっているということではないだろうか。

二　変化の方向性

ブロードバンド化の動向次第では、すでに見たようにケーブルテレビというメディアの存在形態のみならず、その機能についての変化も促進されるであろう。すなわち、《放送の回路としてのケーブルテレビ》から、別の機能を担うことであり、狭義の情報伝達を担う機能から、より広義の情報を扱う機能を持つようになったことを意味するのではないだろうか。

例えば、「通信インフラ」としてのケーブルテレビの有用性を強調する、日本総合研究所メディア研究センターの西正の問題提起を見てみよう。(7) 西は高齢者ほどテレビとの接触時間が長いという事実を踏まえ、使い慣れた機器であるテレビを、高齢者やその介護者向けの「双方向サービスの窓口」として積極的に活用することを主張する。実例として挙げているのは、兵庫県淡路島の五色町の「淡路五色ケーブルテレビ」で運用されている「五色町在宅保健医療福祉支援システム」である。システムの構成についての詳細は省くが、「ケーブルテレビ網を介して診療所と在宅医療・介護を要する患者宅を結び、映像と音声を双方にやり取りする、新しい在宅療養システム」とされる。この五色町の施策は、全国の他の自治体でも取り組みが可能である。その際に自治体と連携して利用可能なインフラとしてケーブルテレビがその地域にあるかないかが一つの重要なファクターとなっている。

逆に、このような医療サポートのシステムを持っていることをケーブルテレビ側が住民にアピールすることで、ケーブルテレビ加入の促進につなげることができるとも述べている。ケーブルテレビの利用が「娯楽目的」に留まっている限り、加入率は早晩頭打ちになることが見込まれる。その局面を打開する一つの切り札として、すでに挙げたような在宅医療支援の他に、自動検針システム、ホームセキュリティ・サービスなどの通信インフラ機能も期待されているというのである。

西の議論では、議論を単純化するために放送を娯楽目的とかなり限定的に捉えているきらいもある。これまでケーブルテレビというメディアが登場して以来、ケーブルテレビ機能の中では放送が「主」で、それ以外の付帯サービスは「従」という位置づけがされ続けていた。しかしこうした構図はかなり揺らいできており、主従が逆転したものにさえ見られうることを、この議論から確認することができよう。

福祉サービスとして導入されるようになった通信機能などのアプリケーションは、即、住民生活の利便性向上につながっていることから、より重視されるようになったと見ることができる。その一方で、メディアの多様化という背景もあろうが、どんなことを伝えるのかという「放送」については、これまでほど関心が高くなくなってきていることは確かであろう。西のような議論の中に、ブロードバンド時代の放送機能の将来像が垣間見られる。このようになってくることで、どのような問題が予見されるのであろうか。

三　予想される懸案事項

目下のケーブルテレビ業界の課題としては、「デジタル化への対応と広域化」ということにあるという。(8)容易に想像されるようにこの二つの要素は密接に絡まっている。すなわち、ブロードバンド化・デジタル化対応に向けた莫大な投資により、ケーブルテレビの経営環境は大きな制約を受けることになる。(9)ケーブルテレビとしては経営の効率化を迫られ、自ら統合化なり広域化なりの施策を取らざるを得なくなるのである。

近年のケーブルテレビの経営状況を見てみると、累積赤字はあるものの、確かに単年度では黒字化している。これはインターネット接続による増収効果が大きいとされる。(10)今後、競合環境が激化する中で、これまでのようなケーブルテレビの通信インフラとしての相対的な優位性は必ずしも磐石ではない。実際に、ADSL（非対称デジタル加入者線）の価格低下競争に巻き込まれる形で、ケーブルテレビのインターネット接続料を値下げする動きは相次いでいる。(11)これからは爆発的な加入者増加を見込めないどころか、さらなる値下げによる過当競争の激化は確実視されており、今までのようなインターネット接続サービスが〝ドル箱的要素〟ではなくなることは確実と思われる。都市型ケーブルテレビに顕著に見られるように、MSO傘下に入るということ自体もますます増加しそうな勢いである。そこで注目されているのが、局間の経営統合化や広域の局間での提携という話である。局の独自性、独立性をどこまで認めるのかという程度の問題こそ残るものの、共有化、共通化によって、できるだけ効率的に進めていこうという動きが加速している。

こうした事態を「地域メディア機能の形骸化」を加速するものと断ずる意見も強い。川島安博は、放送の高度化に伴い変容するケーブルテレビの現況を考察した[12]。地域社会に対して何らかの形で貢献する義務があるケーブルテレビが、産業化という要請に足をすくわれる形で、事業者間のネットワーク化が相次いでいる。その結果として、系列や提携した各局の独自性が失われるとの見解を示しており、これに懸念を示している。

筆者としては、川島の見解については同意する部分が多い。しかし広域化については、様々なバリエーションがあることも確かである[13]。川島はMSOに代表されるような都市型ケーブルテレビの例を引き合いに出しており、最近展開の新局面を見せている地域間のネットワーク化についても、実態を踏まえた検討が必要ではないだろうか。

これまでのレビューを通して、通信と放送の融合化をもたらす技術革新としてのブロードバンド化は、その存在意義としての①通信機能特化という性質、②地域依存性が大きく揺らいできていることを確認しておきたい。

四　広域連携の形

総務省の分類によれば、広域連携の形として3分類が存在するとしている[14]。

①地域において隣接する事業者が、ネットワークを整備し連携するもので、例としては、富山県と三重県などとされる。

②県の整備する広域ネットワークを利用した連携。佐賀県、大分県の事例である。

③デジタルヘッドエンドの共用・共同事業の展開。日本デジタル配信、東海デジタルネットワークセンター、東京デジタルネットワークとしている。

①と③に関しては、やや曖昧な境界線であり、特に銀河ネットワークを分類する場合は、どちらに位置づけるべき

なのかにわかには判断できない。

また、上の三つの類型とは異なる、「ＭＳＯ（Multi System Operator）」と言われる、持ち株会社方式によるケーブルテレビ経営の効率化などとして、例として、株式会社ジュピターテレコム、ケーブルウエスト、ジャパンケーブルネット株式会社などを挙げている。

ネットワーク化の利点としては、大きく二つの側面があると言われる。事業場の提携・協力による低コスト化、という側面と、サービス提供・向上に向けたネットワーク化＝インフラのネットワーク化によるサービスの改善、である。

改めて本章における問題意識を整理するならば、以下の三点に集約できる。

(1)　合併やＭＳＯとは異なる、「ネットワーク化」とは何か。

(2)　ネットワーク化のメリットはどのように認識されているのか。

(3)　ネットワーク化の具体的な課題点は何か。

五　リサーチフレームと調査方法

「通信と放送の融合」という要因によって、ケーブルテレビをめぐる状況が大きく変化していく中で、地域情報の流通に与える影響を考察することは焦眉の急である。にもかかわらず、産業論、技術論からの言及はよくされるものの、社会学的な研究は未だ乏しいと言わざるをえない。調査対象と内容は以下の通りである。

(1)　銀河ネットワーク事務局に対するヒアリング調査。設立までの経緯、現状評価、今後の構想など。ヒアリング調査は二〇〇四年一月九日に銀河ネットワーク株式会社企画部長の斉藤豊氏、同社の総務部長の藤原伸彦氏（岩手ケーブルビジョン株式会社　参与、岩手県ケーブルテレビ連絡協議会事務局長を兼任）、同社の技術部長である和山和人氏（岩手ケーブルビジョン株式会社　取締役業務本部本部長代理を兼任、いずれも当時の肩書である）に対して行った。

(2)　銀河ネットワーク参加社への個別インタビュー。銀河ネットワークに対する認識（どのように見ているのか）、現状評価、今後の構想など。対象局は、岩手ケーブルビジョン（二〇〇四年一月九日）、和賀有線テレビ（同年一月一〇日）、水沢テレビ（同年一月一〇日）の三局である。

第三節　岩手県におけるケーブルテレビ事業の概況

一　岩手県の県勢と情報化

岩手県は東北地方の太平洋岸に位置し、東西約一二二km、南北約一八九kmと南北に長い楕円形をしている。その広さは北海道に次ぐ面積であり、日本の総面積の四%を占めている。面積一五二七八平方キロメートルは、神奈川県+東京都+千葉県+埼玉県を足し合わせた一三五五四平方キロメートルよりも大きいとのことであり、面積当たりの人口は極めて少ないことが容易に理解できる。豊かな自然を活かした農林水産業や年間四〇〇〇万人近くを集めた観光産業などで知られる。一九九七年以降、人口は減少傾向を示しており、二〇〇五年末では一三八万四千人となっている。

経済に目を転じて見ると、一人当たりの県民所得は、二〇〇二年度で二、四二六、〇〇〇円であり、一人当たり国民所得を一〇〇とした場合の県民所得水準は、一九九〇年度の七八・四から年々その差が縮小傾向にあり、二〇〇二度

表7－1　都道府県別の情報化指数

都道府県名	携帯電話・PHS契約数人口比	インターネット人口普及率	ブロードバンド契約数世帯比(DSL、CATV)	携帯インターネット人口普及率	BS放送（NHKBS）契約数世帯比	CATV契約数世帯比	情報通信業の有業者の割合	ソフト系IT産業の事業所数	教育用PC1台当たりの生徒数（人／台）	学校の高速インターネット接続率
青森県	52.1%	26.8%	16.8%	23.5%	28.1%	11.5%	0.8%	214	8.8	55.8%
岩手県	51.7%	31.5%	17.5%	27.9%	37.1%	13.8%	1.0%	230	5.9	42.7%
宮城県	77.1%	43.5%	24.7%	32.9%	32.5%	16.9%	2.1%	614	8.8	59.6%
秋田県	51.9%	36.4%	19.9%	20.7%	41.4%	8.7%	0.8%	202	6.3	59.1%
山形県	54.2%	44.2%	24.2%	30.5%	37.4%	13.9%	1.1%	228	8.9	65.2%
福島県	53.9%	39.0%	17.2%	36.0%	29.8%	0.8%	1.0%	302	7.4	74.8%
全国平均	71.1%	49.7%	27.6%	38.9%	24.8%	35.9%	2.7%	35,957	8.8	71.5%

は八五・二となった。(15)

次に地域情報化に着目してみたい。

岩手県では、県を上げての高度情報化施策を策定している。一九九八年以降の主な情報化計画を挙げてみると、

①イーハトーブ情報の森構想（一九九八年四月策定）
②いわて情報ハイウェイ基本計画（二〇〇〇年二月策定）
③岩手県高度情報化戦略（二〇〇一年三月策定）
④岩手県行政情報化推進計画（二〇〇一年三月策定）
⑤岩手県統合型地理情報システム整備計画（二〇〇三年三月策定）、となっている。

従来までの岩手県の情報化政策の中では、「モバイル立県」にみられるように「モバイル端末」に重点が置かれ、ケーブルテレビというメディアがあまりとりあげられてこなかったことに留意しておきたい。(16)

このような県の旗振りにもかかわらず、県全体の情報化は進展しているとは言い難い。

例えば、都道府県別の「情報化指数」(17)（表7－1）で比較して見ても、岩手県民の携帯電話・PHSの保有率、インターネット人口普及率、ブロードバンド契約数世帯、ケーブルテレビ契約数世帯などいずれも全国平均から比べると

図７－１　情報基盤整備で早期に実現して欲しいこと

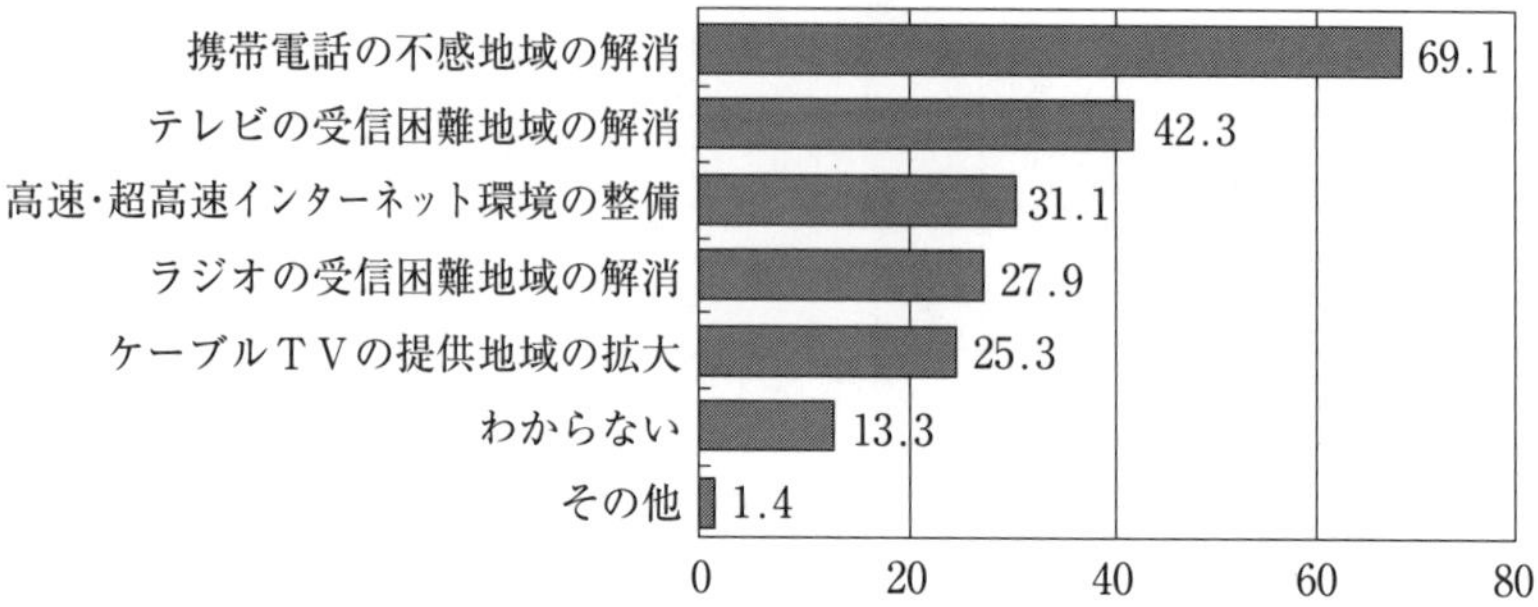

一〇ポイント以上低く、全国的に見ても日常生活における情報化はあまり進んでいないと言える。さらに言えば、これらの情報化指標として挙げられている数値は、東北六県の中でも比較的低い傾向にある。

また情報通信に関するさらに興味深いデータとして、県が行った「県民の情報化に関するアンケート」結果[18]を見てみたい。ややデータとして古いきらいもあるが、県民全体の傾向が垣間見える。

「岩手県内の情報通信基盤の整備に関して、早期に実現して欲しいもの（三択まで）」という問に対して、「テレビの受信困難地域の解消」（四二％）、「ラジオの受信困難地域の解消」（二八％）といった放送受信のインフラ整備の他、さらには「ケーブルテレビの提供地域の拡大」（二五％）といった結果も高くなっている（図７－１）。この意識を表す数字は、岩手県民自身が放送を含む地域情報の環境に十分に満足できていないことを物語る。ちなみに同設問での一番回答が多かったのは、「携帯電話の不感地域の解消」（六九％）となっており、同じ通信サービスといっても「高速・超高速インターネット環境の整備」（三一％）を大きく引き離している。このように意識される背景として、平野が少なく、山間地が多い岩手県の地理的特質があることは確実であろう[19]。

以上が岩手県の概要と、情報環境についての概況である。次にケーブルテレビの置かれている環境について見てみることにしよう。

表7－2　平成14年度におけるケーブルテレビの普及率
（自主放送を行うケーブルテレビ）

県	加入世帯数	普及率
青森県	59,408	10.8%
岩手県	63,638	13.1%
宮城県	126,381	14.9%
秋田県	25,584	6.3%
山形県	49,888	12.9%
福島県	5,567	0.8%
東北合計	330,466	9.8%
全国	15,165,931	31.2%

二　県下のケーブルテレビの概況

表7－2に見るとおり、岩手県を含め東北地方の各県でのケーブルテレビ普及状況は全国平均と比較すると極めて低くなっている。東北六県の中での岩手県の位置づけは、普及率ベースでは、宮城県に続いて高いものの、一〇％台にとどまり、全国平均に遠く及ばないのが実状である。

岩手県内では、九つのケーブルテレビ局が存在している[20]。この九局のうち、「遠野テレビ」と「テレビ都南」は、遠野市、盛岡市が運営する自治体型である。和賀有線テレビは、ＭＰＩＳ施設である。

また「引き込み工事を行えばすぐにサービスが受けられるという、いわゆる「ホームパス」ベースで、県内総世帯数の約四割をカバーしている。この低普及率ゆえに、事業としての利益はあまり出ていないのが実状である。

このような地域性の中に、銀河ネットワークが誕生している。

三　岩手県のケーブルテレビ協議会

銀河ネットワークは、すでに存在していた岩手県ＣＡＴＶ連絡協議会の存在抜きには語れないだろう。

図７−２　岩手県内のケーブルテレビ局の地理的位置関係

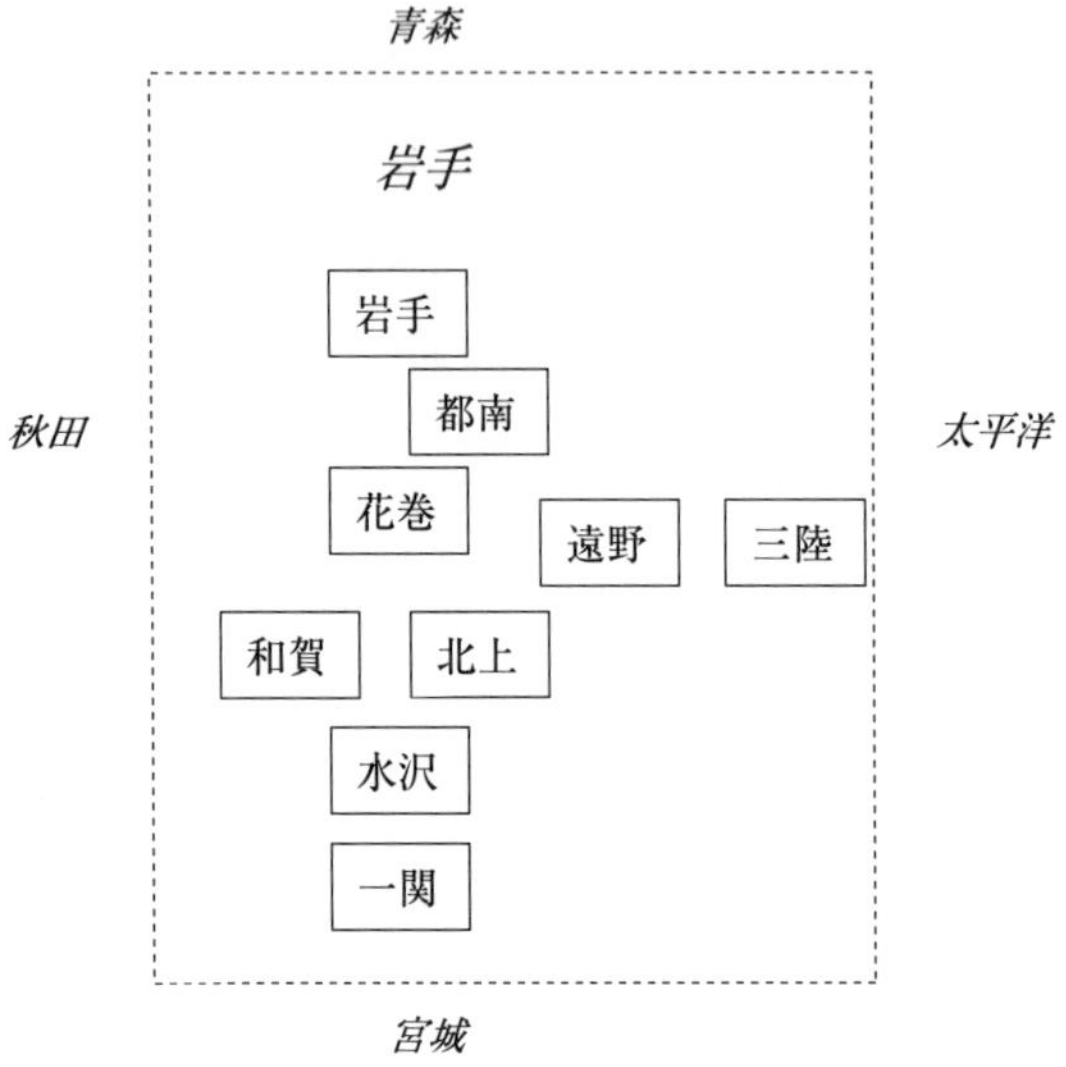

岩手県ＣＡＴＶ連絡協議会は一九九六年に設立されている。メンバーは県内九社に加え、宮城県の気仙沼ケーブルテレビが含まれている。協議会の活動としては、番組制作、営業などの部会に分かれ、情報交換などを行っている。

その研究会においては、県政情報や県議会中継の共同配信の実施、自主放送の共同制作・共同配信の実施を始めとし、放送のデジタル化、インターネットなどの新サービスを共同研究してきた。この岩手県ＣＡＴＶ連絡協議会と銀河ネットワークの事務局は同一であり、岩手ケーブルテレビジョンの中に置かれている。

これまでのケーブルテレビ局同士の相互提携の例をより詳細に見てみよう。自主制作番組としては、協議会の中にある制作部会が音頭をとり、「月刊みちのく情報局」が制作されている。これは地域を五つのブロックに分け、その地域のケーブルテレビ局が共同で月一本を制作するもので、番組内容はリレー形式での地域の話題、イベント情報など三〇分番組が標準となっている。この番組の放送時間帯については、各局の判断に委ねられている。県外のＣＡＴＶ加入者に対しても、「Cチャンネル」にて配信されている。二〇〇五年八月には、六〇分拡大番組も制作されるなど、地域にも徐々に定着してきているものと思われる。

それ以外にも各社間の番組交換は以前から活発に行われている。岩手ケーブルでは、全国的にもファンの多いみちのくプロレスの情報番組「サスケ大作戦」を県内外に提供している。[21] 三陸ブロードネットが提供する釣り番組「フィッシングクラブ」も、エリア外でも人気の番組という。和賀有線テレビからも、情報バラエティ番組「ワンパラQ」が県内三局に提供されている。また、「春の藤原まつり」（一関ケーブルネットワーク）をはじめとする特別番組も、随時局間でのやり取りがなされている。これらの番組を県内各局に伝達する方法としては、ビデオテープの搬送が一般的に行われているという。

番組制作における共同的な取り組みとしては、二〇〇四年九月の「花巻まつり」の際に、地元の花巻ケーブルテレビ以外から、北上、和賀、水沢、遠野の四局計九人のスタッフが応援に駆けつけ、三日間にわたり二元中継（六カメ）による生中継を行っている。[22]

また、ＣＡＴＶ連絡協議会としても番組制作の組織があり、番組の共同制作・配信を行っている。先述の「月刊みちのく情報局」の他、協議会が窓口となって、県（庁）の広報番組の提供、県立大学の公開講座（二時間を生中継し、そのまま録画ＶＴＲにまとめ各社に配信）、県議会中継、気象情報の共同配信なども進めている。また防災情報として、岩手山火山情報（実験放送）、北上川河川情報（協議中）などがある。

以上見てきたように、岩手県内では、ＣＡＴＶ連絡協議会としても、各ケーブルテレビ局間でも、番組の共同制作や番組交換が頻繁に行われてきた実績を有しており、かつ地域内で良質な番組コンテンツや素材も保有している。

第四節　銀河ネットワーク

一　発足の経緯

ここで設立の経緯を振り返っておきたい。要約して言えば、もともとは東北地方において県単位でデジタル化についての勉強会を開催しており、岩手で実験プロジェクトして立ち上がったものが銀河ネットワークへとつながっているという。

前出の岩手県ケーブルテレビ協議会でデジタル化対応に向けた勉強会を開き検討している折に、斉藤氏が東北電力から訪問したことをきっかけとして、ともに勉強会を行うようになった。事実関係としては、二〇〇〇年八月から「地域マルチメディアネットワーク研究会」が月一回ペースで開催されており、さらに同年八月、斉藤氏が東北電力グループの情報通信事業統括会社であるコアネット東北に異動となった。

二〇〇一年二月に、増田県政の方針として「モバイル立県構想」が発表される(23)。ただし、ケーブルテレビが構想の中には含まれておらず、県の情報推進施策からケーブルテレビが取り残されるかもしれないという危機感から、岩手県CATV連絡協議会とコアネット東北が共同して二〇〇一年四月に「銀河デジタルネットワーク構想」を発表したという。同年六月に岩手県内のケーブルテレビ局とコアネット東北によって広域ブロードバンド・サービスの早期提供を目指す「銀河デジタルネットワーク企画株式会社」が設立され、銀河デジタルネットワーク構想の実現を目指し、事業性を検討することとした。一年後の二〇〇二年六月に開催された定時株主総会において、「銀河ネットワーク株式会社」に社名変更を行った。事業内容と今後の事業展開について見通しが得られたことから、事業会社への移行を

表7－3　県内ケーブルテレビ各局の銀河ネットワークへの参加状況（2006年2月現在）

	岩手県ＣＡＴＶ連絡協議会	銀河ネットワーク	ケーブルインターネットサービス（ISP事業）	ブロードバンド・サービス（30Mbps以上）	ＩＰ電話	東北ケーブルテレビネットワーク
岩手ケーブルテレビジョン	○	○	○	○	○	○
北上ケーブルテレビ	○	○	○	○	○	○
水沢テレビ	○	○	○	○	○	○
一関ケーブルネットワーク	○	○	○	（最大1.5Mbps）	今後参入予定	○
和賀有線テレビ	○	○	○	（最大1.5Mbps）		×
三陸ブロードネット	○	○	×	×	×	○
花巻ケーブルテレビ	○	○⇒×	※1			○
遠野テレビ	○	資本参加せず、オブザーバとして参加	※2			○
テレビ都南	○		×	×	×	×

※1：花巻ケーブルテレビは2004年7月末に一旦廃業し、その後運営事業者が変更のうえ引き継ぎ営業を行っている。ＩＳＰ事業は、岡山県の通信事業者㈱エヌディエスに業務委託する形をとっている。

※2：遠野テレビは、遠野市が運営する自治体主導のＣＡＴＶであり、遠野テレビのＣＡＴＶネットワーク内のみで利用可能な遠野市イントラネット「遠野うぇぶ」の運営と単独でのＩＳＰ事業を行っている。

決めたという。岩手県ケーブルテレビ協議会のメンバーである都南と遠野は、自治体直営であり、株式会社に出資できないため、名目上は会員ではないものの、実質的なメンバーであるとの位置づけであった。各ケーブル局の参加状況、アプリケーションサービスの提供状況は表7－3の通りである。

　本社は盛岡に置かれ、社長は岩手ケーブルテレビジョンの和山社長が兼務した。ちなみに調査時点では、和山氏は岩手県ＣＡＴＶ連絡協議会会長も兼務している。銀河ネットワーク株式会社の資本金は一〇〇〇万円であり、出資の構成比率は、コアネット三分の一、その他三分の二は加盟社負担となっている[24]。

　これまで見てきた通り、東北電力の関連会社であるコアネット東北が深く関与していることが特徴である。今回話をうかがったコアネット東北の斉藤氏が企画案を持ち込み、協議会とともに検討を行ってきた。斉藤氏こそ銀河ネットワークの〝生みの親〟であり、その後の推進役とも言える。コアネットは情報通信関連分野を事業領域とするものであるが、それ単独では地域での事業推進の母体ではない。銀河ネットワークはケーブルテレビ局との共同事業で成り立っているものである。斉藤氏の説明によれば、具体的に事業化し会社を設立しようという動きは、ケーブルテレビ局の経営サイドから提案され、持ちかけられるということであった。

ここで東北電力側の事情についても若干触れておく必要があるだろう。東北電力の事業ドメインはもちろん電力である。従って情報通信は「傍流」であるとされるが、この位置づけ自体は、日本各地に存在している電力各社によって異なるという。東北地方で情報通信事業を展開していくことの事業性については、「事業として情報通信をやっていける土壌ではない」としている。特に東北地方の《市場性》という観点から言えば、面積の広大さ、人口・世帯数の相対的な少なさ、高齢化率の高さ、人口集中地区の低さ、県民所得の低さ、インターネット・ブロードバンド普及率の低さといった問題が指摘された。しかし東北電力にとっても、電力の品質維持と安全性確保、経営効率化といった理由から通信網を利活用しており、グループ会社によって情報通信事業が営まれている(25)。

コアネット東北は、東北電力一〇〇%出資の子会社であり、一九九八年一二月に設立された。資本金は一二五億円で、「企画会社」という位置づけである。二〇〇〇年三月に新潟を含む東北七県のケーブルテレビ事業者など二〇社と、東北電力グループの東北インテリジェント通信株式会社とともに、「地域マルチメディアネットワーク研究会」を開催し、ケーブルテレビのデジタル化に向けた東北地域のマルチメディアインフラの役割、最適な構築法、新たな広域サービスの創出などについての研究を始める。岩手県側から見ると、デジタル化対応のための勉強会からコアネット東北が関与し始めたことになる。

ケーブルテレビ側の個別の事情はあるものの、銀河ネットワークの設立は合意された。先述の通り、会社を作ろうという働きかけはケーブルテレビ経営者の側から始まった。コアネットとしては、既存の情報通信ネットワークをうまく利活用して、「生活の充実」と「地域産業の振興」を企図しており、すでにネットワークとして機能していたものの一つとしてのケーブルテレビと一緒にやってみようということになった。当初から「インフラ整備に必要以上にお金をかけられない」ので、戦術としては、広域連携、官民協働、サービスの重層化といったことがキーワードになるとの認識であった。

このように共同事業として、ケーブルテレビ連携をすることのメリットとして、インターネットの共用、上位回線の調達への効果が期待されていた。

ここでいくつか確認しておきたいのは、銀河ネットワークは、

(1) 放送のデジタル化に対応するためというのが、設立の直接的なきっかけである。

(2) 岩手県ケーブルテレビ協議会という事業運営体だけではなく、コンサルタント的な位置づけから、コアネット東北という外部の力を得て出発している、という点である。

二　活動の状況

銀河ネットワークの事業・活動の概要について概観しておこう。

銀河ネットワークは、ケーブルテレビにサービスを提供していることから、ケーブルテレビ事業者は「顧客であり、ユーザー」との位置づけである。銀河ネットワーク側ではネットワークや共同設備を提供し、そのうち各事業者は自らの事業にプラスになるものを導入し、共同で新しい事業に取り組んでいくというスタンスを取っている。事業規模は二〇〇三年で約八〇〇〇万円とのことである。事業内容としては、ケーブルテレビ事業者へのインターネット接続

環境の提供（上位接続）、そしてセンター設備やホスティング保守という形で各社にサービスを提供している。実務作業は委託費を払い、ケーブルテレビ各社に委託しているとのことである（現在は、具体的には岩手ケーブルビジョン、北上テレビなどへ委託している）。事業の意思決定機関は取締役会と株主総会である。(26) 専任スタッフはおらず、兼務のみである。実際上の企画調整作業はコアネット東北の斉藤氏一人で行っている。

事業内容の現状の評価としては、放送センター、広域ネットワーク、インターネットサービスそれぞれに関して統合による効果が見られるという。各社の設備の違い、例えば伝送帯域の違いが及ぼすネットワーク統合への影響はどのようなものがあろうか。放送ではサービス統合に問題があるが、通信では双方向であれば支障がないとしている。通信から先にネットワーク化しており、放送サービスの統合は後回し的になっている。放送ではデジタル放送への対応が先決であるとされる。共同放送センターの設立による広域へのデジタルネットワークの整備が課題とされている。デジタル放送への対応など技術面が先行しており、ソフト方向への展開は未着手である。番組の共同購入については、銀河ネットワークとしては広域ネットワークが整備されてから後のことになる見込みである。

主な収入源は、広告収入であり、健康食品関連のインフォマーシャル、他のスポット広告を行っている。銀河ネットワーク単体としては、二〇〇三年度は黒字であったという。

事業性という観点から見た場合、コアネット東北の立場としては、各ケーブルテレビ事業者への卸事業に特化すれば、ビジネスとして成り立つであろうという見通しを持っている。構想時の事業内容の見通しと現実とのズレは、ほとんどないという。ケーブルテレビへの卸売りの機能はビジネスモデルとしては成功しているのではないかという認識であった。

ケーブルテレビが選択されているのは、テレビとインターネットを総合的に提供できるメディアという理由からである。実際の役割分担として、「共同放送センター」「広域デジタルネットワーク」は銀河ネットワーク、そして個別地区の伝送路の整備は各ケーブルテレビ局という区別が明確になされていた。

三　銀河ネットワークの評価

ここからは参画している事業者のそれぞれの評価や認識について見ていきたい。

（1）岩手ケーブルテレビ

岩手県のケーブルテレビ協議会の事務局の立場から、銀河ネットワーク方式は「合併」ではなく、「協同組合方式」であるとし、肯定的に捉えている。すなわち、銀河ネットワークは、「それぞれの局を縛るものではない」との認識である。

銀河ネットワーク、ケーブルテレビ協議会ともに幹事的な役割、銀河ネットワークの現状評価としては、「それぞれの案件に対して、ケース・バイ・ケースで対応し、うまく行っている」「悪いことは全くない」とのことであった。端的には「それほど難しい話ではない。営業的なまとまりとして各社がやっているところはそのままにして、インターネットやデジタル対応など『新しくできたもの』を中心に。伝送路とコンテンツ面でみんなでできることをやろうとしている」という発言が聞かれた。現段階としては「(デジタル化対応やインターネット事業など）新しいことで、どうしても取り組まざるを得ない部分に関して、まず知識的な部分をネットワーク化し、その後物理的にネットワーク化していく」としている。変化が激しいので、「次々にモデルを考え直さなくていけない。経営環境の変化に気を遣う。短期的スパンでは選択を間違うこともありうる」と舵取りの難しさも率直に認めていた。

また銀河ネットワークの構想は、「どんどん進めていきたい」という認識が聞かれた。さらには、「銀河ネットという一個の会社になれば良い。将来的には東北で一個くらいになればよいのではないか。スケールメリットを活かした商売である以上は、東北（という単位）が適切である。人口の規模を考えるならば、まずは岩手県内から始め、東北に広げるのはどうか。営業面、ソフト的には東北全体というまとまりが考えられる」としている。このようなネットワークへは〈合併する〉という形ではなくて、それに〈参加する〉という形態をとることを念頭においているようである。続けて引用するならば、「（一つになることによって）それまでの局の地域性や番組作りの多様性がなくなるということは決してない。顧客に対して有効な情報を届けられるならば、形態自体は構わない」。ケーブルテレビ契約者にとってはひとつであることの利便性を次のように表現している。「同一の料金であり、ドメインも同じ、番組も変わらず、岩手の情報も宮城の情報も得られるならば、それに越したことはない。例えば、岩手から宮城に引っ越した時など住民の異動時に便利である」と想定される。

ネットワーク化の展望については、よりよいサービスが受けられるよう、県や国の資金的な支援は必要であるとの立場である。「資金が欲しい。ＩＰ電話導入に関して銀行と相談したが、厳しかった。今回は数千万程度のＩＰ電話だったのでよかったが、これからは資金調達が課題となる」と見ている。銀河ネットワークの場合、それ自体には担保力がないところがネックとなっているようである。

次のテーマとしては、各社に共通する業務である加入促進、顧客管理と番組制作などを何とか協力してできないかを考えている。制作面についても各社で制作要員を数名ずつ抱えており、それをあわせば数十名という規模になる。もう少しレベルの高いことができるのではないか。マンパワーのやりくり、機材の共有なども検討していかなくてはならないテーマである。

銀河ネットワークの今後に関しては、本来のケーブルテレビがうまく行き、なおかつ銀河ネットワークが軌道に乗り、色々な調整がうまく行くという期待感を示した。「銀河ネットワークを導入したが、ケーブルテレビの加入者が増えないという悪循環は避けたい。銀河ネットワークとケーブルテレビの相乗効果を狙う」。銀河ネットワークを使い、スケールメリットを活かした積極的な経営を行いたいとの意向が示された。

（2）水沢テレビ

水沢テレビは、一九八四年に会社設立、一九九二年に有線テレビジョン放送施設設置許可を得て、一九九四年に放送サービスを開始している。岩手県南部に位置する水沢市をサービスエリアとしている都市型のケーブルテレビ局である。開局時よりコミュニティ番組に注力しており、制作部門に手厚くスタッフ配置している。エリア内に難視聴区域はない。一九九八年単年度黒字を達成し、二〇〇五年に累積赤字を解消することを目標としていたが、解消までにはやや時間がかかると見ている。

銀河ネットワークの経緯について、加盟局の立場から聞いた。

水沢テレビも加入している岩手県ケーブルテレビ協議会では、「デジタル化は決まっていたことなので、それに対して各局がどのように対応していくのか」ということが話題になっていた。岩手県の場合は局数が多く、県土が広いので、それぞれの局でそれぞれのデジタル化への投資をしていたのでは、立ち行かなくなるのはわかりきったことになっていた。銀河ネットワークの立ち上げに関しては、水沢テレビの佐々木社長も積極的に関与して、ケーブルテレビ協議会の中で何度か話し合いを持ち、「共同でヘッドエンドを作って共有し、デジタルに対応していくのが得策であろう」ということで、銀河ネットワークを立ち上げを推進していったとのことである。東北電力に声をかけた発端は、「インフラということだけではなくて、持っている色々なノウハウを協力いただければ、よいものになるのではないか」ということであった。「自前でインフラの整備はなかなか難しく、他力本願になるが、他のインフラを利活用できればよい」としており、東北電力や公的なインフラおよびその資金を引き出せることに期待を寄せている。そのような意味で、銀河ネットワークとして共有することのメリットを強く感じているようである。

現在はデジタル化への対応に先行して通信事業が中心となっている。銀河ネットワークへの期待としては、もともとデジタル化への対応ということが一つの目的であったが、その時点では先の話であったので、形として会社があった時に「何から始めようか」ということが問題になったという。その時に出てきたのが、放送だけではなくて、すでに他で始めているところがある通信事業の展開という話であったという。通信事業だと、設備面や回線の共同購買といった「共有」ができるというメリットが感じられた。

将来的にはコンテンツの購入にしても単独で調達するよりも、共同でのスケールメリットを活かせることを期待している。まずはばらばらで購入している番組を共通化することから始める。それぞれのケーブルテレビ局には個性があり、チャンネル構成は大きく異なるが、共通するものがあれば、そこから始めていきたい。ここで言われている「共通するもの」とは、多チャンネルにおけるCS系の番組である。

さらに、水沢では将来の見通しとして、銀河ネットワークを中心とし「系列局」のようになって、統一できるところは全部統一すればよいとしている。しかし全部と言っても実際にはなかなかそういったことは難しく、「コミュニティチャンネル以外が統一すればよい」としている。コミュニティ番組はそれぞれのケーブル局で作成し、全体で共有できればよい。いずれにしても局間を越えて徐々に、同じプログラムを増やしていきたい意向である。実際に例として挙げられたMSOのジュピターのように、コミュニティ番組以外を統一できれば、「コスト的なことに関しては、ある程度メリットが出てくるのではないか」と考えられる。「みんな同じ色になってしまうというわけには行かないので、それぞれの局が個性を持ちつつ、そういうスタンスでいくのがよい」。統一的な番組を作るという動きについて、制作サイドとしては、将来コンテンツとして銀河ネットワークで流していくように考えている。ただし銀河ネットワークでの制作というよりは、ケーブルテレビ協議会での共同制作という形をとることになる。その形としては、「デジタル配信でサーバーを銀河ネットワークに置いたということになれば、制作は協議会で、配信元は銀河ネットワーク」という役割分担が考えられるという。

将来的には銀河ネットワークの名の下に経営統合ということがありえるのかという問に対しては、「それぞれが開局の経緯が異なり、現状も異なるので、経営統合までは困難であると思う。局間の小さな統合はあるかもしれないが、銀河ネットワークを頭にして一まとめにということは現実的にはないだろう」という見解が聞かれた。

ネットワーク連携することによって、それぞれの「バックアップ体制が問題になってくる」との指摘が聞かれた。つまりトラブルがあった時に自分の局だけではなくて、他局に対する責任も出てくるだろうというものである。つまり、それぞれネットワークを持ってコンテンツの配信にしても、物理的にネットワークでの配信ができなくなるといったトラブルが起きた時にバックアップ体制とセキュリティ面での問題が生じてくる。今までは自局だけで対応していればよかったのだが、ネットワークでつながっている全部のケーブル局への問題と責任が生じてくるというものである。このような問題が考えられるものの、銀河ネットワークによる直接的なデメリットについてあまり考えたことがないという。

メリットとしてはコンテンツを共有できる部分があれば、各局での放送サービスの内容が豊富になること、さらには情報のやり取りが可能になれば、ソフトやコンテンツの開発を共同して分担し、共有することで無駄を省くことができるといったことが指摘された。「一局であくせくするよりもネットワークとして共同で作業した方が効率的な部分もあり、さらに質のいいものができ、重複してかかっていた労力も減ってくる」。

顧客管理に関してはメリット、デメリットがある。すでに上位回線で共通している通信に関しては、いずれ顧客の管理をどうするのかという話を進めている。一元化する方がコストやスタッフ面での削減が期待できるが、一方で苦情に対する対応が低下してしまうのではないかという懸念も示された。「ある程度分担してやる方法はあるので、統合できる部分は積極的にできるだけ統合して、それぞれの局でやらなくてはならないところは、そのまま残してやっていくということを考えた方がよい」とのことであった。加入促進に関しても一元化するメリットが考えられるとしている。

また通信でメニューを統一することで、品質自体をアップすることができると考えている。「ＩＰ電話などでの共通化など通信で先行しているが、放送でもできるのではないか。ホームページにしても各局扉は統一して、その後中身は各局でということも考えている。ホームページ内での番組内容の紹介にしても、共通のページに飛ばすことも考えられるし、現在個別の局で配布しているプログラムガイドにしても共有できることはたくさんあるだろう」(27)。

今後の見通しについては、資金をどのように得ていくのかが課題となっている。銀行から借り入れるにしても、事業性によって判断される。県や自治体からの直接的な補助だけではなくて、「信用の供与といったバックアップ体制」が得られるか、どうかが重要である。実際にはこのような信用供与が難しいので、なかなか資金は得られない。銀河ネットワークが目指すモデルは今のところなく、岩手は独自路線を行っていると言える。例えば、県域のネットワーク化が進んでいると言われる富山や三重はそれぞれガリバーのケーブルテレビ局が存在し、それが主導的に事業を進めている。また県や国のバックアップ体制がしっかりしているという面もある。望ましいのは国の資金援助であり、デジタル化への支援施策を総合的にすべきである。送り手の伝送路や設備のみではなく、ユーザーのテレビ買い替え補助などといった需要喚起という観点からも支援が必要であるが、現実にはそこまで行っていないとのことであった。

（3）和賀有線テレビ[28]

一九九一年に会社設立、開局は一九九四年四月である。この設立時期は岩手県内としては後発である。いわゆる「MPIS施設」で、農村高度改善事業の一環として設立されている。放送サービスエリアは全般的には難視聴エリアではないが、西部に一部難視聴があり共同アンテナを立てている。農協が主管する有線放送電話が前身で、ケーブルテレビ設立とともに廃止されている[29]。同じ北上市内には「北上ケーブル」があり[30]、こちらの方が設立は早い。北上ケーブルは都市型ケーブルテレビであり、行政も出資する第三セクターとして運営されている。

銀河ネットワークに対しては、インターネットサービスにメリットがある（「安くなる」）という捉え方をしている。二〇〇三年一一月に銀河ネットワークのインターネット接続を開始する以前は、別の上位回線を利用したケーブルインターネットサービスを開始していた。多くのケーブルテレビ局で指摘されることだが、ケーブルインターネットは収益が上げやすく、ケーブルテレビ局全体の中では、例えば、放送サービス部門が赤字を出したとしても、それを補てんするような構図が多くのケーブルテレビ局で散見される。和賀有線でも同様の見解であり、「デジタル化に向けて莫大な投資が必要ということもあった。テレビだけでは頭打ちな感じがあり、事業として少しでも収益を上げて貯金をしましょうという考えもあって導入した」という。

銀河ネットワーク提供する、言わば「インターネット回線の卸売り」のメリットについては、「銀河ネットトに換えたというのは、料金体系が変わって安くできる、メガ単価が安くなったということがある。またこれからIP電話の導入を考えていたので、銀河ネットワークでもそういう計画があるということで、それも視野に入れている」とのことであった。

一方、課題点としては、銀河ネットワークにおける資金面での懸念が聞かれた。「非常に構想はよいのだが、金銭・資金面をどうするのかが難しい」という。銀河ネットワークの事業に対して資金面での支援が各構成ケーブル局に寄せられた場合、それに各局がどこまで対応できるのかといった点である。「できるだけ各局からの持ち出しを少なくするようにどうにかしないと。例えば、県や国からの補助金がないとやりくい」。つまり、営利企業としての枠組みではなく、県や国からの補助金が得られないかという意見である。各局が資金を持ち出す、寄り合い所帯であるだけに、その財政的基盤をいかに強固なものにしていくのかが課題である。あるいは事業などで資金面での必要性が生じた時に、もともと体力差があるケーブル局がそれを支えていくことは並大抵ではないだろう。また、銀河ネットワークの現状については、「サプライヤーからの共同購入など、もっとやれたんだろうけど、まだまだ足並みがそろっていない」との認識が聞かれた。

銀河ネットワークの今後に向けては、特に番組交換に対する期待感を表明していた。和賀有線テレビでは、「リクエストチャンネル」として、電話リクエストによるコミュニティチャンネルのオン・デマンド配信を行っている。そのため、ネットワーク化が進展すれば、「将来的には、情報の共有化など、リクエストチャンネルでの番組交換のメリットもある」という。つまり、自局の番組だけでなく県内他局の番組もリクエスト可能になることで、配信可能な番組コンテンツが量的に増大し、質的にも多様化するメリットがある。

また、現在局間で行われている個別の番組のやり取りについても、番組交換のスピードアップがもたらすメリットを指摘している。現状行っているテープでの交換には、以下のような問題があるという。「今だとタイムラグがある。テープだとダビングしてから送るので、放映してから到着するのに三～四日かかる。それで三～四日後に番組表に載せるというのはとてもこわいので、どうしても一週間後ということになる。そうするとどうしても情報が古くなってしまう」。つまり、テープ交換では、テープの物理的なやり取りにともなう物質的な粉失への不安と時間的な遅延への懸念がつきまとう。しかし、ネットワーク化することで、「早く情報を届けられる。そうすると見ている方もより親近感がわくというメリットもある。同時生中継もできることになる。今までは技術的にまったく不可能なことができる」ようになるという。

すなわち、ネットワーク化することで、「サーバーから好きな時に、早く、出せる」という番組交換の新しい可能性に、今後に向けた期待を寄せているようである。

（4）コアネット東北

ここまでにCATV事業者側三社の評価を見てきたが、最後に東北電力関連会社として銀河ネットワークに携わるコアネットの認識も見てみることにしよう。

ケーブルテレビ各社がこれまでやってきたことは、これからも各社で取り組んでもらうということが基本的な考え方である。銀河ネットワークがあえてすべきこととは、「新たに出てきたことをする」。つまり「デジタル放送の対応」「インターネットサービス」「IP電話」などである。ケーブルテレビ各社にしてみれば「寝耳に水」という印象を受けるような急に出てきた話であり、よくわからないものである。ケーブルテレビ局としては、これまでの放送サービスに加えて、そういうところにこれ以上労力を割くことは非常に困難なことである。新しいことは銀河ネットワークが取り組むので、本来各社として取り組むべきことと当面の経営課題に徹して欲しいとの考えである。このようにすることでお互いに「シナジー効果」が得られ、補いあう関係として回っていくようになればよい。県と国には事業に対する支援を求めたいとのことである。

問題点については、「各ケーブルテレビ局で経営感覚の判断が異なるので、統一的なことを話していくのは難しく、意思統一を図っていかなくてはいけないのは銀河ネットワーク企画部でつらいところ」としている。新しい事業のための意思決定を一つするにしても、お金が関わることなので非常にシビアにならざるを得ないという。現状の銀河ネットワークでは、台所事情が構成局頼みになっているのである。

全体としては「いいことをしている」と認識しているが、事業として成り立てばもっとよい。伝送路をきちっとすれば、本当によいサービスが提供できる。銀河ネットワーク自体が、バーチャルな会社ではなくて、きちんと認知される会社に育っていければよい。また銀河ネットワークの中で人事異動をできるようなつながりができるとよい。スポット的な人のつながり、そういうことを媒介的な存在として行っていく。例えば、総務や経理の業務は共同化しやすいのである。共有化のソフトを開発するのもケーブルテレビ局で可能である。外部の開発ベンダーが納めるものよりも価格的に抑えられる。そして銀河ネットワークから業務委託で、それを受託する加盟局へ業務としての対価を支払っていくというモデルである。

岩手県では競合相手が出てくることはあまり考えられない。「競えるほどの市場はない」からである。例えば、他社で今までの半分の値段で事業をやってくれるならば、県にとって「それはハッピーなこと」である。市場規模から言えば、「放送事業者は放送で、通信はNTTが光ファイバーで」といったように、地域の中で異なったプレーヤーが、別々に投資しても、回収できる見込みはない。それならば、統合されたケーブルテレビがサービスを継続していくことが一番の解決策になるのではないかと考えている。

四　行政とのかかわりと役割認識

結論を先取りして言うならば、ケーブルテレビ局と県の情報政策との具体的な接点、例えば協力・連携体制の構築については、現時点ではあまり見られない。

関係者のヒアリングで幾度となく聞かれた意見は、岩手県の情報化政策として、行政からの支援を期待するというものであった。「行政からの支援」と一言で言っても様々なレベルがあり、ネットワークの整備（形態としての「公設民営」）から、資金援助、信用供与など多岐にわたる。公的な取り組み、より具体的には、税金等を投入する官による補助事業が不可欠であると盛んに強調されていた。地域の合意を前提として、官民がそれぞれの役割を果たしつつ地域情報化を推進すべきとしている。

一方で行政側、とりわけ岩手県の情報化構想は、九八年以降相次いで策定されている。「イーハトーブ情報の森構想」（一九九八年）、「いわて情報ハイウェイ基本計画」（二〇〇〇年）などである。ここで言及されている「いわて情報ハイウェイ」とは行政ネットワークであり、ケーブルテレビに期待されるのは、県行政のメインネットワークを補完する民間ネットワークとして、岩手県が目指す「情報の森＝多層的ネットワーク」の一翼を担うものである。従って、ケーブルテレビはいくつかの情報インフラの中の一つとの姿勢が見られる。実際に岩手県は「モバイル（無線）立県」を主張しており、有線主体のケーブルテレビの戦略とは一線を画している。

情報ハイウェイ構想では、ケーブルテレビに関する記述が増えているものの、県からケーブルテレビ協議会ないしは銀河ネットワークへの働きかけや依頼などは特にないという。県の情報化のマスタープランに、すでに存在している地域のインフラとしてのケーブルテレビを組み込みこと自体はさほど違和感がないように思えるが、岩手ではそのような例はないとのことである。

県が立ち上げた協議機関のうち地域の情報インフラと関係があるものとして、「岩手県ブロードバンド推進協議会」がある。この協議会では、二〇〇二年に「ブロードバンド推進計画」を公表当初は、ブロードバンドの伝送路として「ＡＤＳＬ」「無線ＬＡＮ」を中心に考えており、ケーブルテレビは構想に入っていなかったという。コアネット東北の斉藤氏と岩手ケーブルテレビジョンの和山和人氏が同推進協議会委員に選ばれ、ケーブルテレビの活用も報告書に入れてもらうように要請し、実現したとのことである。

第五節　インプリケーション

一　ま と め

ここで岩手県におけるケーブルテレビ連携のいくつかの特徴を見ておこう。

岩手県におけるケーブルテレビ連携は、ケーブルテレビ協議会と銀河デジタルネットワークの並存体制であった。それぞれが融合するというよりも、はっきりとした事業領域の違いがあり、分担して事業展開を行っているとのことだった。現時点での事業を示せば、銀河ネットワークは上位回線やデジタル化対応などの共有の伝送路といったインフラ整備に、そしてケーブルテレビ協議会は、営業や制作といったソフト面であり、地域の実情に応じた個別対応が必要なテーマに特化している。

銀河ネットワークの組織自体は、研究会から始まり、事業体、そして経営体へと機能を変化させている。当事者の口から語られたとおり、「銀河ネットワークは何か特別なことをしようとしているわけではない」。小規模の局が個別でやろうとしていることを銀河でまとめてやっていく。通信の場合は、数億円で投資できるが、デジタル化によって、デジタル放送が始まったと言っても単純に投資コストを回収できない。これでは収入の増加は見込めないという懐事情も垣間見える。

当然のことではあるが、事業推進側内部でも必ずしも〝一枚岩〟というわけではなく、少なからず認識の温度差が見られた。[31] 銀河ネットワークを作る一つの契機ともなったデジタル化、そしてケーブルインターネットの整備が一通り揃いつつある中で、次を見据えた認識も聞こえ始めている。共同での番組購入、制作といった動きであり、最も端的な例としては、コミュニティ番組以外は「番組を共有化する」といったものである。水沢テレビでは「コミュニティ以外」ではサービスの統一といった見解も聞かれた。また岩手ケーブルテレビでは、岩手を一挙に飛び越えた東北全体での連携という構想まで聞かれた。もともと施設産業であったケーブルテレビの場合、施設、設備から始まり、番組の制作、顧客管理、販売促進、総務・経理業務などで共通化できる領域は多分にあると言われており、銀河ネットワークという母屋を使い、「統一できる部分はできる限り統一する」という認識が見られることは必然と言えるかもしれない。

今回のヒアリング結果からうかがい知る限り、銀河ネットワークにおける「デメリット」は、特に強くは顕在化していないようである。ただし技術や業界全体の変化が激しく、それに対応するだけで大変であるという事態が当面続きそうである。

銀河ネットワークの主活動としては、インフラに特化している（いく）ことで、見解はさほど分かれていない。すなわち通信設備、放送設備関係に特化していくというものである。ビジネスとしての売込みができる。ここ三年くらいはプラットフォームつくりに特化するということで、銀河ネットワーク自体として、コンテンツビジネスはまだできないとの見解が見られた。

前章では、鳥取県における取り組みを見てきた。鳥取県と岩手県はＣＡＴＶネットワークとして比較すると、①インフラのソフト面への活用の展開、②県の支援のあり方という二点が、まさに対照的である。

岩手県では、「協議会」がソフト面、「銀河ネットワーク」がインフラ面というすみわけができており、双方を融合するような取り組みが進んでいないのが現状である。和賀テレビで出てきた「ネットワークを介した番組コンテンツの流通」という発想が進まないのもその一例であろう。岩手県内にはCATV局が九局と東北地方では飛びぬけた数であり、CATV連絡協議会をはじめ各局間での連携も密にとられている。番組制作に関しては、「月刊みちのく放送局」での共同制作の実績はすでに一〇年ほどになり、各局間での番組交換も活発に行われている。また、良質な番組コンテンツも、地域内に蓄積されている。このように土壌が十分にできているにもかかわらず、インフラのソフト面への活用がなかなか進展していかない。

一方の鳥取県では、「全県CATVネットワーク構想」のもと、「鳥取県民チャンネル」が構想されるなど、県域情報ハイウェイとCATVとのコラボレーション、CATVネットワークの地域情報番組の流通への活用が意欲的に進められている。

こうした違いを生む背景に、県の支援のあり方とCATVネットワークへのCATV事業者の主体的な参加のあり方がある。

鳥取県では、県が主導してCATVネットワークを構築し、その活用のあり方を事業者側が事務局となり主体的に産学官民の検討の場を設けている。

一方、岩手県では、県からのバックアップがなく、まずは事業者側が資金面でも、ノウハウ面でも、ネットワーク整備に苦労している現状がある。それゆえ、その整備にあたっては企画段階から電力系通信事業者に依存する形となっており、CATV局側が主体的に作り上げたものではない。むしろ、CATV局は、(銀河ネットワークの)「顧客」として受け身的な印象を受ける。つまり、銀河ネットワークでは電力系通信事業者の視点に立ち、インフラ構築中心の発想と、収益事業として成り立つかどうかという基準からの事業展開を行っている以上、収益に直結しないソフト面での連携の取り組みは後回しにされるであろう。インフラをどう活かすかという、番組交換などのソフト面を絡めた取り組み、すなわち「協議会」と「銀河ネットワーク」のすみわけを架橋するような取り組みには、CATV局側が企画段階から主体的に参加して事業を進めていくことが望まれる。

二　ネットワーク事業のゆくえ

ネットワークのパターンについては、大雑把に言ってしまえば、①都市型ケーブルテレビを中心にMSO傘下に入ることにより、共通のオペレーションがなされるもの、②それぞれの独立したケーブル局が番組交換や情報交流、共同制作、共通の運営形態をとるもの、に分けられる。現段階では、全国各地に展開しているという意味で前者は「地域」という変数がさほど意味をもたない傾向がある一方で、後者は県域あるいは県の一つ下の地方別（郡部や旧国名などの単位をとる場合が多い）といった「広域性」を基盤にしているという特質が見られる。

このようなネットワーク化の志向自体は今に始まったことではなく、番組の相互交換という点ではかなり以前から見られるものである。しかし、今日では、そのような県域や地域エリアでのケーブルテレビ局同士のソフト面での交流もさることながら、ハード・インフラ面での共有化という側面が顕著になり、むしろそちらのメリットを強調する論調が強まっている。①については、MSOに吸収合併されるなど、局間の経営統合に見られる動きが顕在化してきており、ケーブルテレビ事業が「装置産業」としての色彩を強めるほど、経営効率という観点からも統合化に向けた急進的な圧力がかかるのは時代の必然と言えよう。スケールメリットを活かした経営が模索され、制作や伝送コストなど固定的にかかる費用削減に目が向くことになる。

また②のインフラ・ハード面が優先された広域化ネットワーク構想も各地で見られる。今後はシステムの共通化がより一層進み、共通のアプリケーション、あるいはオペレーションでの採用が検討されてこよう。例えば、筆者らが調査したケーブルテレビ八尾が位置する富山県では、県下のケーブル局相互間が光ファイバーで結ばれ、番組交換が頻繁・定期的に行われている。富山の場合、デジタルヘッドエンド（DH）を富山ケーブルテレビに共同設置するなど、運営面での結びつきを強めている。そして、銀河ネットワークでも同様の見解が聞かれたとおり、ヒアリング対象者の個人的な見解としつつも、「富山県で一つとして、システムを統合し、地域での自主チャンネルのみで事業連動していくことも考えられる」としている。

事例として岩手県を見た場合、地域内での広域的な番組交換や共同制作などはすでに活発に行われているものの、インフラとしてのCATVネットワークのソフト面への活用が進んでいないことが明らかになった。ネットワークとしてインフラ面の整備に特化されがちな現状が一息ついた後、どのような新展開が見られるのだろうか。

さらに、このような経営統合化や広域化の志向に対しては、これまで地域メディアとしてのケーブルテレビが果たしてきた社会的機能や公益性という観点から、ポジティブ、ネガティブ両面の影響が出ることが予想される。

広域化について特に言えるポジティブな側面としては、他の地域情報に豊富に接触することが可能になることである。近隣地域と言いながら、今までなかなか知ることができなかった歴史的、地理的情報や地域での出来事を知ることによって、興味関心が高まり、地域交流が活発になることが期待される。同時に地域を比較して見ていくことで、自分たちの地域を相対化する視点が生まれてくる。

しかし他方で、それぞれの地域の固有性というケーブルテレビの一つのアイデンティティや存在価値がどのようになっていくかを注視していく必要がある。つまり、地元の固有性を無視したハードとソフトができるだけことだけは避けなくてはならないだろう。このような例は、地域の独自性をあまり考えないようないわゆるハコモノ行政や、ある地域での成功体験が、当該地域での適応性をほとんど検証されないまま、全国各地に野火のように広がっていくことなど枚挙に暇がない。

さらに経営統合化を例に考えてみるならば、共通のオペレーションになることで、制作費が抑制されるなど、経済効率性が最優先事項になることは容易に想像がつく。ケーブルテレビ八尾のように制作体制へ厚い人員を配置しているところは影響を受けざるを得ないのではないだろうか。

そもそも、このような《規格化》《標準化》になじむ部分と、そうではない部分が峻別できるだろう。経済効率に基づいた統一のマニュアルに基づいて業務がルーティンワーク化されることで、地域独自の問題を発掘し、報道していくという地域ジャーナリズムや地域情報の伝達の機能が弱まってしまうという影響も容易に想像できる。

今見てきたようなことはあくまで推測であり、今後実態を踏まえて検証していかなくてはならない。

（1）本章は浅岡隆裕　二〇〇三「農村ケーブルテレビにおける放送・通信事業の取り組みについて—北海道西興部村と富山県八尾町の事例からの中間的考察—」『中央大学社会科学研究所年報』第七号、五九—八三頁をもとに、大幅に加筆・修正したものである。
（2）北海道におけるケーブルテレビの普及促進に関する調査研究会『北海道におけるケーブルテレビの普及促進に関する調査研究報告書』二〇〇二・七、一六頁。
（3）中湖康太『メディアビジネス　勝者の新戦略』日経ＢＰ社、二〇〇二。
（4）ＭＳＯ（Multiple System Operator）ケーブルテレビ運営統括会社。日本の最大手は、㈱ジュピターテレコムである。
（5）天野昭「ＤＢＣに勝機あり」『ＮＥＷ　ＭＥＤＩＡ』二〇〇二・一二、五九—六〇頁。天野は『ＮＥＷ　ＭＥＤＩ

A』誌発行人。

（6）伊澤偉行『ケーブルテレビは根っこワークビジネス』東洋図書出版、二〇〇一。

（7）西正「Opinion　自治体はケーブルテレビを活用し、高度な在宅医療・介護を実現せよ」日本総合研究所『Japan research review』二〇〇一・七、二―六頁。

（8）「二〇〇三年農村CATVセミナー」（二〇〇三年二月二八日東京・池袋）にて、全国有線テレビ協議会会長の吉村英二（富山県八尾町長）の開会挨拶で言明された。また本年のテーマは「合併・統合化時代と地域のケーブルテレビ」となっていた。

（9）広帯域化の一つの数値的基準である七七〇メガヘルツまでグレードアップしようとすると、光と同軸ケーブルの組み合わせによる回線を敷設し直すことが必要になる。それへの投資額は西の試算によれば、「数十億円～一〇〇億円」と見られる。「ラストワンマイルとケーブルテレビの台頭」『放送ジャーナル』二〇〇一・一〇、一〇〇―一〇三頁。

（10）「日本のケーブルテレビ経営の現況とデジタル化投資」『NEW　MEDIA』二〇〇二・一二、六一―六二頁。

（11）読売新聞二〇〇一年一〇月一九日、「日経新聞」二〇〇二年四月六日記事より。

（12）川島安博「放送の高度化に伴うケーブルテレビの変容に関する一考察」『東洋大学大学院紀要』二〇〇一・三、一〇五―一一九頁。

（13）前出「二〇〇三年農村CATVセミナー」河野護「広域連携によるネットワーク化の課題と対応」報告に詳しい。「広域連携によるネットワークの形態」として四種類のパターンが挙げられている。

（14）「ケーブルテレビの現状」（平成一七年六月）総務省情報通信局地域放送課作成のリーフレットの一一頁。

（15）岩手県の統計的データは、岩手県ホームページを参考にした。

（16）しかし具体的な情報化の中身となると、「情報化」は増田知事が重要施策のひとつにとりあげているにもかかわらず、ホームページを見る限り、「モバイル立県」以外に先進的あるいは特色ある取り組みはあまり見られない。またブロードバンドに関わる取り組みについて、「ブロードバンド推進協議会」（二〇〇二年）が発表した「ブロードバンド推進計画」（二〇〇三年三月）にしても、事務局はNTTに置かれ、県のホームページ上でも一切触れられていない。このような点から見ても、県としての取り組み姿勢は不明確であると言わざるを得ない。

(17) 総務省「情報通信白書平成17年版」資料より。

(18) 「県民の情報化に関するアンケート」二〇〇二年より。調査の目的は「県民の情報機器の活用状況や情報化に対するニーズを把握し、今後県が重点的に取り組むべき情報化施策の方向性を明らかにすることを目的とする」というものであった。調査対象は県内に居住する二〇歳以上の県民で、有効回収数は二一五五サンプル（有効回収率四三%）である。

(19) 「内陸部の大部分は山岳丘陵地帯で占められ、西側には秋田県との県境に奥羽山脈があり、これと平行して東部には北上高地が広がっています。そして、この二つの山系の間を北上川が南に流れ、その流域に平野が広がっています」（岩手県庁のホームページより）

(20) 県内に九局もあるというのは、東北地方ではずば抜けて多く、もっとも盛んな地域と言える。

(21) かなりの人気番組でインターネットのストリーム配信も行われている。

(22) NHKソフトウェア『ケーブル新時代』、二〇〇四年一一月号、四頁。

(23) 「モバイル立県」構想に関する経緯について付記しておく。増田知事は二〇〇〇年の知事記者会見（四月二四日）において、北欧出張の成果に関する話題の中で、モバイル技術を活用した情報化の推進として、「モバイル立県」という言葉をはじめて使っているようである。「「モバイル立県」と言いますか、「携帯王国」と言ってもいいかもしれませんが、呼び方は様々ですが、電話という意味ではなくて情報端末をみんな各自が自由に持ち色々なサービスをそれを通じて提供していくような、そういう社会にしていきたいと思っております」と語っている。そして、二〇〇一年二月県議会定例会の知事演述要旨（二月二二日）の中で、「「情報」については、「いわて情報ハイウェイ」を活用した高度情報化を促進するほか、特に、近年発展の著しい移動体通信技術、いわゆるモバイル通信技術を積極的に活用して、「モバイル立県」の実現を目指して参ります」と発言している。これが、銀河の言う「モバイル立県」構想のことを指すと思われる。二〇〇一年度には、「モバイル立県」を推進するため、「いわてモバイル実証実験」（モデル地区：大野村）の実施、「次世代携帯電話コンテンツ開発研究会」の設置といった事業に取り組んでいる。

(24) 株主比率は、コアネットが三五%、岩手ケーブルが二六・五%、北上、水沢、一関が一三%、その他、各社分担及び協議会ということになっている。先ほど述べたように、テレビ都南、遠野ケーブルは出資しておらず、間接的に「オブザーバー」という形で参加している。

(25) 東北電力系列の東北インテリジェント通信株式会社は、NTTといった情報通信最大手を押さえて東北各県の県庁・行政のネットワークを提供しているとのことである。
(26) 一カ月に一回取締役会が開かれているとのことである。
(27) 現状としては、遠野テレビが加盟している日本ケーブルテレビ事業協同組合というものがあり、加盟局は一八局。組合を組織して、番組の購入、プログラムガイドの購入、機器（ターミナル、モデムなど）の購入などで歩調を合わせている。コミュニティチャンネルのものは自前で印刷して折り込んでいる。
(28) 和賀有線テレビの工藤恵氏に対して、二〇〇四年一月一〇日にヒアリング調査を行った。
(29) 設立の経緯としては、以下の通りである。和賀中央農業協同組合の有線放送電話施設の老朽化が著しくなり、同農協から和賀町（現在は北上市）に対して支援を要請された。その後和賀町では、和賀中央農業協同組合管内のみならず、和賀町農業協同組合（現在、北上市農業協同組合）管内を含めた和賀町全域による事業の展開を企画し、両農協から了解された（一九八八年七月）。
(30) 北上ケーブルは、（一九八四年一一月会社設立、）一九八九年四月に開局している。一九九一年に旧北上市、旧和賀町、旧江釣子村が合併し新北上市が誕生している。しかし、江釣子エリアには、ケーブル施設がなかったため、東北自動車道より西を和賀、東を北上が担当し、一九九七年四月に開局している。
(31) 例えば、花巻ケーブルの運営者が岡山県のＡＤＳＬ事業者となったことで、銀河ネットワークの加入会社の中でも、事業の柱であるインターネットサービスを利用しない会社も出てきた。さらには、この会社は盛岡でも事業展開していることから、事業上銀河ネットワークとも競合すると言える。こうした事態が、銀河内部での足並みの乱れにつながるのか。今後の推移を見守っていきたい。

第八章　住民ディレクターによる地域情報の創出・発信

──熊本県球磨郡山江村を事例として──

岩佐淳一

はじめに

近年、パブリック・アクセス、メディア・リテラシー論の分野において、熊本県内で実践されている住民ディレクター活動[1]が注目を集めている。住民ディレクターとは熊本県在住で、現在、まちづくり支援会社プリズムを主宰する岸本晃氏が考案したもので、「地域の情報発信者であるとともに、まちづくりのディレクター」を指す。住民自身が表現者となり、地域情報[2]を創出、それをまちづくりにつなげていこうという住民ディレクターの試みは地域づくりを考える上で、一つのモデルを提供するものとして、多くの論者から肯定的にとらえられてきた。

本章では熊本県球磨郡山江村を事例として、山江村における住民ディレクターおよびその活動の内的構造を実態に即して明らかにするとともに、そこに見られる地域情報創出・発信のあり方を「山江モデル」とし、その意義を論じる。住民ディレクターの本質は地域づくり、まちづくりにあり、番組制作は二義的とされるが、本論では、地域づくりではなく、地域情報の創出・発信という視点から考察したい[3]。

第一節　地域における情報発信の構図

地域情報の発信、ことに放送における映像情報[4]の発信において住民・市民は長らく客体の位置に置かれてきた。すなわち、情報発信のイニシアティブはプロとしてのメディア組織の側にあり、住民・市民はマス・メディア産業が制作した番組を見るか見ないかという二者択一的選択しか存在せず、自らが情報発信の主体たりえる機会はきわめて限られていた。このことは紙媒体が会報、ニューズレター、ビラあるいはミニコミ誌、タウン誌など多様な形態をとって住民や市民・各種団体、住民運動、市民運動の情報発信や意見表明に利用され、地域の情報創出と多様な意見の流通に大きな役割を果たしてきたことと対照的である。

放送は当該地域においてその技術・施設を独占し、自らをプロと自負してきた。地域の放送メディアにとって住民・市民はいわば「出させてやる」もので、情報創出の主体ではない。地域の人々を「踊らせて」「面白い」画（え）をとり、それをテレビで放送する。しかしそこに表現された住民や市民はその本来的な姿ではなく、あくまでもテレビ向きに誂えられた括弧つきのものでしかない。

日本でテレビ放送が開始されて五〇余年、その果たした役割にはきわめて大きなものがあるが、一方、テレビは地域の人々のナマの姿をどれだけ描いてきたのかということを考えるとまことに心もとないものがあるといえよう。

一方、住民・市民も高価な放送機器やその使いこなしの難しさ、編集の壁などに阻まれて、放送メディアを使った情報発信をすることが困難であった。住民・市民自らによる情報発信活動は一部の愛好家によるビデオレターの放映といった「マイナー」なものにとどまり、放送のなかでは周辺に位置づけられてきたのである。

こうしたメディア環境に変化が訪れるのは一九九〇年代である。その理由はメディア機器の技術的進歩と地域メディア固有の事情という二点から整理できる。まず技術的側面から見ると、操作が容易で従来のアナログビデオに比べて高画質なデジタルビデオカメラが発売され、それが広範に普及した結果、「素人」の映像制作への道が開かれた。また、パーソナル・コンピュータの発達にともなって、映像を保存する媒体の大容量化、安価なビデオ編集ソフトウエアの開発・発売によって、アマチュアでも容易に編集作業が行えるようになり、高度な映像表現が可能になった。インターネットの広帯域化はストリーミング放送によって、映像作品をインターネットへアップロードし、多くの人々に視聴してもらう可能性を生み出している。こうしてプロが独占してきた映像制作がアマチュアへと開放されるなかで、映像メディアを使った地域づくりを意識する住民や市民も日本各地で徐々に増加しつつある。

次に、既存メディアから見ると地域の地上波民放局は地上デジタル放送の開始、多チャンネル化の趨勢のなかで、これまでとは異なった地域番組コンテンツを開発していく必要に迫られてきた。地方のCATV局も自らの生き残り戦略として、これまで以上に地域重視を掲げ、地域番組が局にとってキラーコンテンツとなり始めている。こうした地域重視の一つの方向性が住民・市民の番組への関与なのである。

ところで、地域情報の発信にとって、今日、重要性を増しつつあるのがインターネットであることは論を俟たない。そのグローバル的性格もさることながら、地域情報の発信においてもインターネットは主体の大小を問わず、理念的には万人に地域情報発信可能性が与えられる。情報の質や信頼性の問題は残るとしても、公的な情報から極私的な情報まで多様な地域情報が地域に流通する可能性がある。その意味で地域情報の受発信、地域活性化のツールとしてインターネットの持つ意義は大きい（表8－1）。

第二節　住民・市民の放送メディア関与

しかしながら、本章ではインターネットではなく、放送に対する住民や市民、特に住民の関与・参加について言及したい。その理由は、放送の公共的性格と法的規制が住民や市民の放送への関与を阻んできたからであり、このようなメディアへの住民・市民の関与は日本のメディア史においても画期的な出来事だからである。

住民・市民はどのようにして地域の放送メディアへ関与・参加しえるのか、その理念型を図8－1に示した。考えられるのは資本参加、経営参加、番組関与の三つである。

一般に放送はその設立に多額の資本を要する。特に地上波民放局では財政的基盤の確実性が置局の条件とされてきたため、住民・市民の資本参加・経営参加は困難であったし、現在でも同様である。しかし、近年、京都三条ラジオカフェがNPO形態の放送局として開局した。NPOならば、住民の資本・経営関与の可能性は大きく広がる。また、コミュニティFM局レベルでも、開局の資金が少額なので、住民・市民が設立時に資本参加することが可能といえる。将来的には住民・市民の資本経営参加の可能性は考えられうる。

しかし、一般に住民・市民が地域の放送メディアへ関わる場合、もっとも可能性が高いのは番組への関与であろう。地域のCATVでは住民・市民の番組出演は日常的に行われている。また、住民・市民の持ち込みビデオの放映も各地で行われている。番組審議委員会に住民や市民が参加することも珍しくない。

一方、企画、取材・制作、編集などへの関与はそれほど多いとはいえないのが現状である。その理由として第一にメディア側の意識がある。番組づくりは放送局にとってアイデンティティの核心であって、それを住民や市民に開放

表８－１　地域情報の発信構図

情報を生み出す主体	←組織			住民・市民→
	マス・メディア企業	行政・団体・一般企業・第３セクターなど	ＮＰＯ・ＮＧＯ・運動団体	小グループ・個人
媒体	書籍	書籍	——	——
	県紙・地域紙 新聞社系無代紙	自治体広報紙・企業広報紙・パンフレット・無代紙	フリーペーパー	フリーペーパー
	商業雑誌・タウン誌 無代紙	——	ミニコミ誌・会報 ニューズレター・ビラ	会報・ニューズレター・ビラ
	県域テレビ ＣＡＴＶ 県域FM・AMラジオ	ＣＡＴＶ コミュニティＦＭ	(コミュニティFM)＊	——
	インターネット ＨＰ	インターネット ＨＰ	インターネット ＨＰ	インターネット ＨＰ・ブログ
	←大きい	相対的な情報産出量		小さい→

＊京都三条ラジオカフェ等

図８－１　住民・市民におけるメディア関与の理念型

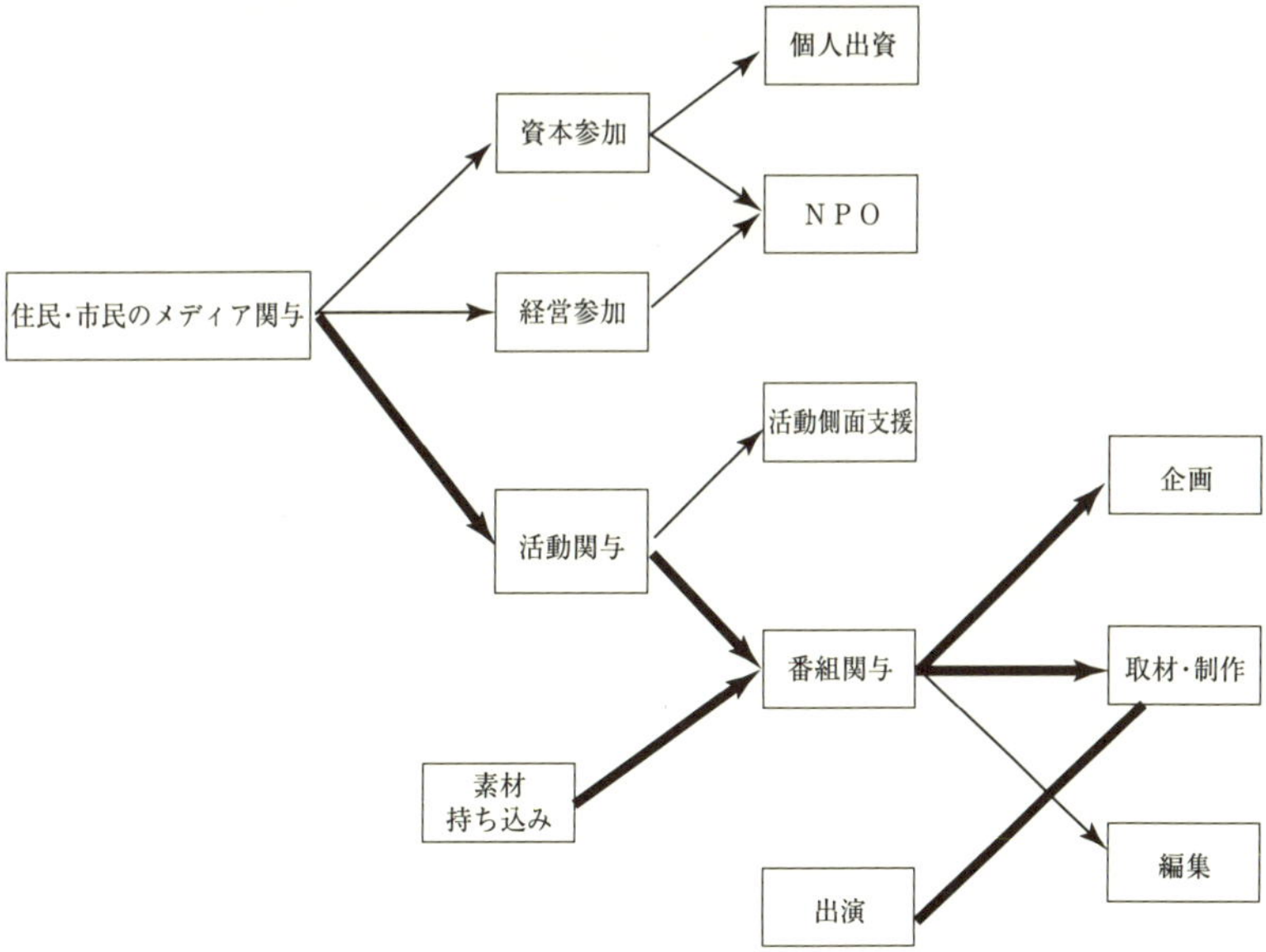

＊線の太さは実際の関与の大きさを示す

することへの、抵抗は強い。

第二の理由として技術的ハードルが低くなったとはいえ、仕事を持った一般の住民・市民が企画段階から編集段階まで、多くの時間を費やすことの難しさを指摘できる。その結果、放送メディアへの関与は総じて仕事をリタイアーした高齢者、主婦、時間をフレキシブルに使える自由業に従事する人、学生などに限られてくるのである。

こうしたなか、住民・市民のメディアへの関与で著名なのは「むさしのみたか市民テレビ局」の活動であろう。ここでは市民がＮＰＯを設立し、武蔵野三鷹両市の情報を独自に企画取材編集して、ＣＡＴＶ局で放送している。注目されるのは番組を放送するＣＡＴＶ局とパートナーシップ協定を締結し、対等の立場をとっていることである。また「鎌倉ケーブルコミュニケーションズ」では一〇年ほど前から市民ボランティアを募り、『こちら市民放送局』という一五分枠を市民に開放、市民ボランティアが番組の企画から編集までをこなしている。また「上越ケーブルビジョン」では、二〇〇四年から『くびき野みんなのテレビ局』という番組枠で市民自身が制作した番組を放送している。全国的に見ると例は多くはないものの、企画段階からの住民・市民の番組参加は着実に増加している。

第三節　住民ディレクター発案の経緯

岸本晃氏の住民ディレクター発案の経緯については各種の文献等で紹介されているので、ここではごく簡単に触れておく。

岸本氏は大学卒業後、各種の仕事を経て、新規開局する熊本県の民放局に入局、さまざまな番組制作を手がけるとともに、ディレクターをはじめテレビの多くの仕事を経験、なかでも地域向け番組づくりに主として携わり、5年間

表8－2　住民ディレクター年表（山江村を中心として）

年月	事　　項
1982年２月	岸本氏熊本民放テレビ局入社
1991年春～秋	「花咲か一座の豪快テレビ」山江村に来村
1995年10月	岸本氏テレビ局を退社、独立
1996年４月	任意団体まちづくり応援団プリズム設立
1996年４月	人吉球磨広域行政組合で行政職員を対象に住民ディレクター養成講座開催（～98年まで）
1996年６月	ＫＣＮ（熊本ケーブルネットワーク）「使えるテレビ」制作開始
1998年４月	くまもと未来国体に向けて住民キャスター・住民ディレクター養成講座開催
1999年４月	「使えるテレビ」に山江村コーナーを開設
1999年４月	熊本朝日放送国体情報局「人、光る。ニュース」
1999年９～10月	くまもと未来国体開催（臨時ＦＭ局「ＦＭみらい」開局、住民ディレクターによる放送）
2000年４月	熊本朝日放送で住民中心の制作番組『新発見伝くまもと』放送開始
2000年６月	山江村商工会、村ＰＲビデオ『よかとこ発見ロマンの旅』制作
2000年８月	有限会社プリズム起業
2001年３月	ＮＰＯ「くまもと未来」立ち上げ
2001年４月	山江村で「マロンてれび」立ち上げ
2002年４月	人吉球磨地域で民間人を対象にした住民ディレクター養成講座開催
2002年４月	熊本朝日放送で『ふるさと情報局・新発見伝くまもと』放送開始
2002年７月	内山氏山江村村長に当選
2002年11月	内山村長、住民ディレクターを伴った「出前むら役場」実施開始 「人吉球磨交流大学」始まる
2003年６月	ＣＳ放送『「南の國から」どぎゃんですか』放送開始
2003年10月	インターネット放送局「山江村民てれび」開局
2004年３月	インターネットテレビ「熊本発！だんだんなー山江ＬＩＶＥ」放送
2004年５月	熊本放送で「発信！！人吉球磨情報局」放送
2004年10月	山江村マロンてれびがＩＴ見本市CEATECJAPANでインターネット放送局「ユビキタス村ＴＶ」を設置
2004年11月	日経地域情報化大賞2004で日経新聞社賞に人吉球磨広域行政組合が選ばれる
2005年２月	住民ディレクターの中竹氏第2回ＫＡＢふるさとＣＭ大賞・一般の部グランプリ受賞

で県内九八市町村（当時）を二周半する。そして特に農業という現場で「働いている人たちのごつごつした生き様」「人間の生き方」を学ぶなかで、地域の人々を応援する番組づくりを目指すようになった。

岸本氏は自らの取材のなかで、県民テレビという名でありながら県民のためのテレビになっていないという住民からの批判（「市役所、県庁の話ばっかりやないか」）に「県民のため、地域のためのテレビとは何か」と自問する。地域密着といいながら、通常、テレビ局のクルーは短時間、地域に来て、ある出来事を取材し、住民と深く触れあうことなく立ち去っていく。こうして表現された番組はテレビ局の内輪の論理と定型化された技術によって作られたもので、撮られた住民の思いや感情、考えは別のところにある。

結局、プロがどんなにがんばっても、記者がどんなに取材して聞いても、ディレクターがどんなに演出で工夫しても、そこに住んでいる住民が自分の一番感じていることを自分自身で切り取って来る方が彼らの伝えたいことが詰まっているということに岸本氏は気づく。人の表現は代理人であるテレビ局がどんなに努力しても、畢竟、その人自身が、伝えたいことを伝えない限り、表現したい真の内容は十全に伝わらないということである。

住民自らが伝えたい番組を制作する。そしてこの番組づくりのプロセスを通じて、企画・取材・構成・編集・文章力等が養成される。このディレクター的な能力を持った住民が育つことが地域の課題を解決する普遍的な力になるという結論に至り、一九九六年四月、「人、光る。國創り」を企業理念に任意団体プリズム（のち有限会社）を設立し、映像制作を媒介にした地域作りの人材＝住民ディレクターの養成を目指すことになるのである。

その皮切りは一九九六年四月から三年間にわたって人吉球磨広域行政組合で行われた行政職員対象の住民ディレクター養成講座であった。地域づくりの住民ディレクターの役割をまずは地域の情報を豊富に持つ行政関係者に求めたのである。この養成講座で、プリズムは自治体職員に対して、「映像」制作の講義と実技指導を行った。

こうした試みは一九九六年の「熊本みらい国体」にも継承された。国体開催のために県が臨時ＦＭ局を開局することになり、これを岸本氏が全面的にサポート、一二〇名の住民ディレクターを養成し、市民の手で国体の報道、番組制作を行ったのである。さらに、くまもと未来国体で養成された住民ディレクターの活動は二〇〇一年三月の「ＮＰＯくまもと未来」の設立につながり、住民ディレクターの普及を目的としたＮＰＯも立ち上がるのである。

一方、プリズム設立の同年、岸本氏は熊本ケーブルネットワーク（ＫＣＮ）の番組枠内にまちづくり応援番組『使えるテレビ』を立ち上げ、テレビ局がタブーとするようなさまざまな実験的番組や住民制作の番組を制作していく。

使えるテレビとは、(1)生き方、暮らし方に役立つテレビ、(2)熊本県内九四市町村の住民の交流を深めるテレビ、(3)住民自身が自ら制作し、発信するテレビの三つをコンセプトに「住民の住民による住民のためのテレビ」を目指した番組である。（プリズムホームページより）

『使えるテレビ』はテレビ放送を単なる娯楽ではなく、より実践的機能を持ったものと考える岸本氏のテレビ観に沿った企画である。この番組は単に町や村の出来事を報道するだけというスタティックなものではなく、住民のまちづくりの実践や問題解決のためのアジェンダを伝える動的な番組づくりを狙ったものであった。

たとえば住民ディレクター、松本佳久氏は当時、岸本氏とともに、稲の堆肥まきから田植え、除草、収穫までの全過程を番組化したり、「田舎の贅沢体験塾」と称して赤米を都会の人と作る様子をテレビで放映したが、『使えるテレビ』は、当時、農作物をどのようにして売れば良いか悩んでいた松本氏にとっては、自分が作っている有機農業がどんなに大変な手間がかかって作られるものかを都会の人々に知ってもらう実践的媒体であり、あるいは販路開拓の試みでもあった。「使える」というのはまさに生活と直結しているのである。

第四節　岸本氏と山江村との出会い

熊本県のなかで球磨郡山江村（以下山江村）は住民ディレクター活動がもっとも盛んな地域である。熊本県南部、人吉球磨地方に位置し、球磨川の支流、万江川、山田川が流れる人口約四〇〇〇人の村である。

メディア状況を見ると熊本県内の地上波民放局は視聴可能であるが、ケーブルテレビは存在しない。また、衛星放送受信率、インターネット接続率も低く、他の農山村と同じようにメディア環境が特に整備されているわけではない。

岸本氏と山江村との関わりは一九九一年にさかのぼる。この年、岸本氏が企画した熊本の民放テレビ番組『花咲か一座の豪快テレビ』(以下『豪快テレビ』)が山江村を取り上げることになったのである。この時、村の企画調整課に勤務していて、山江村側の窓口になったのが、現村長の内山慶治氏であった。内山氏によれば、当時の山江村はふるさと創成事業などで温泉センターやキャンプ場、集会施設などの「施設」はたくさんできたが、本来なら住民のためのこうした施設が住民の顔の見えないものになってしまっていることに気づいたという。こうしたなかで、住民という人的資源を活用して山江村を元気づけたいと考えていた時に、岸本氏のテレビ番組企画が舞い込んだ。これは現代の「七人の侍」なる「老若男女、異業種から実践肌の異能の人たちを選び、ひとつの町や村に三か月から半年通い、村人と手を組んで、これまで村でやりたいのにできなかったことを実現させようという企画」(岸本 二〇〇一、三八頁)で、そのプロセスを番組化して放送するというものであった。山江村の宝物探し、新しいイベントの開催を住民自身が行う過程が四五分のテレビ番組になった。テレビ制作の過程で「栗」をはじめとして、ヤマメや蛍などの自然が村の宝であると自覚した村民はマロン劇団、マロン合唱団を立ち上げ、栗をモチーフにした陶芸、クリ(栗)リンピックの開催、栗饅頭の製品化など次々と企画を実現していった。こうした経験は参加した村民に大きな感動を与えた。

まあ、とにかく、人の動きのなかで、どんどんものができていくという、感動の三ヶ月間だった。(内山慶治氏)

発表会(クリリンピック)の時に本当に感動したんですね。これが村作りっていうんだな。みんなの目の輝きで。(中略)平成三年みたいに一生懸命になったことないんじゃないですかね。役場の人たちが仕掛けてもね。だけど村民が自分からやろうっていうのが良いというのはその時に気づいたですね。(本山民子氏、括弧は筆者)

さらにその二年後には再度岸本企画による『ボンネットバス物語』の制作を通じて、村の有志が村内で廃車となっていたボンネットバスを復活させ、後にそれが村のシンボルとなっていった。

こうした一連の企画の中心メンバーだった人々が、メディアやメディアを通じた地域づくりのおもしろさを知り、後の「映像」を通じた地域づくりの基礎を築くことになる。しかし、この『豪快テレビ』の経験・実践がそのままストレートに地域活性化につながったわけではない。当時の山江村政はどちらかというと内向きの「守りの村政」であり、積極的な情報の外部発信や交流事業に消極的であった。加えて、岸本氏と住民を媒介した内山氏が内部移動で企画調整課を去ると、盛り上がった住民の熱意は一気に冷めてしまうのである。

第五節　「マロンてれび」の発足

前述のように一九九六年、人吉球磨広域行政組合で住民ディレクター養成講座が開催され、行政関係者がまず住民ディレクターとして養成されるが、これは岸本氏が持ち込んだ企画を山江村の内山氏が広域行政組合に取り次いで実現したものであり、ここでも内山氏の黒衣的な働きが人吉球磨地域に住民ディレクター活動が根付く基礎を作っていることに注意したい。住民ディレクター養成講座は二〇〇一年にも一般の民間人を対象に開催された。

ところで、一九九九年、山江村の商工会が村のＰＲビデオを作ることになるが、単に業者任せではなく、住民をできるだけ大きく巻き込んだＰＲビデオの方が外に対するインパクトが大きいということで、住民自ら制作を行うことになり、そのプロデュースをプリズムが受けることになる。ここで制作されたのがドラマ『よかとこ発見ロマンの旅』である。制作のために「豪快テレビ」で中心的な役割を果たした人々が再度内山氏によって招集され、主要な制作メンバーとなり、シナリオから撮影、編集まで村民が行うことになった。ここに集まった人々がせっかく集まって番組制作の勉強をしたのだから何かをやろうとした折、『使えるテレビ』の放送枠に山江村コーナーを開設することになり、そのための組織として「マロンてれび」が立ち上がったのである。そしてこの頃、集まった一五名が住民ディレクターを名乗るようになっていく。

当時、山江村では内山氏が山村振興事業の一環として、特産品開発と情報発信の二つをテーマとした事業を企画していたが、情報発信事業のなかの人材育成事業として、『使えるテレビ』の山江村コーナーが位置づけられることになった。村から見れば、この情報発信は将来的な「映像」発信の人材育成、技術習得のトレーニングを兼ねていたわけである。

第六節　住民ディレクターとは何か

冒頭で、住民ディレクターを地域の情報発信者であるとともに、まちづくりのディレクターとひとまず定義したが、住民ディレクターはこれまでさまざまに表現されてきた。地域づくりのディレクターであり、同時に地域情報の発信者である人（プリズムホームページ）、まち創りのディレクターという意味で、（中略）「映像」を使って地域の課題や問題、提案を自らが企画し、取材・編集からリポートまでを行う人たち（水越、二〇〇三、一二八頁）、企画力を持った住民のことで、こうすればいいのでは、と思いついたことを、生活現場とメディアで明確に表現できる人（「にしてつニュース」ホームページ）などと形容されている。

たびたび指摘されているように住民ディレクターの役割は第一に地域づくりのリーダー養成である（津田、二〇〇一、八四―八五頁）。番組づくりによって取材力・構成力・編集力・企画力がつく。こうして養成された人材を地域づくりに生かす。住民ディレクター活動の目的は「地域（まち）づくり」であり、住民ディレクターは最終的に「住民プロデューサー」（住民ディレクター＋まちづくりのための資金調達が可能な人、地域のなかで調達された資金の有効な使い方ができる人）となることが期待されている。岸本氏は「住民ディレクターはメディアに出ることが第一義の目的ではない。メディアを積極的に主体的に使っていく生き方を創出することが目的である」という。また山江村の住民ディレクター、松本氏は「村民の目で楽しいことやいろんなことを取り上げようとする。カメラを持たなくても、こんな山江村がいいんじゃないかなと活動したりする人はディレクターじゃないですか。カメラにこだわらなくてもいいんじゃないですか」という。このことは住民ディレクターがまずは地域づくりを行う人であることと観念されている証左といえよう。

住民ディレクター活動の役割の第二は地域の情報発信である（津田、二〇〇一、八四―八五頁）。ここではまず伝えたい人が伝えたいことを「映像」化することが重要で、技法よりも表現することそれ自体が重視される。技術にはあまりこだわらず（「ビデオカメラは押せば写る」）、「映像」制作の実践のなかで、表現方法を習得していく。住民ディレクターは生活感覚というレンズを通して「映像」（地域情報）を企画、編集、制作し情報発信する。ここでは主観の「映像」化が魅力であり、主観的なデコボコ視線が全体としては客観性につながると岸本氏はいう。

このように番組づくりを通して人づくりを行い、人づくりを通して地域づくりを行う。番組制作―人―地域、三つどもえで全体の価値を上げていくところに住民ディレクターおよびその活動の真骨頂がある。

住民ディレクターという発想と実践の意義は地域づくりと住民にとって身近なテレビ媒体を使った住民自らの情報発信を結合したことである。地域づくりは地域の行政マンや地域づくりに熱心な住民・市民、テレビによる情報発信はプロと画然と分けられていたものを合体させて地域づくりの新手法を編み出したことの意義は大きい。なぜなら、制作者やメディア組織という彼岸にあった映像表現を住民の側に取り戻しただけでなく、その地域における有効な利用法を具体的な形で提示し、実践して見せたからである。

第七節　住民ディレクター概念の二重性

住民ディレクターは前述したように第一義的には地域づくりのための実践的運動概念であるが、一方で住民ディレクターはその精神性としても語られている。

後者の第一は住民ディレクターの精神的なスタンスの問題である。住民ディレクターにおいては映像の美的制作能力は問題にされない。岸本氏は「住民ディレクターは作品をつくっていない」という。住民ディレクターのつくる「映像」は「電話をしている時に向こうが分かりにくいとき、具体的に見せてあげる程度のもの」というように、住民ディレクターのつくる「映像」は村の人々と電話する、話をする通信媒体に近いものと位置づけられているのである。子どもが生まれたら、それはドキュメンタリーにする必要はなく、どんなに画面が揺れていても、子どもが生まれたという事実が伝わればよいということである。無論、テレビは一方向的なメディアであるが、そうでありながら、心情的には村民との双方向的通信のスタンスで「映像」を制作するのが、住民ディレクター的手法といえるだろう。

第二に住民ディレクターになる道は理念的には住民ディレクター養成講座の受講ということになるが、実態としては多様である。住民ディレクターと名乗る人のなかには、養成講座を受講していない人もいるし、また数回しか出ていない者、番組制作が先行した者など住民ディレクター化への道は多岐にわたっている。要は住民ディレクターであるかどうかを本人が自覚するか否かの問題である。丸田は住民ディレクターを「住民ディレクターなる精神を身につけた人」（丸田一、一七六頁）と表現しているが、この指摘は正鵠を得ている。このように、住民ディレクターは最広義には「映像」づくりを通して地域づくりを行う具体的な人や活動を指し、一方では、その精神性を意味するというように、その概念には二重の意味が付与されているのである。

第八節　ルースな組織としての「マロンてれび」

住民ディレクターの典型は住民ディレクター養成講座の受講・番組の試作を経て、地域番組の制作→番組の放映→番組の制作→地域番組の放映…というサーキュレーションをとる。住民ディレクター化は自覚によるところが大きいので、どこで住民ディレクターと自己対自化するかは個人によって異なる。いずれにしても番組の制作・放映のサーキュレーションのいずれかの段階で、住民ディレクターとなる。

前述のように山江村の住民ディレクターはマロンてれびという任意団体を形成しており、少なくともマロンてれび発足段階では住民ディレクター＝マロンてれび構成員であった。

住民ディレクターは月二回ほどの制作会議で、メディアの締め切りに合わせて、収録日とテーマ・内容を決める。制作する番組内容は一年の村のサイクルで大体決まっているとのことである。「映像」を「撮りたい」と思った（表明した）住民ディレクターが責任を持って取材・撮影・編集を行う。したがって、実際の制作はチームのタイトでシステマティックな共同作業というよりは個人ベースで行われているということができる。またマロンてれびには局長は存在するものの、内部に地位や明確な役割や年に必ず何本制作をしなければならないという義務もない。その意味で「マロンてれび」はきわめてルースな構造を持った組織であるといえよう。

その理由は第一に岸本氏の集団イメージによるところが大きい。「会社のように縦社会ではない一対一の関係を基軸に、誰からも強制されず自分の度量で自由に活動できる仲間をイメージ」（水越、二〇〇三、一二八頁）してプリズムを運営してきたその集団イメージがマロンてれびの活動にも投影されている。さらに住民ディレクター活動の継続の秘訣について、岸本氏は「まずは自分自身の興味、関心をひたすら追求したことそれと同じことを皆さんに保障したことだと思う。ひとりの自分から「好きなこと」「やりたいこと」を始め、お仲間にその場を提供してきたこと。メディアの確保も含め、一貫して住民一人一人の主体性を尊重してきたことだと思う」（岸本、第1回「市民メディア全国交流集会20パンフレット1」、二〇〇三）と述べているが、この言葉からも活動のベースが個人にあることが分かる。

マロンてれびの組織がルースな理由の第二は住民ディレクターによる作られた「映像」のとらえ方に起因している。前述のように住民ディレクターが作る「映像」が作品ではなく、村内外の人々との「通信」だとするならば、そのモチベーションはタイトなチームを組んで作品を作る方向には向かわないだろう。

この点で、日本各地で散見される放送番組への住民・市民関与が、テーマは個人が出しても、撮影から編集作業が少なからずシステマティックなチーム作業なのと比較すると情報創出活動の上で際だった差異があるといえる。

住民ディレクターははじめから地域づくりという責任に目覚めた人々というわけではない。山江村の人々が「豪快テレビ」に夢中になったのも、豪快テレビが我が村の活性化に役立つという自覚ではなく、テレビに出たいという誰にでもある一般的な感情とそのお祭り的な要素にあった。その後のマロンてれびの活動やインターネットテレビ局のライブ放送も編集等の苦しみはあるものの、皆が集まって、和気藹々と楽しく番組を制作するところに活動のエネルギーがある。ある住民ディレクターの一人は地元の情報を作りたかったわけではなくて、たまたま住民ディレクター養成講座に行けといわれて行くことで、だんだん巻き込まれていったと述べている。住民ディレクター活動そのものが快楽原則に貫かれたものであり、「愉のゲーム」（丸田、二〇〇四、二一八頁）的な側面を持っている。住民ディレクターの本山氏は「私の場合は楽しいがほとんど、楽しいというか、出会いがあって発見があって驚きがあって、別に使命感とか全然ないです。でもこのごろはやっぱり、残しておかなければ、これが村のために本当になっているんだと気づかせられましたね。すごいことやってるって思わなかったんだけど、やっぱり村のためなんだなと気づきましたね」「（マロンてれびやインターネットテレビの目的は）考えたこともない。楽しいからやっているようなもので、みんな難しく考えないで、軽いノリでやっている」（括弧内筆者）という。まずは自分が楽しむ。「映像」制作過程で、他の住民ディレクターや村民と触れあったり、共同作業するという「楽しさ」「フロー感覚」（M・チクセントミハイ、二〇〇二）が活動の原点なのである。

このように住民ディレクター活動が継続する大きな理由はマロンてれびという楽しみを媒介にして結合したある種の「コミュニタス」性にあるといえるだろう。マロンてれびとは村内の性や年齢、職業を異にする村民が集まった集団であり、村の旧習や規範が働かない反村（むら）社会的時空間なのである。

活動の第一義的理由が「楽しさ」にあるというのは山江村に限ったことでなく、他の映像を使った市民メディア活動でも観察されうる。その楽しさとは第一に活動それ自体、第二にそこに集まる人とのコミュニケーション、第三に取材活動による他者との出会いに大別されるが、地域貢献や地域社会への義務感から、活動に入る、活動を行うという例はむしろ少数で、継続的活動のなかで、地域への貢献、地域における情報発信の意義が対自化されていくというプロセスが多いと思われる。いずれにしてもコミュニケーションの楽しさのなかから何かを生み出していくというスタイルが市民メディアの一つの典型であるように思われる。(5) 明確な目的を掲げて、活動するケースもあるが、この場合、その目的遂行のための明確な理念、強固な組織が必要で、そこに参与する人々の目的や関与動機も斉一的である。

住民・市民のメディア関与はこうした例は少なく、種々の動機や目的を持ってメディアに関与する。こうした人々をつなぐ紐帯がまずは活動の楽しさに求められるのは十分首肯できよう。

山江村では活動の楽しさ、活動の社会的意義の自覚に加えて、住民ディレクター活動の展開のなかで、外部のメディア、メディア関係者、研究者などから注目が集まるようになっていった。こうした外部との接触によって、住民ディレクターの人々は自らの活動が学問的・社会的にどのように位置づけられるのかを知ることで、彼らの活動は再帰的に展開していくことになるのである。

第九節　山江村における地域情報創出・発信の構造
――地域情報創出・発信における外部ファシリテーター・内部ファシリテーターの機能

山江村の住民ディレクターの人々が実質的にメディアの面白さや地域情報を自ら創出する楽しさを知ったのは「豪快テレビ」の制作過程とその後の民放、ケーブルテレビを通じた山江村情報の発信を通じてであった。岸本氏との出会いとその後の交流がなければ、山江村民の大多数は放送メディアを使った地域情報の発信というアイデアを思い至らなかっただろう。住民ディレクター養成講座による住民ディレクターというアイデアと実践の山江村への導入、商工会の番組制作、各種情報発信媒体の確保、山江村を舞台にしたさまざまな情報発信イベントすべてに岸本氏が関係してきた。しかしながら、村民の相談に乗ったり、アドバイスしたりするが、岸本氏は村の外部者であり、リーダーとして村民を率先して率いるわけではない。あくまで黒衣である。

岸本氏の村に対する機能は、①住民ディレクターというアイデアと実践の導入、②人材養成の素地作り、③活動支援、応援、④メディアと村民との媒介、⑤情報発信の場と機会の提供にまとめられる。地域においてこのような機能を果たす人間を本章ではファシリテーターと呼びたい(6)。岸本氏は村の外部にいてこのような機能を果してきたので、外部ファシリテーターとしておく。

一方、山江村にも情報発信の重要性に早くから気づくとともに、地域づくりのために住民を支援する人物がいた。現村長の内山慶治氏である。内山氏は当時、一行政マンであり、村づくりの表舞台というより、岸本氏の住民ディレクターの意義を理解し、陰に陽にその活動を支援してきた。内山氏は村の内部にいて、外部ファシリテーターである岸本氏と交流し、心情的にもつながりながら、住民ディレクターというアイデアの村への導入を水路づけるとともに、住民ディレクターの人々をファシリテート（手助け、応援、支援）し、岸本氏の活動と住民ディレクターをつなぐ役割を受け持った。内山氏の住民ディレクター活動における役割もリーダーというよりはファシリテーターと形容するにふさわしい。ここではこのような機能を果たす人物を内部ファシリテーターとしておく。

両者ともリーダーという概念を適用しがたいのは、岸本氏は山江村という地域社会において特定のポジションを占めておらず、また内山氏も行政マンで、村の影響―被影響という関係の埒外にあったこと、両者ともファシリテートするが、村内で支配的に行動しないこと、特定の目標に向けて、強いリーダーシップを発揮しているわけではないためである。岸本氏はこうした自己の役割を「相談者」と位置づけている。何より、第一義には楽しみに立脚した住民のメディア活動にはリーダーではなく、ファシリテーターという概念を充てるのが適当と考えられる。

このように強いリーダーシップで住民・市民を牽引するのではなく、二人のファシリテーターが活動の戦略点に位置して、人々をうまく水路づけていく機能が活動の全体図のなかに位置づけられているところに山江村の住民ディレクター活動成功の理由をかいま見ることができるのである。

図8－2　山江村における（初期）住民ディレクター活動の内的構造

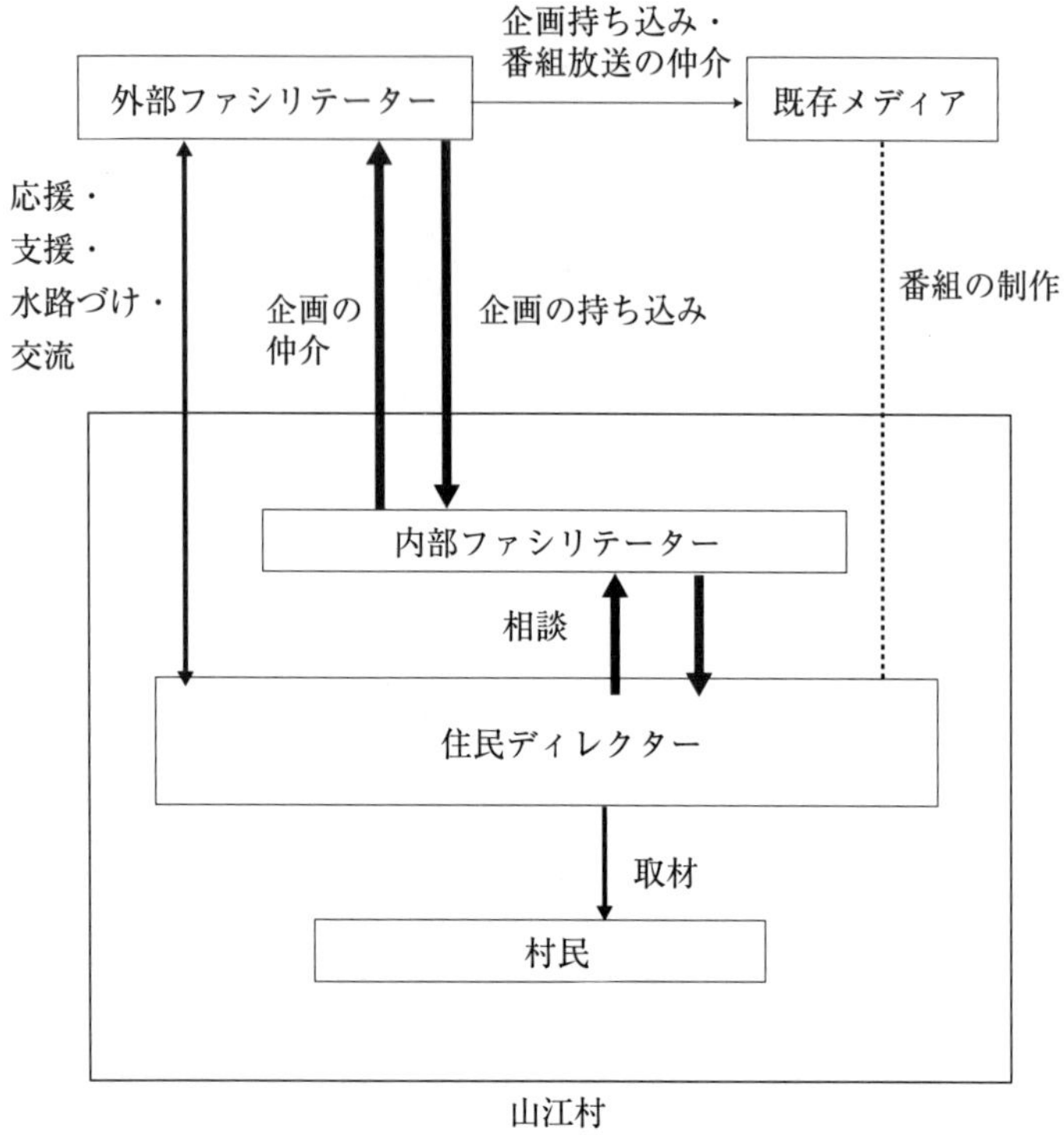

さらに山江村では外部ファシリテーターと住民ディレクターも緊密に結びついており、強い信頼関係が見られる。山江村の住民ディレクター活動は岸本氏という外部ファシリテーターと内山氏という内部ファシリテーター、そして住民ディレクターの人々の偶然かつ絶妙の出会いとその後の信頼関係によって成り立っている。外部ファシリテーター、内部ファシリテーター、住民ディレクター的機能を果たす住民の三者が連携して地域情報を創出、発信する状況をここでは「山江モデル」と呼んでおきたい（図8－2）。

地域においてはまちづくりのアイデアを持ったマンパワーが不足していたり、閉鎖的な文化的・社会的風土が障害となって、人材資源を有効に利活用できない例がまま見られる。こうした状況に対して、外から新しい情報や発想をもたらすことで、地域が大きく変わる可能性がある。山江モデルは地域情報の創出・発信における外部—内部連結の重要性を考察する上での重要な事例といえよう。

第一〇節　既存放送局と住民ディレクター活動の非対称性

ところで、山江村における情報発信の大きな課題は住民ディレクターが制作した「番組」の多くが山江村で見ることができない点にあることは随所で指摘されており、自前のメディアを持つことは行政の課題となっている。いわば真のオーディエンス＝地域情報の最大の受益者である村民が不在なのである。表８－２でも示したように、住民ディレクターはＣＳ放送やインターネットテレビ局の開局など、情報発信に熱心であるが、村内にはＣＳ放送が視聴可能な世帯、インターネット回線を引いている世帯は少なく、それゆえ、一般住民の住民ディレクター活動に対する理解は十分ではなかった。内山氏が村長就任後、村内一六地区で出前むら役場を行った折、住民ディレクターが紹介され、彼らが制作した「映像」を見せることで、住民ディレクターは村民に知られるようになったが、その活動の意義は現在においても、十分、理解されているとはいえない。村の行事でも、責任の課が異なると「テレビはいらない」といわれることもあり、行政でさえ、一枚岩で住民ディレクターの活動を全面的にバックアップしているわけではないようだ。その意味でも、住民ディレクター活動のさらなる展開のためには活動の（村民あるいは行政への）さらなる啓蒙が必要であろうし、究極的には自前のメディアを村に設立することが、課題となろう。

ところで、住民ディレクターの制作した「番組」について、番組を放送しているメディアはそれらをどのように評価しているのであろうか。

津田は熊本県内の地上波民放局の取材から「住民ディレクターのシステムは、確実に市民・住民・視聴者側と、テレビ局側の双方を内側から変えつつあるようだ」とその番組制作への影響を示唆している。（津田、二〇〇一、八六—八八頁）

ここでは熊本ケーブルネットワーク（以下KCN）が住民ディレクターの制作する「番組」＝『使えるテレビ』をどのように評価しているかを中心に見ておく。

聞き取り調査では、KCNは住民ディレクター活動の重要性をよく認識しており、彼らの制作する番組を地域密着で、自分の思いを発信する番組と位置づけていることが判明した。KCNは長い目で、住民が自分の力で情報を吸い上げる手助けをしたいと考えており、『使えるテレビ』はこうした活動を行う人々のための「養成所」のようなものととらえていた。『使えるテレビ』ではプロの意見が入りすぎるとアマチュアの意見が退く、そうすると何のための番組か分からなくなるので、局としては特に意見は出さず、時間を貸すというスタンスである。

一方、KCN側からは制作された映像のクオリティに関して、「もう少し見やすいやり方があるのではないか」「音がよく聞こえない」「三脚を据えたり、画面を編集したりすればよい」などの要望も見られた。ここには放送番組は視聴者に「見て喜ばれなければならない」という考えが背景にある。

KCN側から出た「発想は住民ディレクター、制作は局でというのが望ましい」という意見にも見られるように、「番組」のとらえ方、クオリティの評価において、放送局と岸本氏の住民ディレクターの発想とは見解が対立している部分も大きい。KCNとしては、セミナーの開催による技術的な援助、山江村の住民ディレクターの人々と撮影や編集を一緒に行いたいという意向を持っているようであるが、KCN側の時間的都合、山江村との物理的な距離の問題から実現困難な様子が見て取れた。

問題は、放送局からの援助などが住民ディレクターの理念に果たして合致するのかということである。商業メディアと住民ディレクターの理念や手法は乖離が大きい。究極的には住民ディレクターの理念と商業放送局の求めるものの非対称というアポリアは解決不可能のように思われる。さらに、商業テレビ局にとって重要なのは視聴者からの反応ということになるが、現段階で、『使えるテレビ』に関する視聴者からの反応は肯定的否定的含めて「ない」ということである。研究者からの反響は大きいが、一般視聴者からの反応は少なくとも局にはない。このことの意味は大きい。つまり、山江村の住民ディレクターにとって『使えるテレビ』は情報発信の練習場であるが、熊本市民からは本来的な使えるテレビの理念を体現した番組として受け入れられていない可能性があるのである。

第一一節　住民ディレクターの方向性

住民ディレクターの人々は東京をはじめ、各地で自らの活動を報告・アピールする活動を行ったり、「映像」作品においても賞を受賞するまでになった。さらに近年では村を出た若者が帰村し、仲間を巻き込むことで、住民ディレクター活動は再活性化してきた。すなわち、山江村の情報創出・発信は図8－2に示した初期山江モデル的な構造を脱して、内部発展する時期が来ている。こうして、最終的に山江村に住民ディレクター、住民プロデューサーが数多く輩出し、自前の村づくりが可能になった時が、まちづくり応援会社有限会社プリズムの理念が達成された時ということになろう。

こうした住民ディレクターおよびその活動がより全国的に展開されて、地域情報の生成や発信、地域づくりにとって有効に生かされるにはどのような方向性があるのだろうか。

ここで想起したいのは住民ディレクター概念の二重性である。住民ディレクターはまずは実体としての「人」とその「活動」からとらえることができた。なぜ山江村の住民ディレクター活動が他に比べて活発なのかを考えると、岸本氏と「気の合う」人々が多いという対人関係的な理由もあるが、山江村という地域の大きさが大きな要因と考えられる。すなわち、人口四〇〇〇人規模で、生活感覚がある程度共有されているのであれば、映像技術は二義的でもよいだろう。生産される情報が他の村民と共感・共振する素地があるからだ。しかし、人口規模が大きくなり、異質な住民で構成される地域では、生活感覚の共有は薄いか存在しない。したがって、そのような地域では住民ディレクター的な情報創出・発信はあまり有効性を持たず、制作した番組も相当程度の技術的レベルをクリアーしないと見てもらえないということになる。熊本市での『使えるテレビ』実践で熊本市民から、さしたる反応がないのはこうした理由に起因すると考えられる。

したがって、住民ディレクターという実践が有効なのは生活感覚の共有が見られるメゾ・スケール的地域までということになるだろう。しかし、そのことは住民ディレクター概念の価値を些かも貶めることにはならない。なぜなら、住民ディレクターが熊本という地方で生まれ、都市ではなく、まさに地方のまちづくり、地域振興を目指した実践概念だからである。概念の成り立ちが農林水産業を基軸においたナノ（小さな）・スケールからメゾ（中間の）・スケールまでの地域を想定しているのである。

山江モデルが他地域にも移植可能かどうかを考える時、まずは当該地域の大きさや風土が問題になる。それと同時に山江村のような外部ファシリテーター、内部ファシリテーターという装置と彼らと信頼で結ばれた住民ディレクターという関係が構築されうるかがポイントになる。

岸本氏は豊富な経験を有した元テレビマンであり、映像制作、ディレクター、プロデューサー等広範囲の役回りに目配りできる人物である。しかし、地域づくりに関心を持ち、なおかつこうした能力を持つ人材が各地に遍在しているわけではない。地域内部に自閉した情報創出や発信が陥りやすい問題点としてファシリテートする人への強依存がある。山江村でも内山氏が他課へ転出したとたん、活動が極度に低下したように、中心となるファシリテーターやリーダーが不在となることによって活動が低下、休止に追い込まれることは多くの事例が教えている。まして住民ディレクターは個の自由な活動の上に成り立つのであるから、自由な「個」とその活動を応援する「装置」＝ファシリテーターの役割は何より重要であるはずだ。他地域で住民ディレクター活動が成功するか否かはこのファシリテート装置をいかに構築するかにかかっているといえよう。

一方、前述のように住民ディレクターは精神性、「住民ディレクターなる精神」として把握されうる。つまり、「映像」制作を通じてまちづくりを行う自覚を持った人という意味である。これは個人の精神・自覚の問題であるから実体としての住民ディレクターが他地域に移植されるほどの困難はないだろう。「住民ディレクターなる精神」を基礎にして、それぞれの地域の実情に合ったメディアの利用、情報発信を行い、それをまちづくりにつなげていく。すなわち、熊本の住民ディレクターが基本フォーマットにはなるが、その各地における繁茂形態は多様であるということだ。

住民ディレクターは実体論的にとらえると、その具体的移植にはさまざまな困難が予想される。しかしながら、内包する精神という観点から見ると、地域情報の創出・発信、そして地域づくりに大きな示唆を与えてくれるものと考えることができる。そして、後者にこそ、その創造的発展の道があると考えられる。

（1）　住民ディレクターとは最広義には地域の情報創出・発信を通じて地域づくりを行う人および活動と定義できるが、本章では住民ディレクターをその活動を行う具体的な「人」、住民ディレクター活動を住民ディレクターが行う情報創出・発信、地域づくり活動全般とする。

(2) ここでいう地域情報とは操作的に定義された実体概念としての地域の情報ではなく、そこに住む住民によって自我関与的であるととらえられた生活・行政・経済・社会的範域の情報総体としておく。

(3) 調査の主な手法は関係者への面接聞き取り調査である。

(4) 本章では一般的な映像という用語使用と住民ディレクター的な映像観を分けて記述する。住民ディレクター的な映像観は「映像」と括弧でくくってある。住民ディレクター的な映像観については「第七節　住民ディレクター概念の二重性」を参照のこと。

(5) このことは鎌倉ケーブルコミュニケーションズ、むさしのみたか市民テレビ局、上越ケーブルビジョンに対する聞き取り調査でも確認された。

(6) ファシリテーターは地域メディア研究会（代表：林茂樹中央大学教授）の研究活動で得られた概念である。

参考文献

児島和人・宮崎寿子編著『表現する市民たち』日本放送出版協会、一九九八年。

津田正夫・平塚千尋編『パブリックアクセス』リベルタ出版、一九九八年。

津田正夫『メディア・アクセスとＮＰＯ』リベルタ出版、二〇〇一年。

津田正夫・平塚千尋編『パブリック・アクセスを学ぶ人のために』世界思想社、二〇〇二年。

水越伸『変革の世紀⑪インターネット時代を生きる』ＮＨＫ出版、二〇〇三年。

田村紀雄編『地域メディアを学ぶ人のために』世界思想社、二〇〇三年。

丸田一『地域情報化の最前線　自前主義のすすめ』岩波書店、二〇〇四年。

早川善治郎編『現代社会理論とメディアの諸相』中央大学出版部、二〇〇四年。

Ｍ・チクセントミハイ『楽しみの社会学』今村浩明訳、新思索社、二〇〇一年。

岸本晃「住民ディレクターが創るテレビの未来」『GALAC』二〇〇一年一〇月号。

「市民がつくる放送」『passing time no.38』二〇〇二年。

総務省「第4回地域メディアコンテンツ研究会資料」二〇〇二年。

第1回「市民メディア全国交流集会20パンフレット1」二〇〇三年。

「皆で作ればどぎゃんな」『朝日新聞』二〇〇四年一月一六日朝刊社説。

岩本太郎「あの熊本の住民ディレクターたちが幕張の巨大IT見本市を直撃「ユビキタス村テレビ発信」」『GALAC』二〇〇四年一二月号。

「熊本県球磨郡山江村ドラマ『物語は始まっている…。』村民による情報発信」マロンてれび紹介パンフレット。

ホームページ（年月日はデータ取得日）

プリズム（http://www.prism-web.jp/index2.html）二〇〇五年八月一七日。

山江村（http://www.yamaemura.jp/）二〇〇五年八月一七日。

やまえ村民テレビ（http://www.ystv.jp/）二〇〇五年八月一七日。

マロンてれびブログ（http://blog.livedoor.jp/marrontv/）二〇〇五年八月一七日。

人吉球磨行政組合（http://www.hitoyoshikuma.com/）二〇〇四年五月六日。

野村敦子「地域情報化政策に求められるパブリックアクセスの導入」日本総合研究所（http://www.jri.co.jp/）二〇〇四年五月一二日。

特定非営利活動法人地域資料デジタル化研究会「熊本住民ディレクター岸本さんとの交流会」（http://www.digi-ken.org/）二〇〇四年五月六日。

永井雄二「特集　地域情報の発信　映像制作で地域の人・ものを再発見—住民ディレクターが手作りの番組発信」財団法人地域活性化センター『月刊地域づくり』（http://www.chiiki-dukuri-hyakka.or.jp/book/monthly/0401/html/t09.html）二〇〇四年五月六日。

電子自治体情報誌『月刊e・Gov』（http://www.egov-online.jp/）二〇〇四年五月六日。

『NIKKEI NET』（http://www.nikkei.co.jp/）二〇〇四年五月六日。

『くまにちコム』（http://kumanichi.com/）二〇〇四年五月六日。

『にしてつニュース』（http://www.nnr.co.jp/inf/news/bucknumber/n0112/）二〇〇四年五月六日。

聞き取り調査の概要

二〇〇三年一〇月一八日　岸本晃氏、プリズム事務所。
二〇〇三年一〇月一九日　内山慶治氏（村長）・松本佳久氏・横山浩之氏、於山江村。
二〇〇四年二月二〇日～二二日　松本佳久氏・本山民子氏他住民ディレクターの人々、於山江村。
二〇〇四年一〇月二日　岸本晃氏、プリズム事務所。
二〇〇四年一一月二二日　熊本ケーブルネットワーク（KCN）。（地域メディア研究会）

※なお、二〇〇五年九月段階でKCNへの山江村住民ディレクターの番組（素材）提供は終了しており、山江村の住民ディレクターが制作する番組はマロンてれびのインターネットTV局、イレギュラーの地上波放送局向けのみであることを付記しておく。

※本章執筆に当たり、岸本晃氏、内山慶治氏、住民ディレクターの方々、とりわけ松本佳久氏、本山民子氏、横山浩之氏、一二三信幸氏には大変お世話になりました。この場を借りて御礼申し上げます。

第九章　ブロードバンド技術を活用したＣＡＴＶ事業の動向とその受容

——北海道紋別郡西興部村ケーブルテレビを事例として——

岩佐淳一
浅岡隆裕
内田康人

第一節　西興部村《にしおこっぺむら》ＣＡＴＶ研究への導入

一　本章のアウトライン

（1）研究のねらい

本章は、「ＦＴＴＨ」という最先端のブロードバンド・ネットワークを導入した先駆的な事例として、北海道紋別郡西興部村のＣＡＴＶ事業を対象とした調査研究の概要である。西興部村の社会構造の検討やＣＡＴＶの利用状況について社会調査に基づいた分析を行うことで、今後のＣＡＴＶをとりまくブロードバンド化の動向を占うことを目的とする。

「ＦＴＴＨ」という最新技術をあつかうことから、その技術的な可能性に注目しつつも、われわれは社会学的な問題提起や検証が必要との問題意識を共有している。また、新しいテクノロジーが導入される際に、送り手側の期待のみならず、既存社会にどのように受容されていくのかという実態について、社会調査による検証が重要な意義をもつと考えている。

本章では、まず地域の社会構造、地域社会と地域メディアとの関わりについて検討する。そのうえで、量的・質的社会調査から、FTTHの導入により地域や住民に受容／抵抗／変容が生じるプロセスとその動向を分析していく。さらに、それらの問題点や課題を抽出し、CATVのブロードバンド化における今後のあり方についても展望していきたい。

（2）調査の手順と本章の構成

放送と通信機能を併せ持つCATVが、地域住民の生活構造や情報行動においてどのような意味や役割を担っているのか、送り手と受け手双方への実証的な調査を通じて検証した。本研究では、以下の三方向のアプローチから調査を行っている。

①CATVの導入過程およびFTTH化の動向についての把握(1)
②受け手によるCATV利用の実態とその認識についての量的な検証(2)
③CATV利用の実態とその認識についての質的な理解(3)

これらに基づき、本報告としては以下の三部構成をとる。第二節では、西興部村の地域特性、社会構造を把握し、CATVなどの地域メディアがいかなる歴史的経緯のなかで導入され、現状としてどのような事業・サービスが行われているか、その概要と特徴を分析する。第三節では、量的な質問紙調査から、放送・通信サービスの受け手である地域住民が、CATVの各種サービスをいかに認識・受容し利用しているか、住民意識、情報行動の傾向を明らかにする。第四節では、質的な面接調査から、第三節の量的調査の結果を補完し、現状の課題と今後に向けての示唆を提示していく。

二　西興部村を研究対象とする意義

(1) 西興部村CATV事業とFTTHの特徴

ＣＡＴＶはそもそも難視聴対策として導入された経緯をもつものの、その後多岐にわたる展開を見せている。現状としては、事業主体、事業の形態・規模・内容などの違いから分類することが可能である。今回の調査対象である西興部村のＣＡＴＶ（「西興部ケーブルネットワーク（ＮＣＮ）」）は、村営であることから「自治体主導」、事業エリアは村内のみと「小規模」であり、また農水省の補助事業の指定を受けた「農村型」ＣＡＴＶの典型例である[4]。近年では、住民が地域メディアを主体的に利用して、住民の視点から地域情報を発信する取り組みが注目を集めている。その一方で、西興部村に代表される小規模の市町村域では、官がメディアを構築・整備し、情報も発信していくという形態が、現実には最も多く見られる類型である。

近年のＣＡＴＶをめぐる動向として、「多チャンネル化」、「インターネットプロバイダー事業」[5]、「多機能・マルチメディア化」がある。こうした動向を技術的に後押しするものとして「ブロードバンド化」が急速に進展している。この「ブロードバンド化」により大容量のデータのやりとりが可能となることで、「多チャンネル化」、「通信速度の高速化」、「多機能化・マルチメディア化」がさらに本格的に推し進められるなど、多様な展開が期待されている。

このブロードバンド技術の最先端に位置するのが、「ＦＴＴＨ」である。「ＦＴＴＨ」とは、“Fiber To The Home”の頭文字をとったもので、光ファイバーを家庭までダイレクトに敷設することで、超高速の通信環境を実現するものである。従来から、幹線部分に光ファイバーを使用し各家庭までの引き込み部分には同軸ケーブルを用いる「ハイブリッド方式」（HFC）が、広く利用されてきた。しかし、「ハイブリッド方式」では、家庭までの最後の数百メーターのところで同軸ケーブルと接続するため、光ファイバーの超高速回線を活かし切れない「ラスト・ワンマイル」問題が課題とされてきた。「FTTH」では、光ケーブルを各家庭まで直接引き込み、ネットワークを全光化することで「ラスト・ワンマイル」問題を克服し、動画像などの大容量情報をよりスムーズに送受信することが可能となる。西興部村で導入された光ケーブルの場合、映像信号と通信信号という二種類の光信号を波長多重化し、一心の光ファイバーで伝送している。村内のLANは上り・下りとも一〇Mbpsの伝送速度で通信可能であり、CATV設備は多チャンネル、大容量化に必要な七五〇MHz帯に対応したものである。

（2）なぜ西興部村CATVか

上記のように、西興部村CATVの最も注目すべき技術的特徴は、「FTTH」という最新のブロードバンド技術を全国に先がけて導入している点にある。このブロードバンド・ネットワークを基盤として、映像系通信サービスをはじめとする多様な住民サービスが行われている。

一方、西興部村の社会的概況としては、本章の内容を先取りすると、過疎化・高齢化が進み、山村地域として典型的な社会問題を抱えている。こうした状況下で、いかにして地場産業を育て、人口流出を防ぐことで地域を守り、また活性化させていくかという難題に、地域をあげて取り組んでいるところである。

以上をふまえると、いくつかの問いが浮上してくる。すなわち、このような地域に最先端のFTTH技術を導入することには、いかなる意味があるのだろうか。社会問題など地域特有の課題にどれだけ寄与しうるだろうか。また、それらは地域社会や地域住民に、どのように受け入れられていく（あるいは受け入れられない）のだろうか。FTTH

技術のどのような社会的活用のあり方やそれに付随する補助的な取り組みが求められているのだろうか、などである。

こうした先進的な取り組みに関する問いの探求は、同様の社会的条件におかれた地域に情報技術の新規導入を検討する際に有用な示唆をもたらすとともに、ＦＴＨの地域への活用やそのあり方、有用性についてより広範に考えるうえでも一助となるものであろう。以下では、これらの問いに対し、三方向からアプローチしていく。

第二節　西興部村の地域社会構造とＣＡＴＶ事業の動向

一　西興部村の地域社会構造とその特質

（1）西興部村の概要と地理的・空間的条件

紋別郡西興部村は、北海道北東部、網走支庁管内の西北端に位置し、東と北は興部町、西は上川郡下川町に接する。面積三〇八・一二㎢、うち森林面積八七・八％と、村の大部分を原生林に囲まれた山村である。地形としては平坦地がきわめて少なく、興部川・藻興部川沿いの狭小な帯状地形を利用して集落が形成されている。気象は、オホーツク海気圧の影響を受け、概して低温不順である。過去五年間の平均気温は五・六度、年平均降水量一〇七三㎜、年平均降雪深は二六〇㎝であり、冬の期間が長く雪深いなど気候的には厳しい土地である。

人口は一一三二人[6]と、人口規模としては道内でも最小クラスである。村内には一〇の集落[7]があり、各々が一定の間隔をおいて点在するのが、地理的・空間的配置としての特徴である。西興部村自体も、近隣地域の集落から一定の空間的距離をおいて孤立するように位置している。鉄道路線は廃止されており、自動車・バスを利用しなければ、村外はもちろん村内の他の集落に移動することすら困難な場合が多い。さらに、冬場の厳しい気候的条件も、ますます孤

図9－1　西興部村人口の推移

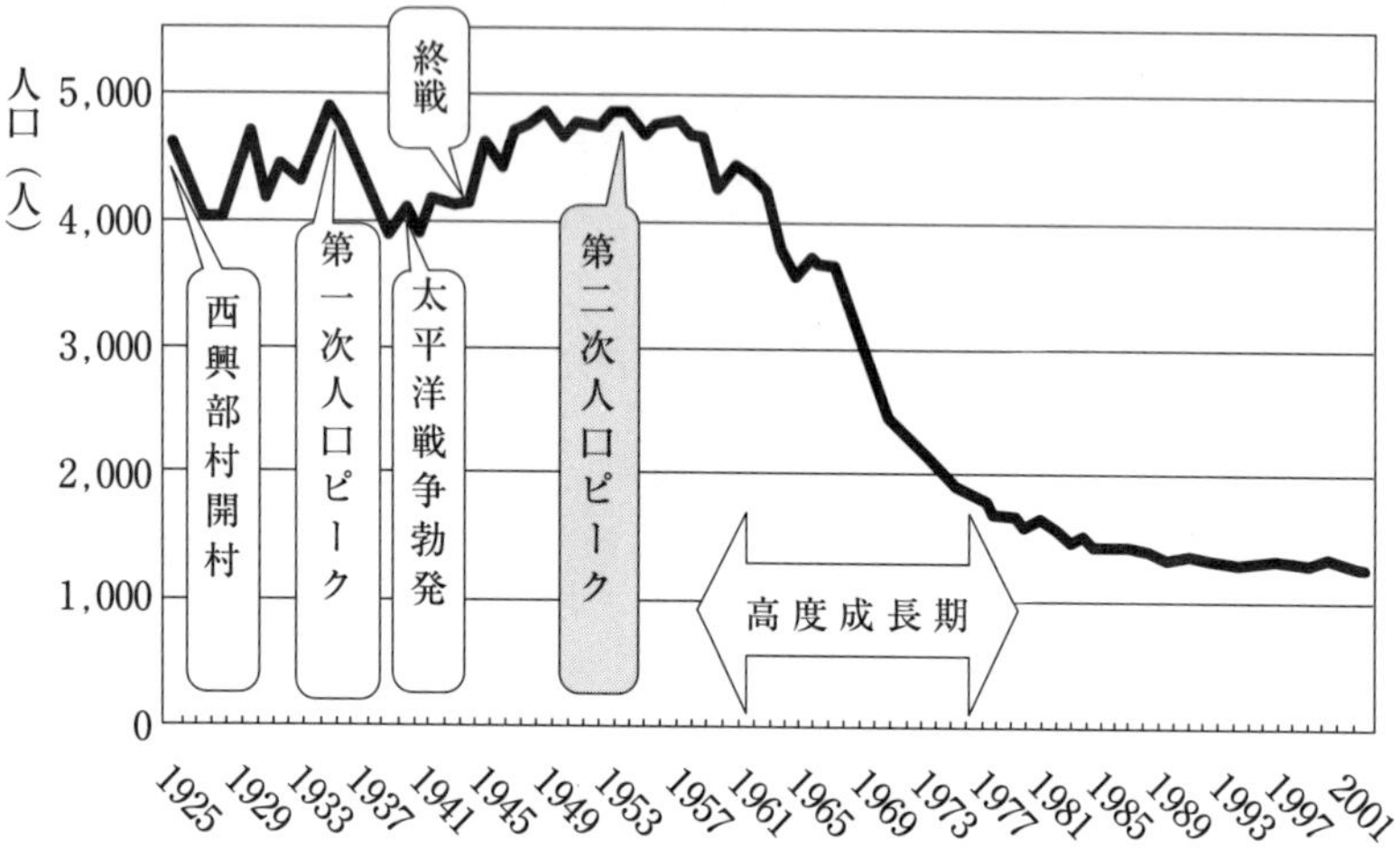

立状態を深める要因となる。このように、西興部村はいわば空間的には隔離状態にあり、また行政区画としても網走支庁管内の最西端であることから、村外からは「へき地」として位置づけられることも多い。

その一方で、道路としては、名寄から下川を通り、西興部村を横断して、オホーツク沿岸の興部までを結ぶ国道二三五号線が整備されており、村外へ出ようとする意思があれば、自動車やバスを利用して近隣に出かけていくこともさほど困難ではない。西興部の中心部から隣町の下川や興部までは車で三〇分ほど、名寄や紋別でも一時間ほどの距離である。自動車を利用することで、生活行動を広域化することも十分可能である。

こうした西興部村の地理的・空間的条件は、住民の生活構造や生活意識を基礎づけるものと考えられる。

(2)　歴史的背景──過疎化への流れ

一九〇三年（明治三六年）、興部─名寄間の道路開通を受けて、翌一九〇四年に現在の中興部、上興部の集落に入地があった。これを西興部村の起源とする。一九〇九年より興部村に属した。一九二一年の名寄線開通の恩恵を受けて木材業が盛況となり、農業もでんぷん工場等が相次ぎ創業するなど産業基盤が確立し、人口も増加していった。一九二五年（大正一四年）には興部村より分村し、西興部村が誕生した。

戦前の人口のピークは、開村後一〇年を迎えた一九三五年の四八六七人。その後、一時減少するも、戦後また漸増し、一九五四年に第二のピーク（四八六二人）を迎えた。しかし、以降は人口減少の兆しが見え始め、一九六〇年ごろから過疎化が進んでいった。かつては木材景気がこの地区の繁栄をもたらしたが、戦後になると木材資源が枯渇し、林業界の合理化が逆に人口減少の一因となった。さらに、高度成長期以降、都市への青年の流出など人口流出の要素が重なり、過疎化が急激に進んでいった。高度成長期も終焉に向かう一九七五年以降、減少幅は緩やかになってきている。

（3）近年の社会変動、村をとりまく状況

(イ)　集落衰退のバロメーターとしての小中学校の廃校

一九六六―八五年の二〇年間に、村内七校もの小中学校が廃校になっている。住民によると、「学校が地域の核となって行事を行ったりということがあるので、廃校になると地域自体がさびれていってしまう」という。こうして数多くの集落がさびれてきた歴史がこの地域にあり、現在では上興部と西興部という二つの集落に集約されつつある。これと呼応するように、現在、村内の小学校は二校（西興部小、上興部小）、中学校は一校（西興部中）のみとなっている。(8)

(ロ)　名寄線の廃線とバス転換

一九八九年、西興部地域の唯一の鉄道路線であった名寄線が廃線となった。七〇年近くものあいだ、地域の産業と住民の生活を支えてきた鉄道路線の廃線は、「あるものがなくなってしまうことの恐怖はあった」（高畑村長）との言葉どおり、大きな危機感を住民に与えた。しかし、「なくなってしまうことは仕方ない」（高畑村長）と、逆に線路や駅の跡地を再利用し、ホテルや病院、マルチメディア館などの公共施設が次々と建設されており、現在ではそのエリアを地域の核として、街並みの再開発が行われている。

（4）人口構造の変化

西興部村の人口は一二三二人、世帯数六七八世帯である。[9]人口の推移としては減少をたどっており、特に高度成長期の人口の激減と過疎化は、歴史的背景のなかで触れたとおりである。

近年における人口動向の特徴の一つとして、人口減少を村の施策によって、何とかくい止めている現状を指摘することができよう。二〇〇〇年の国勢調査では、道内の八割を超す市町村で過去五年間での人口が減少している。増加している地域は、札幌などの大都市部およびその近郊が中心であった。そのなかで西興部村は、農山村地域としては例外ともいえる人口増加を微増ながらも記録している。

さらにもう一つの特徴として、人口構造の高齢化・少子化が急速に進んでいることが挙げられる。一九五〇年度に四〇％を超えていた一五歳未満人口比率は、二〇〇二年度にはわずか一〇・四％と、四分の一にまで減少している。一方、一九五〇年度にわずか四・三％だった六五歳以上人口は、三〇・八％（二〇〇二年度）と三〇％を超え、高齢化の進んだ地域となっている。

（5）産業構造とその変動

村内の産業は第一次産業中心とはいうものの、酪農以外の第一次産業はふるわないのが現状である。図９－２のとおり、第一次産業従事者が全体として減少傾向にあるため、逆に酪農家の占める割合はますます増加しており、村内の第一次産業は酪農に集約されつつある。[10]

図9－2　産業構造別従業者の推移

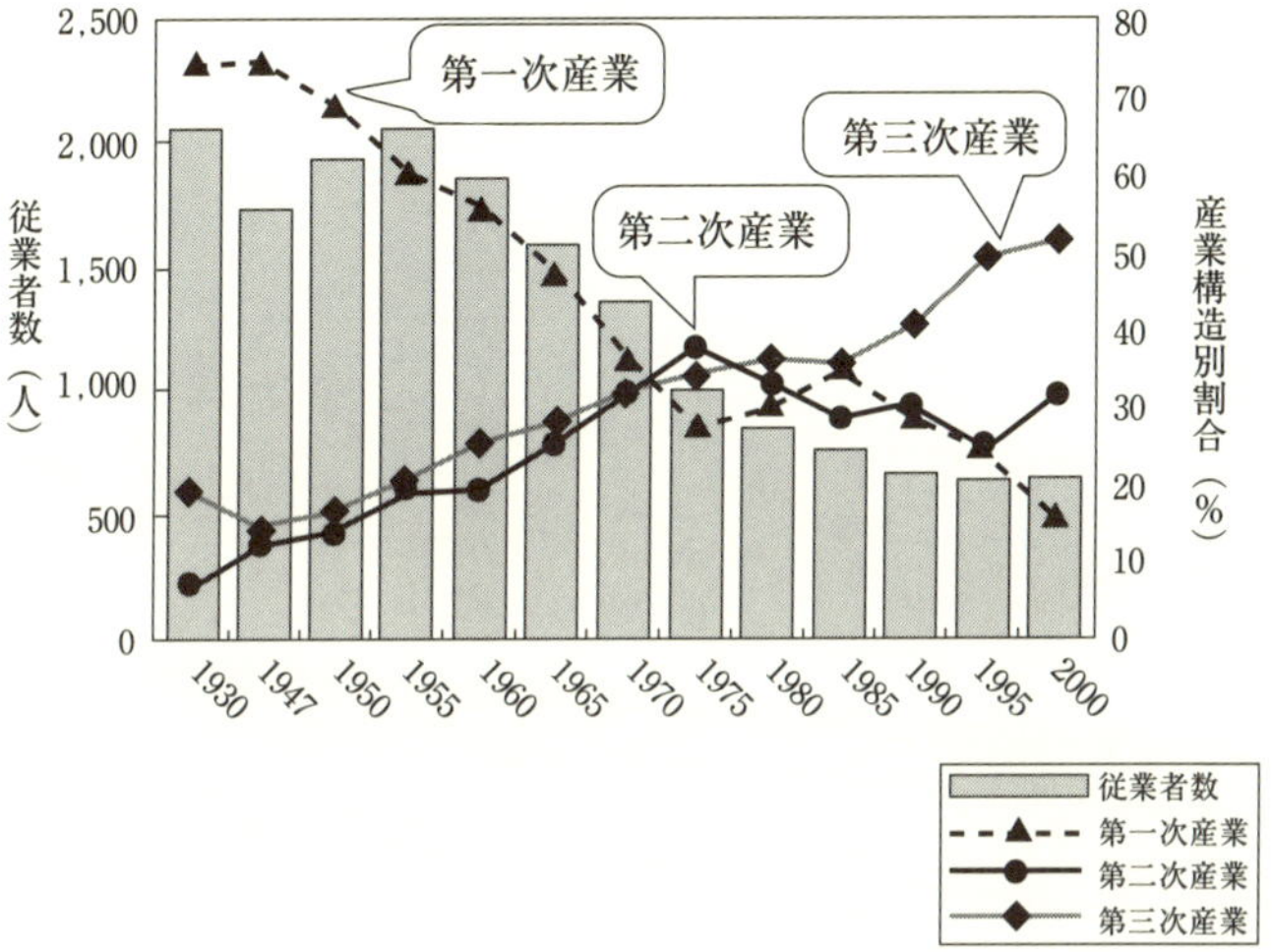

また、第二次産業も、木材工業の倒産（一九八八年）、きのこ工場の倒産（二〇〇三年）など厳しい状況下におかれ、従事者数も減少の一途をたどっている。こうした情勢のなか、土着産業の保護と新たな産業分野の開発が村の施策として進められており、積極的に雇用を創出・確保する試みがなされている。一九八八年に倒産した木材工場を引き継ぎ、第三セクターとして楽器（エレキギター）工場を操業（一九九一年）することで、従業員の働き口の確保と新規若年雇用を呼び込んだのは顕著な例である。他に、山菜加工場（一九七八年）や淡水魚加工施設（一九九五年）の建設などが行われている。

一方、第三次産業はその比率が増大し、西興部村では第一次産業から第三次産業への産業構造の変化が急速に進んでいる。その背景にも、ホテルなどの公共施設や福祉施設を建設することで新規雇用の創出をねらう村の施策の存在を指摘することができる。公共施設の建設としては、近年では、ホテル「森夢」（一九九五年）、森の美術館「木夢」（一九九七年）、道の駅「にしおこっぺ花夢」（二〇〇〇年）、マルチメディア館「IT夢（アトム）」（二〇〇一年、以上オープン）などの例がある。福祉施設については、表

表9－1　村内の福祉施設設立状況

福祉施設名	設立年
老人福祉寮「つつじ苑」	1985年建設
特別養護老人ホーム「にしおこっぺ興楽園」	1988年開園
老人福祉センター	1992年建設
知的障害者厚生施設「清流の里」	1996年建設
知的障害者グループホーム	1998年建設 2001年建設
ケアハウス「せせらぎ」	1999年建設
障害者地域共同作業所，グループホーム「ピア２」)	2000年運営開始

出典：西興部村ホームページをもとに作成

９－１のとおりである。こうした村の施策を受けて、現在、福祉を支えるスタッフは七〇～八〇名となり、その家族を含めて三百人近い福祉人口を有している。

（６）商業の現状と村民の消費行動

村内の商業は、商業商店数二三店、商業従事者数五九人、小売業商店数二〇店、飲食店数五店[11]であり、店舗の配置は西興部と上興部の中心部に集中している。村民の消費行動としては、食料品や日常生活用品といった消費財は村内での購買が多く、西興部地区の中心街にあるスーパーやコンビニエンスストアがよく利用されているという。家電などの耐久消費財については村内で購買できる店舗がないため、名寄や旭川といった村外に出かけたり、通販（ネット販売）などを利用して購入しているようである。

このように、日常的な消費財であれば、わざわざ村外に出かけなくても村内で購入できることから、日常生活を村内でおおよそ完結させることも十分可能である。つまり、実際に生活する住民は、村外の人々が考えるほど村内での生活に不便を感じていないという実態もうかがえる。

（７）西興部村の社会構造のまとめと村政の対応状況

西興部村の地域社会の特徴としては、まずは過疎化のなかでも独自の地域コミュニティが保持されていることが指摘できる。戦後、地域社会の流動性の高まりに起因する地域コミュニティの空洞化や崩壊が語られている。しかし、

図9－3　西興部村の社会構造のまとめ

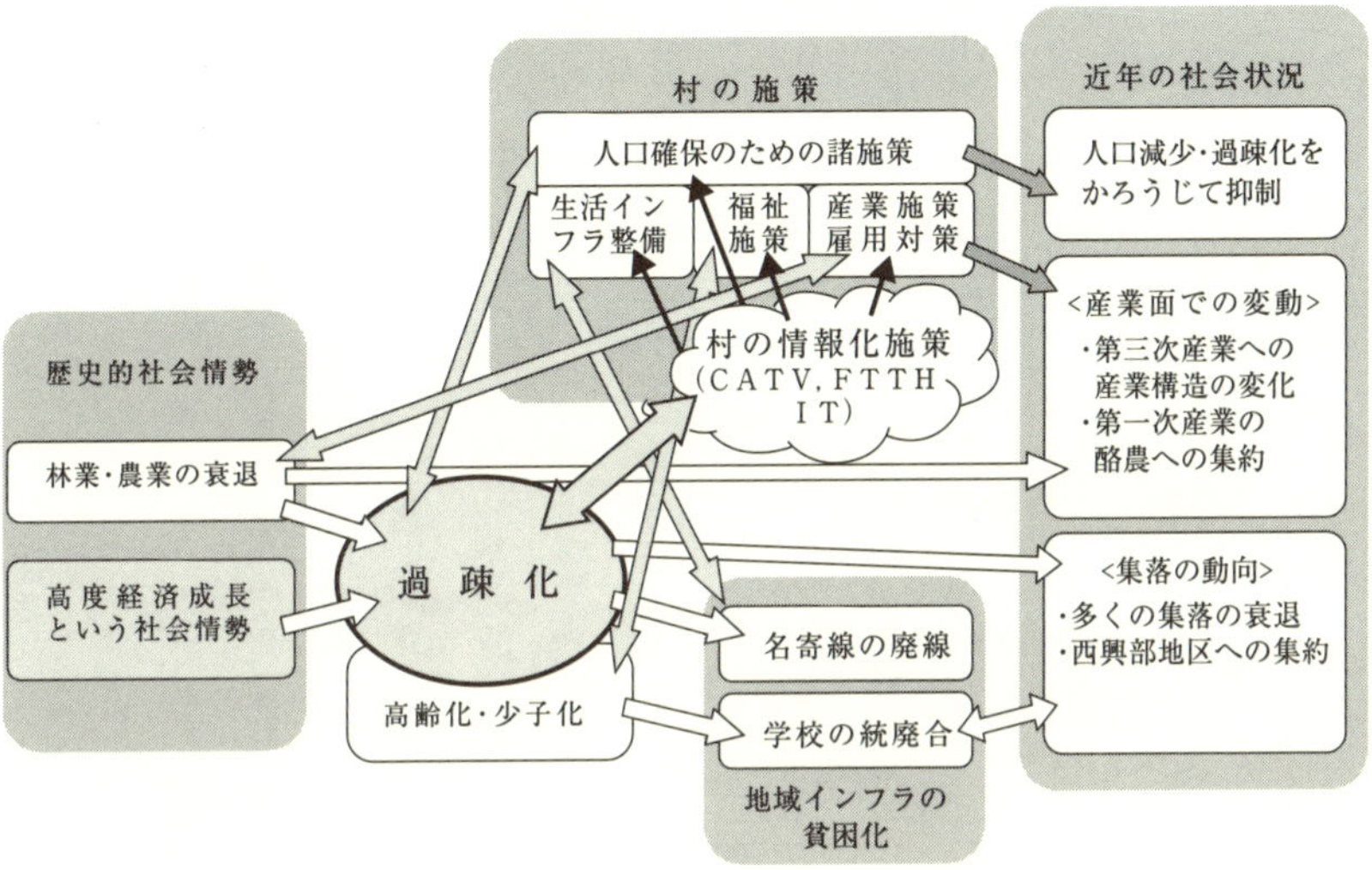

西興部村は地域の歴史が浅く、そもそも流動性の高い地域社会であったことから、一般にいわれる農村型コミュニティとは異なった同質性と閉鎖性がともに低い地域コミュニティが作られてきた。そして、社会的条件の悪化が、そのまま人口の流出につながっていった。現在では、行政による社会環境の整備によって、過疎化の流れを何とかくい止めている状況にある。しかし、その空間的孤立性と地域の小規模さゆえに地域社会の空洞化や崩壊までには至っていない。村内では、千人余りの村民がおおよそ顔見知りであり、顔を見ればたいていどこのだれかはわかるという。また、うわさ話も盛んであり、対面的接触と口コミを基調とした、独自の地域コミュニティが保たれている。

また、西興部村のように地域の規模が小さくなればなるほど、地域において行政の果たす役割や住民の行政への依存度が大きくなり、地域における行政の存在感がそれだけ増大している。図9－3は、これまで俯瞰してきた西興部村の地域社会構造をまとめたものである。この図からも、村の社会構造への村政・村役場の影響力の大きさが見てとれる。特に、産業支援・育成や施設の建設・整備、それにともなう雇用の創出・確保においては、行政の力量がひときわ発揮されており、地域の課題解決へ向けて村政の果たす役割が非常に大きい現状が理解できる。

さて、西興部村が二〇〇二年に策定した「第三期西興部村総合計画」[12]では、主要目標の一つに、定住化の促進による人口の確保を掲げている。その実現に向けては村内の雇用口の確保が不可欠であり、さらなる産業振興策が求められている。また、住民の生活満足度を上げることで定住意向を高めていくとともに、村外からの転入者を呼びこむための方策も要請されてくる。総合計画のなかでも、こうした地域の課題解決に向けて「IT」を活用していくことが謳われており[13]、特に「産業分野と生活分野において、IT技術をいかに活用するか」[14]が、村政の主要なテーマとなっている。「IT」は、地域の課題解決の手段として、住民が豊かな生活を実現するための方途として、そして行政サービスの担い手として、期待されているのである。

また、村づくりの合言葉「心安らぐ　美しい夢のITタウン」にも見られるように、「IT」という言葉は、「夢」とともに地域アイデンティティを生み出すシンボルとしても位置づけられている。総合計画のなかでも、「CATV」ではなく「IT」という言葉が頻繁に用いられている。従来からの放送を中心としたCATVサービスよりも、FTTHのIT基盤を生かした通信系サービスのほうに、行政側のより大きな期待が込められていることが推察される。

二　西興部村の地域メディア

(1)　地域メディアの歴史と展開

(イ)　CATV先史

西興部村は、山間地帯であることから電波事情が悪く、全地域がテレビ・ラジオの難視聴地域である。そのため、以前から難視聴解消に向けて多大な尽力が払われてきた。一九五一年、ラジオの共同聴取と農協、役場等からの連絡事項の周知を目的として、有線放送施設を兼ねたラジオ共聴施設が西興部農協によって設置された。これにより、一九五五年には全世帯の七五％にまでラジオが普及した。また、この施設は有線放送施設として、村内における通信メディアの先がけとしての意味ももっている。一方のテレビは、一九六一年のＮＨＫ網走放送所の設置により、共同受信の要望が高まっていった。まず西興部地区では、同年五月「西興部テレビ共同聴視組合」（テレビ組合）[15]が結成され、一二月から共同受信が開始された。上興部地区でも、一九六二年春に「上興部テレビ共同聴視組合」を結成し、同年六月から受信を始めている。当時の受信局は、ＮＨＫ、ＨＢＣ、ＳＴＶの三局であった。

一九七〇年には、ラジオ共聴施設の老朽化にともない、農事放送電話施設が設けられた。これは村内のメディア環境において、二つの意味で大きな意義をもつ出来事であった。一つは、マスメディアとしてのテレビが全村的に普及するきっかけとなったことである。この施設の支柱を利用して、村内七つの「テレビ組合」がＮＨＫテレビの西興部中継所を開設したことで、村内にもようやくテレビが普及していった[16]。もう一つは、サービス内容として農協からの放送とともにダイヤル式電話が導入されたことにより、地域メディアとしての農事放送とパーソナルメディアとしての電話が同時にもたらされたことである。農事放送は一日三回、臨時放送は随時行われ、農協だけでなく小学校、消防、役場等の事業所から各農家に連絡できる通信メディアとして有効に活用された。秘話式ダイヤルの電話は、加入者間の通話はもとより、公社線に接続して村外との通話も可能であった[17]。

(ロ)　ＣＡＴＶ局（ＮＣＮ）の設立

一九八九年には、ＦＴＴＨ化の前身にあたるＣＡＴＶ局が、「西興部ケーブルネットワーク」（ＮＣＮ）として開局している。これは、農林水産省の農村多元情報システム（MPIS）の指定を受けた情報連絡施設として、自主放送を兼ねたテレビ情報システムである。二〇〇二年に「田園地域マルチメディアモデル整備事業」へ移行するまで、十三年間にわたって運営されてきた。サービス内容は、①NHK二局、民放四局、FM放送二局、衛星放送四局の再送信[18]、②自主制作番組「NCNチャンネル」、③緊急音声告知放送[19]である。

NCNの設立は、前出の「テレビ組合」の統合を契機としている。西興部村では集落ごとに共聴施設を作り、それを保守・管理するために「テレビ組合」を組織してきた。この共聴施設の老朽化をきっかけに、村役場を中心に村内の「テレビ組合」を統合・一本化する動きが広まり、村全域を網羅した村営CATV局（NCN）が設立されたのである。ここでは、NCNがこうした経緯によって設立されたポイントとして、二点を指摘しておく。

一点目は、NCNの設立には、「テレビ組合」の統合だけでなく、農協による農事放送電話を統合する側面もあったことである。施設の焼失により一九七五年に復旧された農事放送電話施設は、NCN設立時には十数年を経過しており、支柱が更新時期を迎えていた。これも、NCN設立のきっかけの一つであったという。NCNの音声告知放送のサービスでは、農協からも連絡できるように農協本部にも子機が備えられており、農事放送電話を引き継いだ名残を見ることができる。

二点目は、テレビ組合の歴史が、FTTH導入時における料金徴収への抵抗感の低さにつながっていることである。「テレビ組合」時代には、住民が月に五百円程度の「組合費」を負担し、共聴システムの保守・修繕に備えて、積み立てておく習慣があった。また、NCNが設立された後も、村役場は施設維持費用として毎月五百円を徴収していた。西興部村は「ケーブルがなければテレビも映らない」難視聴地域ゆえに、「自分たちが見るテレビは自分たちで」という意識が、テレビ組合の歴史のなかで培われてきた。それが、FTTH導入時においても、料金徴収という住民負担への抵抗感の低さにつながっていると考えられる。

(ハ)　FTTHの導入

「(CATVの)施設が老朽化したので線を張り替えるのに、たまたま光にしようかということで始まったもの。当初から情報化したいという意気込みで始まったものではない」(高畑村長)。

この言葉どおり、FTTHの導入は、CATVシステムを更新しようという村側の意向と、農水省の「田園地域マルチメディアモデル整備事業」選定のタイミングとが、偶然一致したことが契機となっている[20]。

FTTHを導入するねらいとしては、「保守管理のしやすさ」と「広帯域回線の将来性」という二つがあった。従来、西興部村では回線部分に「同軸ケーブル」が使われており、近年では多くのCATV施設で、光ファイバーと同軸ケーブルを組み合わせた「ハイブリッド方式」(HFC)が採用されている。「同軸ケーブル」では途中五〇〇mごとにアンプ(増幅器)が入り、「ハイブリッド方式」では光の幹線と各家庭への同軸をつなぐ部分に屋外設備・機器が何ヵ所も必要となる。西興部村では集落が離散しており、さらに冬場には積雪が多いなど気候条件が厳しいことから、これらの設備・機器の保守・管理が困難を極めるという。それに対し、FTTHであれば、センターから各家庭まで光ファイバー一本で直接結ばれ、途中に設備・機器が何も入らないため、保守・管理の手間を大いに省くことができるのである。

もう一点は、「広帯域回線の将来性」をにらんだものであった。今後、動画に代表されるコンテンツの大容量化や双方向でのサービス利用が予想されるなかで、十分な容量をもった媒体をネットワーク部分に確保したいというねらいもあった。

「計画のときから考えていたことは、(情報ネットワークの)両端の機械は日進月歩であるから時代に合わせて買い換えていくしかないが、光ファイバーというインフラを村内に張り巡らせておけば、それが将来に向けての財産になるということ。…（中略）…光にして新しいことは、双方向に（通信）できること」（高畑村長）。

（2）ＦＴＴＨサービスの概要と特徴

西興部村のＦＴＴＨサービスは、従来からのサービスを引き継いだものから、まったく新たに開始されたものまで、その内容・種類とも多岐にわたっている。それらはいくつかの指標から分類可能であり、本章では三つの指標からの分類を考えていく。一つ目は「サービス内容の分野」に分ける区分、二つ目が「放送系サービス―通信系サービス」という区分、そして行政側のねらいを「地域情報の提供・流通―それ以外の住民向け行政サービス」に分ける区分である。

まずは、「サービス内容の分野」ごとに西興部村のＦＴＴＨサービスを見ていくと、農業振興、高齢者福祉、農村生活改善、学校交流という四つの分野にわたっている。ＦＴＴＨサービスの概要については、表９－２のとおりである。ここでは、従来までのＣＡＴＶサービスから大きく変わったポイントとして三点を指摘し、随時説明を加えていく。

(イ)　ＦＴＴＨを活用した通信系サービス、特に映像系サービスの導入

ＦＴＴＨ化にともない、そのブロードバンド・ネットワークを活用した通信系サービスの増加や新たなアプリケーションの導入が顕著に見られる。特に、「牛舎遠隔監視サービス」や高齢者向けの「テレビ相談システム」、「ＶＯＤ」など、ブロードバンド環境を活かした映像系サービスが、今回のＦＴＴＨサービスの目玉ともいえる。

「牛舎遠隔監視サービス」は、村の基幹産業である酪農を振興するためのサービスの一つとして、村内の酪農家に提供されている。遠隔監視カメラを牛舎に設置し、自宅のパソコンから牛舎の状況を確認することができる。また、

表9－2　西興部村ＦＴＴＨサービスの概要

農業振興に係るサービス（サービス提供農家　2法人17農家）	
農業気象情報サービス	気象観測衛星のデータより，西興部村地域の気象予報によって農業気象情報を提供する。
牛舎遠隔監視サービス	遠隔監視カメラにより，自宅から牛舎状況が確認できるほか，獣医へ画像を送信してアドバイスを受けることができる。
家畜台帳データサービス	乳牛個体管理データ，乳検検査データ，乳検データ等各種検査結果を直接サーバに配信し，病歴などの個体データと合わせた家畜台帳を作成し，乳検個体管理を行う。
農業支援サービス	北農電算データを活用して組勘連動経営簿記（ソリマチ）の作成や青色申告等を行うことができ，経営管理に資することができる。
高齢者福祉サービス（サービス提供世帯64世帯）	
健康サービス	血圧と体温を測定し，保健師に送信するとともに健康相談を受けることができる。(42世帯)
テレビ相談システム	ＴＶ電話を利用して，保健師に健康相談を受けることができる。(15世帯)
緊急通報装置	心臓発作等の際，ターミナルアダプターまたは緊急ペンダントを操作することで，指定近隣者に援助を求めることができる。(40世帯)
高齢者見守りセンター	緊急通報装置を設置している高齢者宅に見守りセンサーを設置し，社会福祉協議会が推進する小地域ネットワーク活動等を補完する。(40世帯)
農村生活の改善に係るサービス　(全世帯)	
自主放送	自主制作番組として，定期放送と議会生中継を提供する。
緊急音声告知サービス	緊急時に防災情報等を確実に全世帯へ告知できる。一斉告知のほかにグループごとへの告知も可能。
ＶＯＤ(ビデオ・オン・デマンド)	村が自主製作した番組を，必要な時に，いつでもリクエストし，画像を得ることができる。
村内イントラネットサービス	村内イントラネットを通じて「西興部インフォメーション」から各種村内情報を入手できる。
インターネット接続サービス	パソコン端末やテレビから高速でインターネットに接続し，各種情報を入手やコミュニケーションを行うことができる。
ＴＶの多チャンネル	地上放送および衛星放送等，テレビ放送32ｃｈ，ＦＭ放送２波の視聴が可能。
ストリーミング映像の提供	村のホームページ上で，村内で行われたイベントなどのストリーミング動画を閲覧できる。
学校間交流に係るサービス	
学校間交流サービス	西興部小学校と上興部小学校の授業風景等をお互いに視聴することができ，学校間コミュニケーションが可能となる。

出典：西興部村ホームページをもとに作成

画像を獣医へ送信してアドバイスを受けることも可能である。

「テレビ相談システム」は、高齢者福祉サービスの一つとして、適切な健康指導と安否の確認を目的としたものである。対象となる高齢者の状態に応じて、「健康サービス」、「緊急通報装置」、「高齢者見守りセンター」とともに組み合わせ、提供されている。ＴＶ電話を利用することで保健師に健康相談を受けることができ、緊急時を除いては高齢者のプライバシーにも配慮がなされているという。

「ＶＯＤ（ビデオ・オン・デマンド）」は、村で自主制作した番組をいつでもリクエストでき、ＣＡ

TVの専用チャンネルに合わせることで視聴できるものである。VOD専用チャンネルとしては7チャンネル分が用意されており、定期的に入れ替えが行われる計三〇時間分の番組ストックのなかから好きな番組を選択し、二四時間好きなときに視聴することが可能である。(21)

(ロ) 住民の情報環境の整備

FTTHの導入にともない、ハード、ソフトの両面から、住民の情報環境の整備が進められている。ハード面としては、ブロードバンド環境が安価で提供されており、FTTHを活用した高速インターネットが、月千円で使い放題である。(22) また、テレビ放送としては、地上波放送六チャンネルに加え、衛星放送（BS／CS）一六チャンネルが視聴可能となり、多チャンネル化が進んでいる。さらに、地域内放送（自主制作、気象、生中継）が三チャンネル、VOD用チャンネルが七チャンネル分用意されていることから全三二chとなり、FMラジオ放送二波も受信可能である。

ソフトレベルでの行政による取り組みとしては、二〇〇一—〇二年度にわたり、「パソコン助成事業」が行われた。これは、パソコンを購入した世帯に、村が一定の金銭的支援をするものである。(23) この二カ年度内に、助成制度を利用してパソコンを購入した世帯は二三四世帯（老人世帯二五世帯）にのぼり、これは村内の一般世帯数の半数近くに相当する。(24) また、村民のパソコン操作技能の向上をめざし、「IT講習会」も実施されている。週二～三回ほどマルチメディア館「IT夢」内のパソコン研修室で行われ、講師は「IT夢」館の職員が担当している。(25)

(ハ) 地域メディアの整備による地域情報（提供）環境の充実

FTTH導入を契機に、地域メディアの整備が進められており、地域情報の充実も図られている。放送系のサービスとしては、週一回更新の定期放送（「NCNチャンネル」）に加え、「村議会の生中継放送」(26) が開始された。生中継した映像素材はその週の「NCNチャンネル」でも編集のうえ放映され、VODからも閲覧できるようにしている。また、農業振興に係るサービスの一つとして「農業気象情報サービス」が提供されている。これは、気象観測衛星のデータなどに基づいた西興部村の天気予報が、「気象情報チャンネル」で視聴できるものである。

通信系のサービスとしても、「村内イントラネットサービス」が開始されている。村内イントラネット内のみで利用可能な「西興部インフォメーション」というｗｅｂページ上から、各種村内情報が入手できるようになった。また、「ストリーミング映像」も村のホームページ上から提供されている。これにより、村内で行われたイベントなどのストリーミング動画を、ブロードバンド環境を活用して閲覧可能である。さらに、先述の「ＶＯＤ」も、放送系、通信系ともにまたがるサービスとして、また地域情報の提供・流通の一形態として、この区分内で理解することが可能であろう。

この「地域情報の提供・流通」というテーマに関しては、次節にて、ＦＴＴＨ化が地域メディア環境に及ぼした影響を中心に検討していく。

（3）地域情報の流通の現状――村内の地域メディアの概要と動向

ここでは、先に紹介したＦＴＴＨサービスのなかでも、「地域情報の提供・流通」に関するものに注目し、従来からの地域のメディア環境をふまえたうえで、ＦＴＴＨの導入によりそれらがいかに変容してきたのかを検討する。さらに、地域社会や地域メディア環境におけるＦＴＴＨ導入の意義やその位置づけについても考察していく。

(イ)　ＦＴＴＨ導入以前の地域メディア環境

ＦＴＴＨ導入以前にあった村内の代表的な地域メディアとしては、広報誌『にしおこっぺ』、「音声告知放送」、「ＮＣＮチャンネル」（自主制作番組）の三つを挙げることができる。それぞれ印刷（紙）メディア、音声放送メディア、テレビ放送メディアと、異なるメディア特性をもっている。

広報誌『にしおこっぺ』は、年四回発行の季刊である。一九八九年のNCNチャンネル開始時には、いずれは印刷メディアを廃止する方向性を考えており、その時点から発行回数を年四回に減らしている。しかし、「紙メディアをやめると村民に情報が定着しない」（担当係長・吉田氏）ことから、発行が続けられている。つまり、紙メディアゆえの保存・読み返しが簡易である点が、放送メディアにはない強みとなっており、そうした意味で「NCNチャンネル」との棲み分けがされている。しかし、季刊ゆえに、「記事の内容がとっくに過ぎたことを書いてある古新聞のようになっている」（高畑村長）という指摘もある。

「音声告知放送」は、災害や緊急時の連絡を目的として導入された。しかし、村内では災害が少ないことから、通常は地域情報を流すことで、地域における潤滑油としての役割を果たしているという。住民からは訃報を流してほしいとの要望があり、一九九七年より訃報・葬儀の周知を実施している。「このような地域に住んでいて、亡くなったことがわからないで、あとで香典を持っていけない」（前担当係長　日下氏）、「知り合いの義理は欠かせないというようなコミュニティ」（高畑村長）であり、そのような活用がされているという。

「NCNチャンネル」は、毎週一回木曜日に更新、朝昼晩と一日三回放送されている。内容は、「村役場からのお知らせ」と「NCNニュース」という二本立てであり、この形式は開局以来変わっていない。「村役場からのお知らせ」では、以前は原稿読みの声だけで伝えていたところ、村からの情報がなかなか住民に伝わらなかったことから、二〇〇三年六月から文字テロップ入りにしている。「NCNニュース」では、村内で行われた行事やイベントなどを録画、編集のうえ放送しており、村内での出来事・行事はほぼ網羅されているという。また、同年八月から、「NCNチャンネル」の番組内容を、ｗｅｂページ上でも確認できるようになっている。

以上、従来までの地域メディア状況を確認すると、いずれのメディアも一定の棲み分けがされていることがわかる。

「音声告知放送」は、他の二つのメディアとは情報内容が異なることから競合が少なく、農事放送電話からの歴史があるため高齢者にもなじんでおり、村内に定着している感がある。広報誌と「ＮＣＮチャンネル」は、情報内容としては類似するものの、印刷（紙）と放送（テレビ）というメディア特性の違いから、情報行動の差異を生み出している。テレビメディアによる情報提供は、原則として一過性であることから、「見落としたらそれっきり」であり、必要な情報の検索もしづらい。そうしたテレビ放送のメディア特性ゆえに情報が伝わりにくいというデメリットをもつものの、送り手側も文字テロップ入りでわかりやすくしたり、ｗｅｂページ上でフォローしたりといった工夫が見られる。さらに、ＶＯＤの導入により情報の蓄積や検索がより簡易になることで、放送メディアのデメリットが一層薄れていく可能性もあり、ゆくゆくは広報誌の駆逐につながる事態も考えられる。

また、いずれのメディアも、役場からのお知らせ、連絡事項を村民が受け取るという形態であり、基本的には行政から住民へのpush型メディアである。これは、農村部における最大の地域情報は行政情報であるという現実を物語るとともに、村政の影響力の大きさを裏付けるものでもあろう(27)。

しかし、そうした地域メディアの一方で、双方向のパーソナルコミュニケーション・メディア、なかでも小さな農村ならではは口コミの影響力を見落とすことはできない。先述のとおり、西興部村は、千人余りの村民がおおよそ顔見知りという、小さな地域コミュニティである。村民へのインタビューでも、村内の情報は「たいていどこからか自然に耳に入ってくる」という人もおり、うわさ話が盛んで口コミの力が根強く生きている地域であるという。つまり、村内の地域情報の流れとしては、村役場からの一方向の情報提供がマスメディア的に機能し、そこに口コミを中心とした住民のパーソナルコミュニケーションが絡まり合っているものと理解できる。

(ロ)　新たな村内メディアの登場とその浸透へ

前節のとおり、ＦＴＴＨ導入後の新たな村内メディア・サービスとしては、放送系では「村議会の生中継放送」と「農業気象情報サービス」、通信系として「村内イントラネットサービス」、「ストリーミング映像の提供」、そして両者を横断するものとして「ＶＯＤ」があった。

これらを、「push 型―pull 型」というメディア特性から検討してみよう。pull 型メディアとは、蓄積された情報を利用者が必要に応じて検索し引っ張り出す（pull）という特性をもったメディアである。上記五つのＦＴＴＨサービスのうち、放送系の二つは push 型、通信系の二つとＶＯＤを合わせた三つはいずれも pull 型である。それぞれ新たなメディア・サービスとして、いかなる特色を発揮しているのだろうか。

push 型の二つの放送系サービスは、提供される情報コンテンツに従来にはない新しさをもっている。というのは、村議会の様子と村の天気という、従来は提供されていなかったものの、地域生活に密着したきめ細かい情報をあつかうようになったからである。反面、情報流通の形式としては従来どおりであり、目新しさは感じられない。

逆に、pull 型の三つのサービスは、情報コンテンツではなく、情報流通の形式としての新しさがある。それは、新たな通信系地域メディアの登場と呼べるほど、村内の地域情報の流通に変革をもたらす可能性をもつと考えられる。なぜなら、これらは従来の放送メディアのように情報を「流しっぱなし」にするのではなく、情報の蓄積と検索に優れ、地域のマルチメディア・データベース、映像データベースともなりうる可能性をもつからである。

pull 型メディアは、利用者の主体性に基づく情報検索ができることから、従来の地域メディアを補完し、場合によっては代替しうる、大きな可能性をもつメディアとして、今後に向けてますます期待が寄せられている。その一方で、利用者のメディアへの接触態度が push 型メディアとは異なり、相応のリテラシーが求められるため、だれもが使いこなせるものでもない。また、pull 型メディアを利用してまで入手する必要性の高い情報や魅力的なコンテンツを用意できるかという、情報の「需要―供給」の問題もある。特に、人員、予算も限られた村内で、それだけの情報内容を提供できるかどうかは、大きな課題である。

村民の生活に密着した生活情報や需要の高い地域情報を村内で掘り起こすための糸口としては、西興部村の地域社会構造からの考察が有効であろう。まず、村役場の影響力が大きく、村民の行政依存が強いことから、行政情報に対する需要が高いと考えられる。村内生活のあらゆる場面に行政が関与することから、行政情報の内容をすべて洗い出し、住民の視点に立った情報公開のあり方について、官民をあげての大がかりな検討が望まれる。また、村民全員が顔見知りという「顔の見えるコミュニティ」であるため、村民ひとりひとりに焦点を当てる内容も住民の関心を呼ぶものと推察される。また、口コミの強さを活かし、それを呼び込むような村内の話題を提供することも考えられる。さらに、空間的に閉ざされ村内で完結しうる生活圏であることから、生活に役立つ便益情報も村民にとって需要の高い情報であろう。

情報提供体制としても、現状では各種機器のメンテナンスや村民のリテラシー教育なども含めて、役場の担当者に相当の負担がかかっている。今後は、情報提供をはじめ、メンテナンスやリテラシー向上等の取り組みにおいても、住民の参加をうながすための工夫や仕掛けが必要になってくる。何らかの形で住民からの情報提供を受ける体制づくりや、従来の「テレビ組合」のような住民による互助の仕組みづくりを、いかに進めていけるかがカギとなろう。

以上のように、ＦＴＴＨによってもたらされたpull型メディアが、地域メディアとして有効に活用され地域に定着できるかどうかは、設備・機器の整備だけなく、情報提供体制、情報コンテンツ、住民のリテラシー、情報ニーズなど様々な要因が絡んでくる。加えて、口コミも含めたメディア間の重層的な関係やその絡まり合いを考慮する視座も不可欠であろう。

こうした地域メディアの現状のなかで、実際に村民はいかなる情報行動をおこなっているのだろうか。ＦＴＴＨ化によってもたらされた新たなサービス、新たなメディア状況は、住民にいかに受け止められ、どのような反応を生み出しているのだろうか。今後、それらは地域社会にとけこんでいくことができるだろうか。そのためには、何が求められているのだろうか。引き続き、質問紙調査と面接調査の結果から、こうした問いへの示唆を探っていく。

（内田　康人）

第三節　西興部村民に対する質問紙法を用いた悉皆調査からの考察

一　調査の概要

（1）調査の概要

本調査プロジェクトでは、西興部村の協力を得て、西興部村民の悉皆調査をおこなった。

調査における主な目的は、⑴設立一年を迎える西興部村ケーブルネットワーク（ＮＣＮ）によって提供されている放送・通信それぞれのサービスについての利用者の定量的な現状評価を探る。⑵ケーブルテレビサービス利用の実態把握をおこなうことで、ブロードバンド環境がフルサービスという形で整備される前と後の変化要因を探り、よりよい情報・メディアコミュニケーション環境構築のために資する、というものであった。

調査によって明らかにするのは、次の四点である。

①サービスの利用実態と利用についての現状評価。

②ＦＴＴＨ化される前後で変化したこと。

③今後、放送・通信サービスそれぞれに対して期待すること。
④住民の意識や生活行動と、情報行動との関係。

北海道西興部村、中央大学社会科学研究所地域メディア班とNHK放送文化研究所の三者で問題のすりあわせと協議をおこないながら、質問と回答項目を決定した。村の班単位で調査票を配布し、留め置きの後、回収という段取りであった。調査対象は、回答が困難と判断された特別養護老人ホーム、知的障害施設居住者を除く村民全世帯であり、世帯主かそれに準ずる人に記入を求めた。五五三サンプルに対して配布したが、最終的な回収票数三四八サンプル（回収率六二・九％）で、データチェック後の有効回収数三三六サンプル（回答率六〇・八％）であった。後述の村民へのインタビューの際に、聞かれた感想として、西興部村でこのような質問紙調査がおこなわれることは極めてまれであり、特に高齢者にとっては「答えるのに非常に苦労した」とのことであった。調査票の主な項目としては、以下の通りである（調査票の設問順）。

1　インターネット接続パソコンの保有率と使用頻度
2　村内で接触可能なメディアの接触頻度
3　関心を持っているニュース項目
4　情報メディアごとのイメージ評価
5　北海道／西興部村のニュースでの関心事
6　ＦＴＴＨサービス認知と評価
7　ＦＴＴＨ敷設後のテレビ視聴時間の変化
8　ケーブルテレビの放送したものについて話題にすることの有無

図９－４　性　別

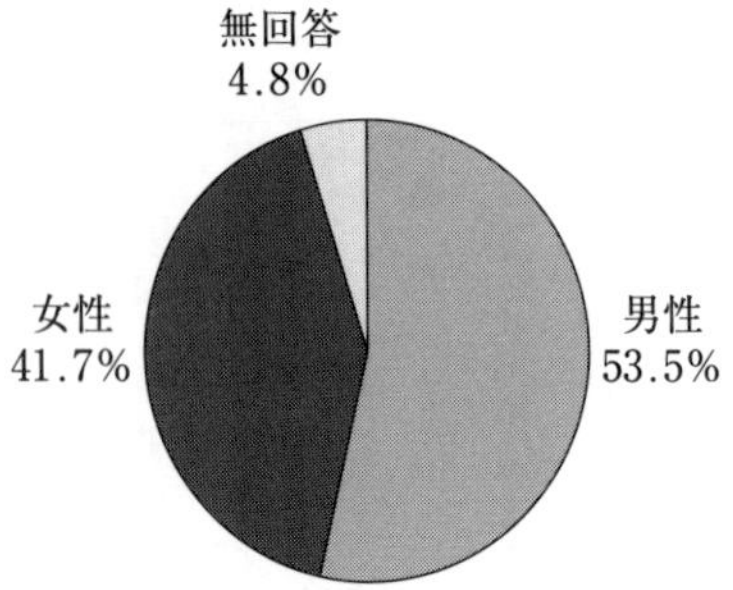

図９－５　年　代

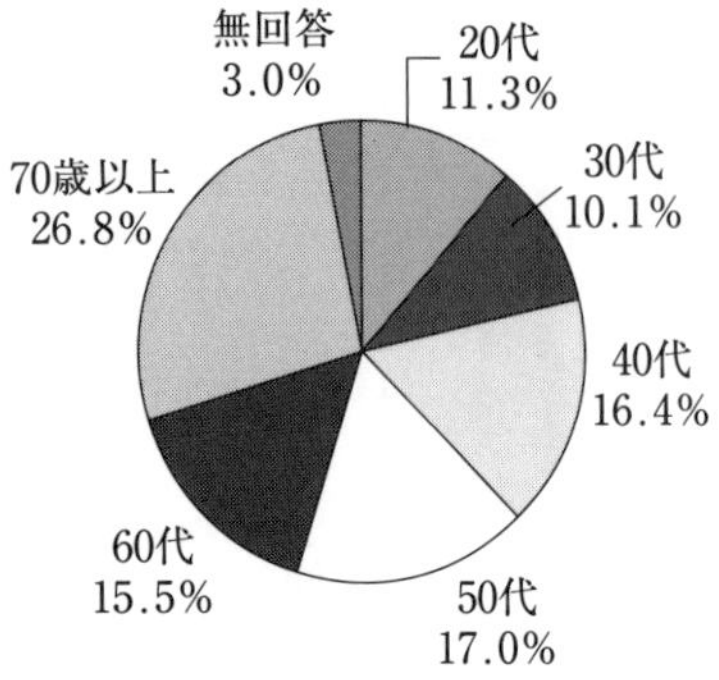

9　NCNメディアの満足度（満足していない場合の理由［自由回答］）
10　ケーブルテレビサービス充実の方向性
11　村への愛着度、定住・移住意向、不在にするときに頼る人
12　食料品、日用品・衣料品、耐久消費財を購入する場所、娯楽・レジャーをするところ
13　基本属性（性別、年代、職業、西興部村への移住歴、通勤・通学場所、居住地区）

なお、本調査は調査設計段階からＮＨＫ放送文化研究所がおこなった三重県四日市のＣＡＴＶ調査と項目を揃えるようにしており、比較可能な部分では適宜データを相互参照し、西興部村の特質を明らかにしていく。

（２）回答者の属性

回答者の属性について見てみると、男女それぞれの構成比（図９－４）は五四％と四二％であった。年代別（図９－５）では、二〇～三〇代《若年層》が二一％、四〇～五〇代《ミドル層》が三三％、六〇代以上《シニア層》が四二％であった。村の高齢化率（六五歳以上人口）は二〇〇三年の時点で三一％であり、回答者属性に近い分布であると考えられる。

職業別（図９－６）では、無職が三一％と圧倒的に多く、専業主婦（七％）、パート・アルバイト（七％）を合わせると、比較的時間に余裕があると見られ

図9−6　職　業

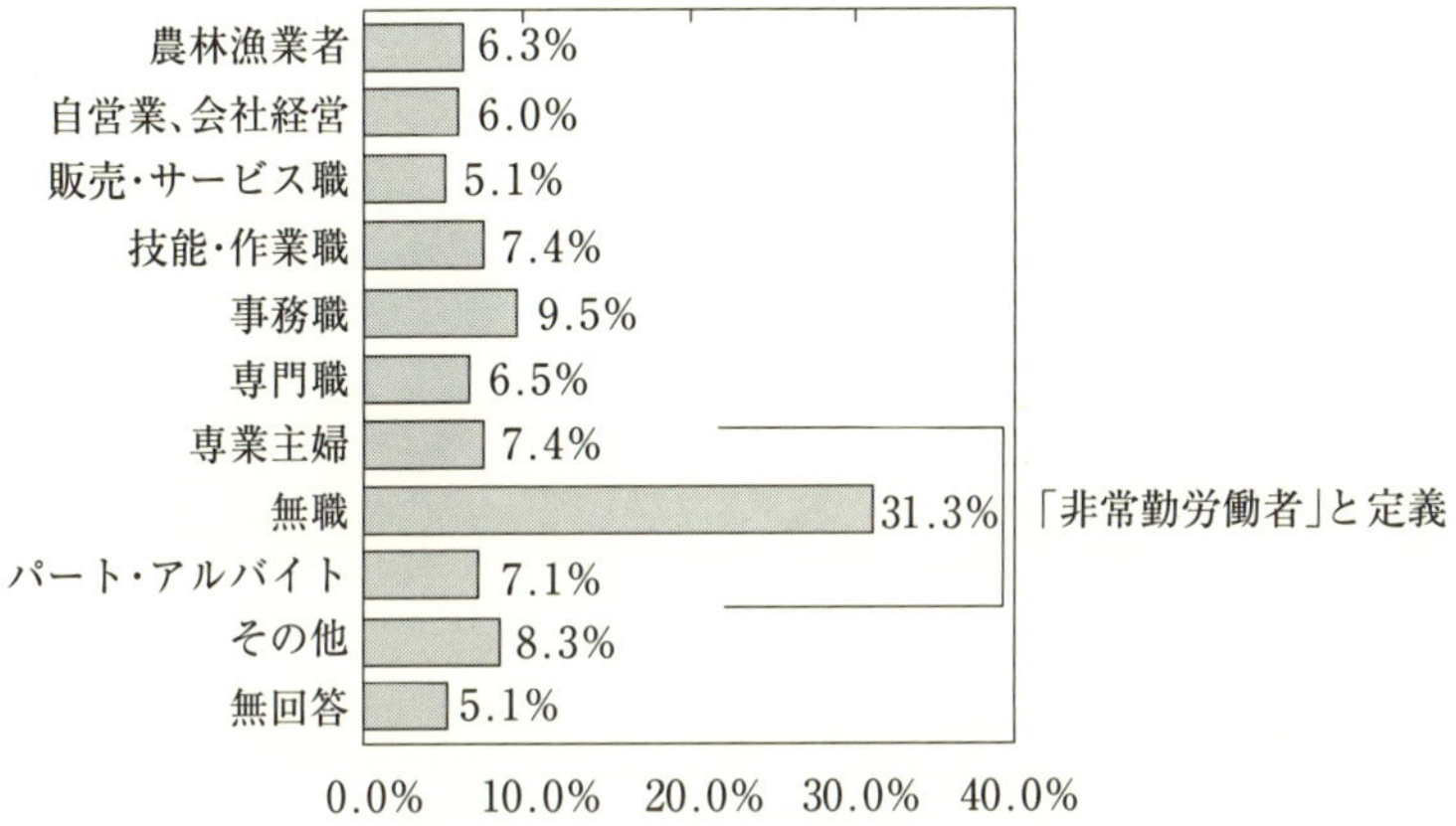

表9−3　西興部村への移住歴

	自分の代	両親の代	祖父母	曽祖父母	その他	不明	無回答	N
合計	38.1%	21.1%	20.8%	8.6%	3.9%	3.3%	4.2%	336
20・30代	66.7%	5.6%	6.9%	11.1%	2.8%	5.6%	1.4%	72
40代	43.6%	12.7%	21.8%	16.4%	1.8%	1.8%	1.8%	55
50代	35.1%	21.1%	29.8%	5.3%	1.8%	5.8%	1.8%	57
60代	30.8%	28.8%	28.8%	3.8%	1.9%	1.9%	3.8%	52
70代以上	22.2%	34.4%	23.3%	7.8%	8.9%	2.2%	1.1%	90

る「非常勤労働者」が合計四六%に達する。

西興部村への移住歴（表9−3）を見ると、自分の代に移住した者は三八%いるものの、〝自分の代以前に移住〟が多数であり、生まれ育って故郷に住み続けている人がマジョリティと考えられる。二〇〜三〇代では自分の代に移住してきたという人が、三分の二に達するなど〝ニューカマー〟としての側面が強い。

以下では、年代を〝説明変数〟としてクロス集計キーとしていくことになるが、年代と密接な関係を持っている移住歴（村での生活歴）の相関関係には留意したい。

勤務・通学先所在地（図9−7）は、西興部村内が大多数（五五%）であり、他地域への通勤・通学が極めて少ない。

図９－７　通勤通学の場所

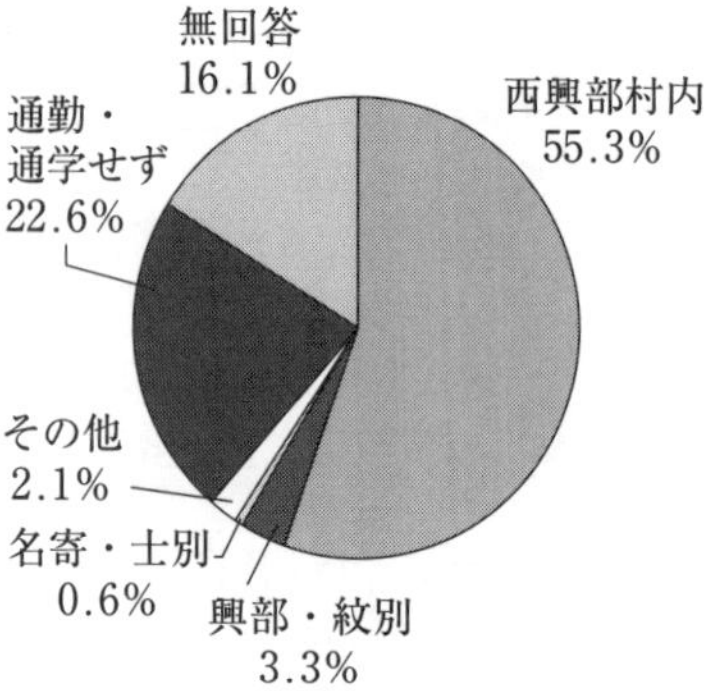

図９－８　居住地区

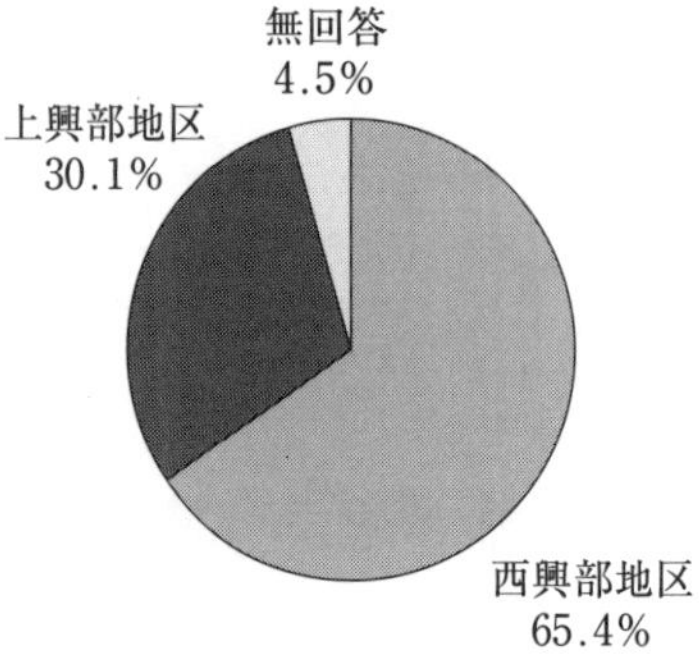

有職者でも職住近接傾向が極めて強く、後にデータで示す買い物の広域行動化という自体を除けば、村内における日常生活の自己完結性が極めて高くなっていると思われる。

居住地区（図９－８）は、西興部地区と上興部地区に二分されるが、西興部が全体の三分の二を占める。ヒアリング調査でも聞かれた近年の西興部集落への集中傾向がうかがえる。

二　生活の中のケーブルテレビ

（1）西興部村の生活行動と帰属意識

次に、村民の意識と行動を見ていきたい。まず、村民の行動範囲である。日常生活における村内での完結性に比して、消費（買い物）行動に関しては、かなり広域化していることが予想されたが、それが数字の上でも裏付けられた。買い物（行動）をする場所（表９－４）として、七〇代以上では「村内」という人もある程度見られるが、村内では充足せずに、旭川寄りの名寄市、士別町といった村外へと広域化している様子が鮮明である。食料品、日用・衣料、電化製品、娯楽・レジャーなど４つの消費行動について聞いているが、特に広域化傾向が顕著に見られるのは、日用・衣料分野、電化製品である。日用・衣料品について、年代別（表９－５）に見てみたところ、七〇代以上では、西興部

表9－4　買い物（行動）をする場所

	西興部村	興部	紋別	名寄／士別	旭川	滝上	札幌	その他	買い物なし	無回答
食料品	39.9%	0.3%	5.7%	45.2%	0.6%	0.0%	0.0%	0.9%	0.9%	6.5%
日用・衣料	16.7%	0.0%	6.3%	62.5%	4.5%	0.0%	1.2%	0.9%	1.5%	6.3%
電化製品	17.3%	0.6%	9.5%	54.8%	4.5%	1.2%	1.2%	1.5%	3.3%	6.0%
娯楽・レジャー	24.1%	1.2%	6.0%	21.1%	9.2%	0.0%	5.4%	2.4%	19.6%	11.0%

N＝336

表9－5　日用・衣料品を買う場所

	西興部村	興部	紋別	名寄/士別	旭川	滝上	札幌	その他	買い物なし	無回答	N
合　計	16.7%	0.0%	6.3%	62.5%	4.5%	0.0%	1.2%	0.9%	1.5%	6.3%	336
20・30代	2.8%	0.0%	13.9%	59.7%	12.5%	0.0%	4.2%	2.8%	0.0%	4.2%	72
40代	1.8%	0.0%	10.9%	80.0%	7.3%	0.0%	0.0%	0.0%	0.0%	0.0%	55
50代	17.5%	0.0%	5.3%	68.4%	1.8%	0.0%	0.0%	1.8%	0.0%	3.5%	57
60代	15.4%	0.0%	3.8%	69.2%	0.0%	0.0%	0.0%	0.0%	1.9%	9.6%	52
70代以上	35.6%	0.0%	0.0%	48.9%	1.1%	0.0%	1.1%	0.0%	4.4%	8.9%	90

村内で完結するという人が三分の一いるのが、それ以下の世代では、名寄／士別といった市街を挙げている。西興部村は、行政地域的には紋別市などの「西紋地区」に位置するが、実際の生活圏としては、名寄／士別など旭川地方への比率が圧倒的に高いことが明らかになった。二〇・三〇代の若年層に関して言えば、さらに広域化の傾向が見られ、旭川や札幌といった数値も他の年代よりもやや高くなっている。

次に村民の定住・移住意向（表9－6）について聞いている。全体平均としては、「ずっと住み続けたい」という定住意向層が四七％と最も多い。定住ほど意識が強固ではない「当面住み続けたい」（三八％）を加えると大多数の住民が居住意向を占めており、移住意向者・移住予定者は全体の一〇％とごくわずかである。ところが年代別では、若年層での移住（希望）者が目立ち、四分の一に達している。また自分の代に西興部に移住してきた人での定住意向は、両親の代以上と比較すると極端に低く、代わりに「当面住み続けたい」（四八％）が高い

表9－6　定住・移住意向

		ずっと住み続けたい	当面は住み続けたい	できれば村外に出たい	村外に移る予定がある	無回答	N
合　計		47.0%	37.8%	7.4%	3.0%	4.8%	
年　代	20・30代	15.3%	56.9%	20.8%	4.2%	2.8%	
	40代	47.3%	45.5%	7.3%	0.0%	0.0%	
	50代	56.1%	35.1%	7.0%	0.0%	1.8%	
	60代	51.9%	38.5%	0.0%	3.8%	5.8%	
	70代以上	62.2%	22.2%	2.2%	4.4%	8.9%	
移住歴	自分の代	32.8%	48.4%	10.2%	4.7%	3.9%	128
	両親の代	62.0%	31.0%	4.2%	0.0%	2.8%	71
	祖父母以上	59.6%	32.3%	3.0%	2.0%	3.0%	99

傾向にある。

村への愛着度（表9－7）については、全体の七六%が「愛着を感じる（「非常に感じる」「やや感じる」計）」としている。しかしながら、若年層、自分の代移住者、移住希望・予定者といった属性では、村への愛着度が低く、とりわけ移住希望・予定者に至っては、六〇%が「感じない（「あまり感じない」「全く感じない」計）」との結果であり、愛着度と定住・移住移行は相関関係を持っていると思われる。

地域社会への依存度（表9－8）については、想定問題を出題し、それに対する反応という形でデータを収集した。[28] 全体の傾向としては、「近所」＝近隣コミュニティ（三八%）、「親戚」「親」＝血縁ネットワーク（二一%）、「友人・知人」＝パーソナルネットワーク（一一%）、という順となり、近隣依存が極めて高いことがわかる。このことから意識として近隣コミュニティを信頼している様子がうかがえる。このような近隣依存は、年齢が上がるに従って高まっている。若年層では逆に「誰にもしない」が三六%もあり、親や友人・知人を頼るものの、近隣コミュニティへの依存は他年代に比べると著しく低い。本調査では世帯構成まで聞いておらず、親と同居している場合も多いと思われるが、若年層では近隣コミュニティとの接点が少ないことは想像される。

表9－7　村への愛着度

		非常に感じる	やや感じる	あまり感じない	全く感じない	無回答	N
合　計		34.2%	42.0%	13.4%	3.0%	7.4%	
年　代	20・30代	13.9%	51.4%	23.6%	9.7%	1.4%	
	40代	47.3%	40.0%	9.1%	1.8%	1.8%	
	50代	36.8%	49.1%	10.5%	0.0%	3.5%	
	60代	25.0%	42.3%	19.2%	0.0%	13.5%	
	70代以上	43.3%	35.6%	6.7%	1.1%	13.3%	
移住歴	自分の代	29.7%	43.8%	18.0%	3.9%	4.7%	
	両親の代	42.3%	40.8%	9.9%	0.0%	7.0%	
	祖父母以上	36.4%	45.5%	10.1%	0.0%	8.1%	
定住・移住意向	定住希望	38.9%	46.0%	10.9%	0.4%	3.9%	285
	移住希望予定	8.6%	28.6%	37.1%	22.9%	2.9%	35

表9－8　地域社会への依存度（想定質問）

		近所	友人・知人	親戚	親	その他	誰にもしない	無回答	N
合　計		37.5%	11.0%	10.4%	11.0%	3.9%	17.6%	8.6%	
年　代	20・30代	13.9%	15.3%	4.2%	23.6%	4.2%	36.1%	2.8%	
	40代	25.5%	12.7%	16.4%	18.2%	5.5%	18.2%	3.6%	
	50代	43.9%	7.0%	7.0%	15.8%	1.8%	17.5%	7.0%	
	60代	48.1%	9.6%	7.7%	1.9%	3.8%	17.3%	11.5%	
	70代以上	52.2%	8.9%	15.6%	0.0%	4.4%	4.4%	14.4%	
移住歴	自分の代	30.5%	17.2%	7.8%	9.4%	5.5%	23.4%	6.3%	
	両親の代	52.1%	7.0%	9.9%	9.9%	2.8%	14.1%	4.2%	
	祖父母以上	37.4%	5.1%	17.2%	15.2%	2.0%	14.1%	9.1%	
愛着度	愛着を感じる	43.0%	10.9%	11.3%	11.3%	3.5%	14.5%	5.5%	256
	愛着を感じない	21.8%	10.9%	7.3%	12.7%	5.5%	38.2%	3.6%	55

以上が、調査票における村民の意識項目に関わる項目についての結果である。今回の調査データは年代という非常にベーシックなキー項目から結果を見ていくこととする。二〇〜三〇代の若年層に関しては、村への帰属意識が低いということがその行動や態度の最も基底にあると思われる。そして実際の行動範囲は広域化しており、西興部村内あるいは近隣コミュニティとの関わりは希薄な様子である。しかし、四〇〜五〇代のミドル層になると、かなり状況が変わる。村への帰属意識が強くなり、定住意向もかなり増してくる。行動自体は広域化しているが、

表9－9　関心を持っているニュースのカテゴリー

		集落	村全体	紋別郡内	上川管内	網走管内	札幌	北海道	東京・大阪	全国	海外	
合　計		31.7%	67.1%	23.8%	17.6%	24.8%	13.2%	73.7%	6.3%	71.8%	29.2%	
年代	20・30代	17.6%	51.5%	16.2%	20.6%	10.3%	10.3%	70.6%	13.2%	79.4%	27.9%	
	40代	20.4%	59.3%	29.6%	7.4%	18.5%	11.1%	79.6%	1.9%	75.9%	37.0%	
	50代	39.6%	71.7%	34.0%	24.5%	41.5%	11.3%	81.1%	1.9%	81.1%	28.3%	
	60代	31.4%	68.6%	15.7%	15.7%	27.5%	17.6%	80.4%	5.9%	70.6%	23.5%	
	70代以上	47.0%	80.7%	27.7%	19.3%	27.7%	16.9%	63.9%	6.0%	57.8%	27.7%	N
就業形態	常勤労働	26.3%	62.4%	26.3%	17.3%	27.8%	12.8%	78.9%	6.0%	77.4%	33.8%	137
	非常勤	38.6%	73.1%	23.4%	15.9%	22.1%	14.5%	67.6%	5.5%	64.8%	26.2%	154
愛着度	感じる	35.6%	71.7%	25.1%	16.6%	26.3%	13.8%	74.9%	6.5%	72.1%	31.6%	
	感じない	21.2%	46.2%	25.0%	23.1%	23.1%	13.5%	73.1%	5.8%	75.0%	21.2%	
依存関係	近隣	41.8%	77.9%	24.6%	17.2%	33.6%	14.8%	75.4%	4.9%	70.5%	36.1%	
	友人・知人	40.0%	71.4%	31.4%	20.0%	14.3%	14.3%	60.0%	11.4%	68.6%	28.6%	
	血縁	22.7%	59.1%	22.7%	16.7%	25.8%	9.1%	72.7%	6.1%	72.7%	21.2%	

近隣依存度も若年層に比べると上昇し、結婚・子育てなどのライフイベントを機に地域社会に地盤を置くようになり、村内コミュニティに積極的に関わっている様子がうかがえる。六〇代以上のシニア層では、村や近隣コミュニティへの精神的・物質的な依存度が高い。買い物行動などを見る限り、村内完結型と広域型に分かれており、同居人などの家族構成（一人住まいか複数世帯同居など家族形態）や主たる交通手段（自家用車保有の有無）などによって生活の様子がかなり異なっていることは想像に難くない。

（2）情報欲求について

ニュースのカテゴリーとして、最小単位の「集落」～最大の「海外」まで、関心を持っているものを聞いている（表9－9）。全体では「北海道」（七四％）、「全国」（七二％）、「村全体」（六七％）が特にポイントが高い三大テーマであり、それ以下の「集落」（32％）を大きく引き離している。この項目については、NHK放送文化研究所が中核都市の四日市で調査したものと比較可能なように項目レベルを合わせている。[29] それとの項目比較では、上位三つに関しては四日市調査では「全国」「四日市」「三重」の順となっており、《全国》《居住行政単位》《都道府県》というカ

図9－9　関心を持っているニュース項目（北海道／西興部村で差が大きい上位10項目）

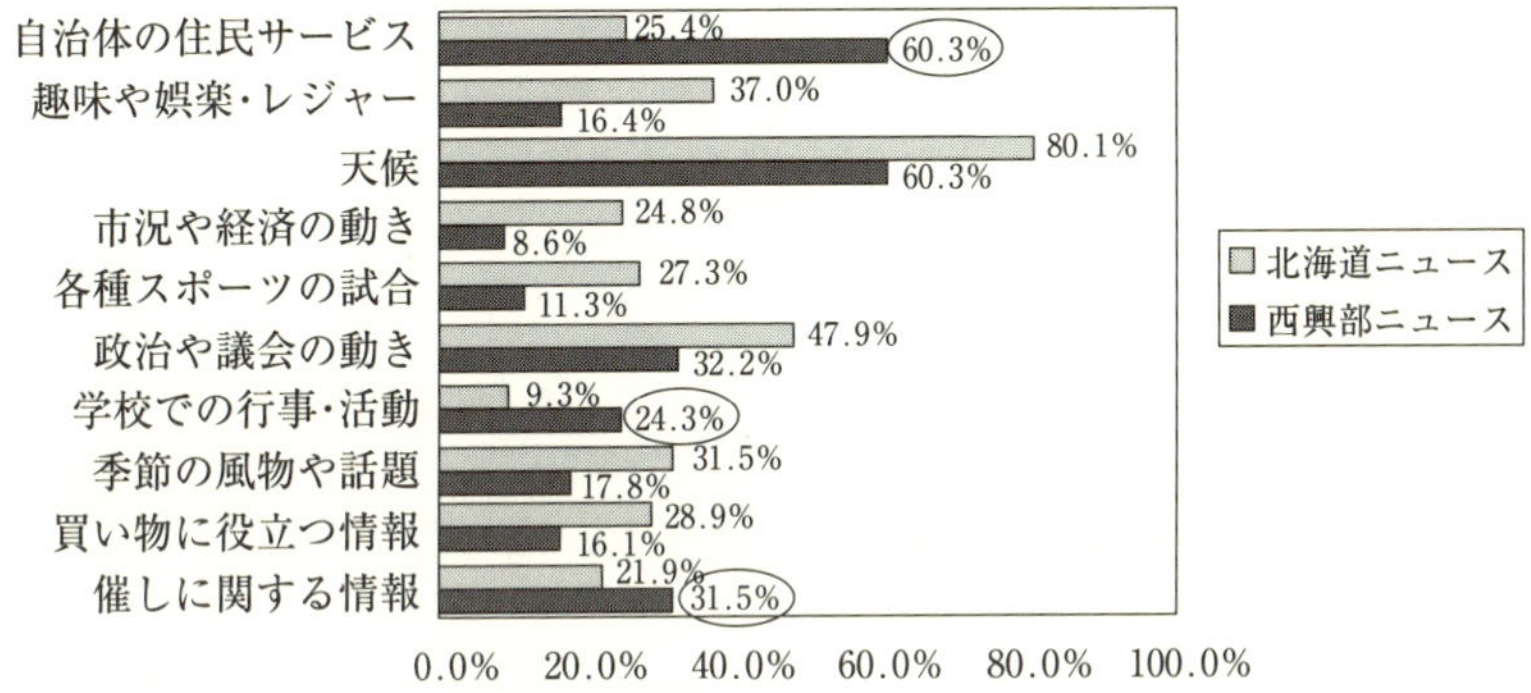

テゴリーが上位に並ぶという点において、ほぼ同様の傾向が見られた。しかしながら、四日市の場合は、上位三つとそれに続く項目「東海」「住んでいる地区」「海外」とでは、あまりポイント差が見られない。西興部村に関して言えば、上位三つのニュースに関しては特に関心があるが、それ以下のカテゴリーを挙げる率は総じて低い。

例えば生活圏として挙げられていた周辺地域（紋別郡内、上川管内、網走管内）の情報に関してはあまり高くない。この周辺地域の比率が低かったことについて、買い物に関しては情報ニーズがあるものの、それ以外の一般的な地域ニュースにはあまり関心が持たれていないというように解釈できる。

ニュースのまとまりとして、北海道と西興部村は七ポイント差があるものの、両方とも村民から高い関心が持たれている傾向があることを確認した。ところで、この二カテゴリーにおいてはどのような情報ニーズの違いが見られるのか。関心を持っているニュース項目として、同一のニュース項目について関心を持っている／持っていないを北海道、西興部という単位で聞いたところ、全般的には西興部の項目よりも、北海道の項目について挙げる割合が高かった。個別の情報ニーズとしては北海道ニュースの方により高い関心が持たれているという結果となった。より詳細に見ていくと、特性が明らかになってくる。関心を持っているニュース項目について、北海道／西興部村

表9－10　関心を持っているニュース項目（西興部村20％以上）

		天候	村の住民サービス	医療・保健サービス	人事・消息	政治や議会の動き	催しに関する情報	学校での行事・活動	祭りや郷土芸能	職場や仕事の動き	交友の広がりに役立つ
合　計		60.3%	60.3%	46.6%	42.1%	32.2%	31.5%	24.3%	22.9%	20.5%	20.2%
年代	20・30代	63.2%	44.1%	26.5%	29.4%	7.4%	27.9%	33.8%	25.0%	19.1%	14.7%
	40代	58.3%	58.3%	29.2%	50.0%	37.5%	41.7%	37.5%	18.8%	18.8%	29.2%
	50代	60.8%	64.7%	49.0%	43.1%	39.2%	41.2%	19.6%	15.7%	27.5%	23.5%
	60代	50.0%	66.7%	54.8%	42.9%	28.6%	23.8%	16.7%	23.8%	26.2%	11.9%
	70代以上	64.0%	68.0%	68.0%	46.7%	46.7%	29.3%	16.0%	28.0%	17.7%	24.0%
愛着度	感じる	63.8%	66.5%	47.8%	43.3%	37.1%	36.2%	25.4%	25.4%	22.8%	22.8%
	感じない	50.0%	40.0%	38.0%	36.0%	16.0%	20.0%	22.0%	14.0%	16.0%	14.0%

で差が大きい上位一〇項目を挙げた（図9－9）。「住民サービス」「学校での行事・活動」「催し」など、〝より生活に身近なもの〟については西興部村の情報への欲求が強く見られるのである。

西興部村に関して、特に関心が持たれているニュース項目（表9－10）については、「天候」（六〇％）「村の住民サービス」（六〇％）「医療・保健サービス」（四七％）「人事・消息」（四二％）「政治や議会の動き」（三二％）「催しに関する情報」（三二％）などとなっている。属性別に見てみると、年代が高いほど、住民サービス、医療サービスに関心が持たれていることがわかる。また、四〇代では、交友関係への高関心ぶりが顕著である。村への愛着の有無との関係では、愛着を感じる人の方がいずれの項目でも、愛着を感じない人を上回っている。特に著しい差が見られるのは、村政（「村の住民サービス」「政治や議会の動き」）に関する情報である。

以上の情報欲求に関して年代別にまとめてみると、次のような対応関係が見られる。若年層で興味があるカテゴリーとしては、全国、北海道志向が強く、西興部の地域情報に関しては他年代に比べるとニーズはあまり高くない。その内容に関しても偏りが見られ、北海道に関しては消費・レジャー情報の分野であり、教育もやや高い。西興部については全般的に関心が低いものの、こちらも例外としては学校行事が挙げられている。次に、四〇～五〇代のミドル層で

表9−11　インターネット接続パソコンの所有状況

		1台	2台	3台	4台以上	保有してない	無回答	
合計		42.0%	4.2%	2.4%	0.9%	46.1%	4.5%	
年代	20･30代	55.6%	6.9%	2.8%	2.8%	31.9%	0.0%	
	40代	61.8%	9.1%	5.5%	1.8%	20.0%	1.8%	
	50代	61.4%	3.5%	3.5%	0.0%	29.8%	1.8%	
	60代	26.9%	1.9%	0.0%	0.0%	63.5%	7.7%	
	70代以上	17.8%	0.0%	0.0%	0.0%	74.4%	7.8%	N
就業形態	常勤労働	54.7%	5.1%	3.6%	2.2%	32.1%	2.2%	137
	非常勤	29.9%	2.6%	1.9%	0.0%	59.1%	6.5%	154

は、全国、北海道、西興部村ニュースカテゴリーがほぼ並列で挙げられており、周辺地域への関心もかなり高い傾向にある。情報収集欲求が高いためか、北海道／西興部村それぞれの情報項目に対して欲求も強く見られる。ミドル層でも年代別にもっと詳しく見てみると北海道情報に関しては特に観光情報を求める五〇代、西興部村情報については交友や人事が四〇代、職場・仕事、政治を挙げる五〇代といったところで差異が見られるのである。シニア層については、村への関心が高く、集落の関心も高い点が特徴である。北海道、西興部ともに政治・行政の動きと住民サービス・医療が大きな関心事となっている。そしてこのような傾向は、六〇代よりも七〇代で見られ、北海道情報項目、西興部情報項目両方で強く見られる。後ほどのデータにも所々に現れてくるが、七〇代以上での情報ニーズや積極的な情報行動が見られることもある。これらの数値から見られる通り、実際に活発な情報接触活動をしている〝アクティブ・シニア〟層の存在がうかがえるのである。

（3）メディア環境・接触と評価

「インターネット接続」という条件付きでのパソコン所有率（表9−11）は、全体では50％であった。二〇〜五〇代、常勤労働者世帯の所有率は六割強以上で、とりわけ四〇代では八割と非常に高率であるが、この普及率は全国的に見て高い数字である。[30] 六〇代以上では保有率が格段に下がるものの、七〇代以上

表9－12　メディア接触頻度（主要メディアのみ抜粋）

		ほぼ毎日	週5～6日	週3～4日	週1～2日	ほとんどしない	全くしない	無回答
	口コミ	36.9%	7.4%	10.4%	16.1%	8.0%	5.1%	16.1%
	STV	51.5%	11.3%	12.5%	7.1%	3.9%	0.9%	12.8%
	NHK	49.4%	6.8%	8.3%	11.0%	8.6%	5.1%	10.7%
	BS	11.0%	5.7%	12.2%	19.3%	19.6%	14.6%	17.6%
	CS	3.0%	2.4%	4.8%	12.8%	34.5%	22.6%	19.9%
	NHKラジオ	4.2%	1.8%	1.8%	8.0%	25.9%	41.4%	17.0%
	北海道新聞	64.0%	1.2%	2.4%	3.3%	5.1%	12.8%	11.3%
	インターネット	12.8%	3.0%	6.5%	14.6%	15.8%	29.2%	18.2%
	携帯電話	5.1%	0.6%	3.9%	5.1%	21.1%	46.1%	18.2%
	雑誌	5.7%	2.7%	11.6%	24.4%	19.6%	18.2%	17.9%
NCNオリジナルサービス	NCN	7.4%	2.4%	6.8%	51.2%	15.5%	4.2%	12.5%
	VOD	0.3%	0.3%	0.6%	7.1%	38.7%	34.8%	18.2%
	西興部イントラ	2.4%	1.2%	2.7%	16.4%	27.7%	30.7%	19.0%

でも一八%となっている。この数値に関しては同居世帯の数値とも解釈できるが、同居家族世帯構成までを本調査では追っていないために詳細は不明である。すでに記述がある通り、PC購入に関して村からの補助金が出され、この際に一挙に西興部村にPC導入が進んだと思われるが、その際にシニア層（他世帯と同居なし）での購入の事例も二五件ほどあったとのことである。

マスメディアと呼ばれる放送、新聞、雑誌に加え、新しいメディアとしてのインターネット（携帯電話の情報サービス）、西興部村NCN固有のチャンネルとしてのコミュニティチャンネル（以下では、「NCNチャンネル」と呼称）、VOD（Video On Demand）、西興部イントラネット、そしてパーソナルコミュニケーションがまだ生きている社会との想定ということで口コミを情報認知の媒体と捉え、並列的に接触状況を問うた。

その結果（表9－12）として、週五日以上の高接触率のものは北海道新聞、STV、NHKの順であった。マスメディアの接触率が高く、事前の予想通りの結果が得られた。口コミに関しても週一～二日以上接触者は七割に達し、NHK、民放、新

表9-13　NCNチャンネルへの接触頻度

		ほぼ毎日	週5～6日	週3～4日	週1～2日	ほとんどしない	全くしない	無回答	
全体		7.4%	2.4%	6.8%	51.2%	15.5%	4.2%	12.5%	
年　代	20･30代	4.2%	1.4%	8.3%	48.6%	30.6%	4.2%	2.8%	
	40代	9.1%	1.8%	7.3%	56.4%	14.5%	7.3%	3.6%	
	50代	8.8%	1.8%	7.0%	52.6%	14.0%	1.8%	14.0%	
	60代	1.9%	3.8%	7.7%	48.1%	13.5%	1.9%	23.1%	
	70代以上	10.0%	2.2%	5.6%	55.2%	7.8%	3.3%	18.9%	
愛着度	感じる	7.8%	2.3%	6.6%	56.6%	13.3%	3.1%	10.2%	
	感じない	3.6%	1.8%	9.1%	32.7%	30.9%	9.1%	12.7%	N
NCNチャンネルで見たものを話題にする	する	10.4%	3.1%	10.4%	55.2%	9.2%	0.6%	11.0%	163
	しない	5.8%	1.4%	4.3%	44.2%	24.6%	8.0%	11.6%	138

表9-14　VODへの接触頻度

		ほぼ毎日	週5～6日	週3～4日	週1～2日	ほとんどしない	全くしない	無回答
全体		0.3%	0.3%	0.6%	7.1%	38.7%	34.8%	18.2%
年　代	20･30代	1.4%	0.0%	1.4%	9.7%	54.2%	31.9%	1.4%
	40代	0.0%	0.0%	0.0%	16.4%	50.9%	29.1%	3.6%
	50代	0.0%	0.0%	0.0%	12.3%	47.4%	28.1%	12.3%
	60代	0.0%	0.0%	0.0%	1.9%	25.0%	38.5%	34.6%
	70代以上	0.0%	1.1%	1.1%	0.0%	23.3%	40.0%	34.4%
愛着度	感じる	0.4%	0.4%	0.8%	8.6%	40.6%	34.0%	15.2%
	感じない	0.0%	0.0%	0.0%	1.8%	38.2%	45.5%	14.5%
NCNチャンネルで見たものを話題にする	する	0.0%	0.6%	10.4%	49.1%	22.7%	16.6%	
	しない	0.7%	0.0%	0.0%	2.9%	29.7%	49.3%	17.4%

聞に続くポジションを確保している。またNCNチャンネルを週一回以上見るという人は七割近くに上った。NCNチャンネルの番組更新は週一回であり、村民の七割がNCNチャンネルに接触していることになる。この数字を見る限り、後述のNCNチャンネルで放送したものを話題にすることが多いという結果と合わせて考えると、村民に対するメディアとしての到達率はかなり高いように思われる。

NCNの他の媒体については、週一回以上接する人が多い順に、西興部イントラ二三%、VOD八%との結果であった。

表9−15　西興部イントラネットへの接触頻度

		ほぼ毎日	週5〜6日	週3〜4日	週1〜2日	ほとんどしない	全くしない	無回答
全体		2.4%	1.2%	2.7%	16.4%	27.7%	30.7%	19.0%
年　代	20・30代	1.4%	0.0%	1.4%	13.9%	36.1%	43.1%	4.2%
	40代	3.6%	0.0%	3.6%	27.3%	30.9%	30.9%	3.6%
	50代	3.5%	0.0%	3.5%	17.5%	33.3%	28.1%	14.0%
	60代	0.0%	1.9%	0.0%	9.6%	25.0%	28.8%	34.6%
	70代以上	3.3%	2.2%	4.4%	15.6%	20.0%	22.2%	32.2%
愛着度	感じる	2.3%	1.6%	3.5%	19.1%	29.7%	27.3%	16.4%
	感じない	3.6%	0.0%	0.0%	9.1%	25.5%	47.3%	14.5%
NCNチャンネルで見たものを話題にする	する	2.5%	2.5%	4.3%	23.3%	28.2%	23.3%	16.0%
	しない	2.2%	0.0%	0.7%	10.1%	27.5%	40.6%	18.8%

表9−16　NCNチャンネルで放送したものを話題にすることの有無

		よくある	時々ある	あまりない	全くない	無回答	N
全　体		10.1%	38.4%	29.8%	11.3%	10.4%	
年　代	20・30代	11.1%	47.2%	26.4%	12.5%	2.8%	
	40代	16.4%	38.2%	29.1%	10.9%	5.5%	
	50代	10.5%	49.1%	28.1%	3.5%	8.8%	
	60代	5.8%	25.0%	38.5%	15.4%	15.4%	
	70代以上	7.8%	35.6%	30.0%	11.1%	15.6%	
愛着度	感じる	12.1%	42.2%	28.9%	7.4%	9.4%	
	感じない	3.6%	25.5%	40.0%	23.6%	7.3%	
依存関係	近隣	12.7%	38.1%	26.2%	7.9%	15.1%	126
	友人・知人	8.1%	40.5%	37.8%	13.5%	0.0%	37
	血縁	8.3%	50.0%	25.0%	9.7%	6.9%	72

VODは「使用しない」が七四%と、日常的に定着したとは言いがたいメディアである。

属性別の接触状況を見てみると、NCNチャンネルの接触頻度（表9−13）については属性によってかなりの差が見られる。若年層や村への愛着度を感じないような人は視聴割合がやや低い、そしてNCNチャンネルで放送したものを話題にするような人は、八割が週一回以上視聴している。

表9−17　各メディアに対するイメージ

	NCN チャンネル	HBC	HTB	STV	NHK 総合	UHB	VOD リクエスト	西興部 イントラ	無回答
地域情報のきめ細かさ	34.2%	4.2%	0.9%	8.9%	20.5%	2.4%	0.6%	5.1%	23.2%
災害時に役立つ	18.8%	0.9%	0.9%	4.8%	40.8%	1.8%	0.0%	6.3%	25.9%
親しみを感じる	17.9%	4.5%	3.6%	18.2%	12.5%	12.2%	0.0%	4.2%	27.1%
頼りに出来る	9.5%	0.9%	1.2%	8.3%	44.3%	3.6%	0.0%	2.4%	29.8%
身近な問題を掘り下げる	12.8%	4.8%	2.4%	17.6%	20.8%	4.8%	0.0%	3.3%	33.6%
生活に役立つ情報がある	7.1%	5.1%	3.6%	19.9%	21.7%	6.3%	0.3%	3.6%	32.4%
家族で一緒に楽しめる	8.9%	3.6%	3.0%	19.3%	15.8%	17.6%	2.7%	1.5%	27.7%

表9−18　各メディアに対するイメージ（きめ細かさ）

		NCN	HBC	HTB	STV	NHK 総合	UHB	VOD リクエスト	西興部 イントラ	無回答
全体		34.2%	4.2%	0.9%	8.9%	20.5%	2.4%	0.6%	5.1%	23.2%
年代	20・30代	45.8%	1.4%	0.0%	13.9%	18.1%	6.9%	1.4%	2.8%	9.7%
	40代	43.6%	1.8%	1.8%	12.7%	23.6%	0.0%	0.0%	5.5%	10.9%
	50代	38.6%	7.0%	0.0%	7.0%	15.8%	3.5%	0.0%	10.5%	17.5%
	60代	17.3%	11.5%	3.8%	9.6%	25.0%	0.0%	0.0%	3.8%	28.8%
	70代以上	30.0%	0.0%	0.0%	2.2%	20.0%	1.1%	1.1%	4.4%	41.1%
愛着度	感じる	37.5%	4.3%	1.2%	7.8%	23.4%	1.6%	0.4%	5.1%	18.8%
	感じない	23.6%	3.6%	0.0%	18.2%	12.7%	7.3%	1.8%	7.3%	25.5%
話題にする	する	43.6%	4.9%	0.0%	7.4%	23.3%	1.8%	0.6%	3.1%	15.3%
	しない	26.8%	2.9%	2.2%	10.9%	18.8%	2.9%	0.7%	8.0%	26.8%

ＶＯＤに関しては（表９－14）、四〇代で週一～二回接触者が一六％と高い割合で目立っているが、いずれの属性でも接触しない人が多数派である。「全くしない」は、愛着度を感じない人、話題にしない人では、それぞれ四六％、四九％と高率である。

西興部イントラネットに関してはＶＯＤ同様、四〇代で週一～二日接触者が二七％と目立つ（表９－15）。七〇代以上も、週一回以上見るという人が四分の一と、四〇代を除く他世代よりも多く、接触されている。愛着度を感じない人、若年層、話題にしない人では、四割以上が接触しないなど、村の独自コンテンツが中心で、性質的には〝プルメディア〟（情報を関心に応じて引き出す能動性を必要とされるメディ

表９−19　各メディアに対するイメージ（親しみを感じる）

		NCN	HBC	HTB	STV	NHK総合	UHB	VOD リクエスト	西興部イントラ	無回答
全体		17.9%	4.5%	3.6%	18.2%	12.5%	12.2%	0.0%	4.2%	27.1%
年代	20・30代	20.8%	6.9%	4.2%	16.7%	0.0%	34.7%	0.0%	1.4%	15.3%
	40代	21.8%	0.0%	5.5%	23.6%	12.7%	16.4%	0.0%	7.3%	12.7%
	50代	26.3%	3.5%	5.3%	14.0%	19.3%	5.3%	0.0%	5.3%	21.1%
	60代	9.6%	9.6%	1.9%	25.0%	25.0%	3.8%	0.0%	0.0%	25.0%
	70代以上	13.3%	3.3%	2.2%	13.3%	10.0%	2.2%	0.0%	6.7%	48.9%
愛着度	感じる	21.1%	4.7%	4.3%	19.5%	11.7%	11.3%	0.0%	5.5%	21.9%
	感じない	7.3%	3.6%	1.8%	20.0%	12.7%	21.8%	0.0%	0.0%	32.7%
話題にする	する	26.4%	6.1%	4.3%	17.2%	10.4%	11.0%	0.0%	5.5%	19.0%
	しない	11.6%	1.4%	2.9%	18.1%	15.2%	14.5%	0.0%	3.6%	32.6%

ア）〟の西興部イントラへの接触は限定的と言える。

ＮＣＮチャンネルで放送したものを話題にすることの有無（表９−16）について、半数近くがあると回答している。属性別ではＮＣＮのメディア全般によく接している五〇代などミドル層が話題にしているものの、あまり接しているわけではない若年層、血縁ネットワーク依存者で「時々ある」との割合がやや高い。愛着を感じない人では、話題にすることは少ないようだ。

次に、各メディアに対するイメージを探った。ここで言う各メディアとは、北海道の民放およびＮＨＫ、ＮＣＮチャンネルとＶＯＤ、西興部イントラである。イメージ項目を挙げ、それに当てはまるメディアを単数選択してもらった。七つのイメージ項目について聞いているが（表９−17）、ＮＨＫを挙げる割合が全般的に高い。大きな傾向としては、〝信頼や役立つ〟との評価が高いＮＨＫ、〝娯楽性〟のＳＴＶ、ＮＣＮでは〝きめ細かさ〟が好評価されている。興味深いのは、「災害時に役立つ」で、西興部イントラがＮＨＫ、ＮＣＮに続く位置を確保している点である。

特に「きめ細かさ」イメージについて、属性別に見てみた（表９−18）。全体としてＮＣＮが高く、若年層、話題にする人でＮＣＮが挙げられている。五〇代では西興部イントラを挙げる人がやや多く見られる。

反面、六〇代では、ＮＣＮのきめ細かさイメージが全体平均の半分しか持たれていない。

次に「親しみを感じる」イメージについてである（表９－19）。ＮＣＮに親しみを感じているのは、五〇代、話題にする人である。六〇代ではＮＣＮを挙げる割合が低く、逆にＮＨＫが高くなっている（「きめ細かさ」と類似傾向）。

以上を総括してみると、村民の主要な情報媒体は、マス四媒体のうちのテレビ、新聞、それに口コミである。ＮＣＮチャンネル視聴は、各家庭の七割に達しており、口コミとあいまって、村内での出来事や情報は村中に確実に伝達される仕組みができていると思われる。過去放送した番組が主要なコンテンツとして蓄積されているＶＯＤは、有効な利用法が見出されていないせいか低利用に留まっている。ほとんどはリアルタイムで見てしまったもので、改めて見る動機は薄くなってしまうことが想定される。属性別では、ミドル層、村への愛着度高で、ＮＣＮチャンネルおよびＶＯＤ、西興部イントラに対する接触度が高く、ＮＣＮチャンネルへの親しみイメージも持たれている。

三　ＦＴＴＨ化に対する評価と要望

(1) サービス認知

ＦＴＴＨ化のサービス認知（図９－10）は、全体では四割に留まる。四〇代で、六三%に達するものの、六〇代での認知は一七%と極端に下がる傾向が見られる。またシニア層では無回答が四分の一おり、ＦＴＴＨという名称自体が浸透していないことをうかがわせる結果となっている。

「ＶＯＤ」「牛舎監視」「高齢者福祉」「西興部イントラ」「音声告知」といった各アプリケーションサービスの認知（図９－11）については、音声告知については五七%と高認知であった。他サービスについては、四〇%前後でそれぞれの認知率にさほど大差は見られない。牛舎監視、高齢者福祉システムなど村で限られた人しか使用していない

図９－10　ＦＴＴＨ化のサービス認知

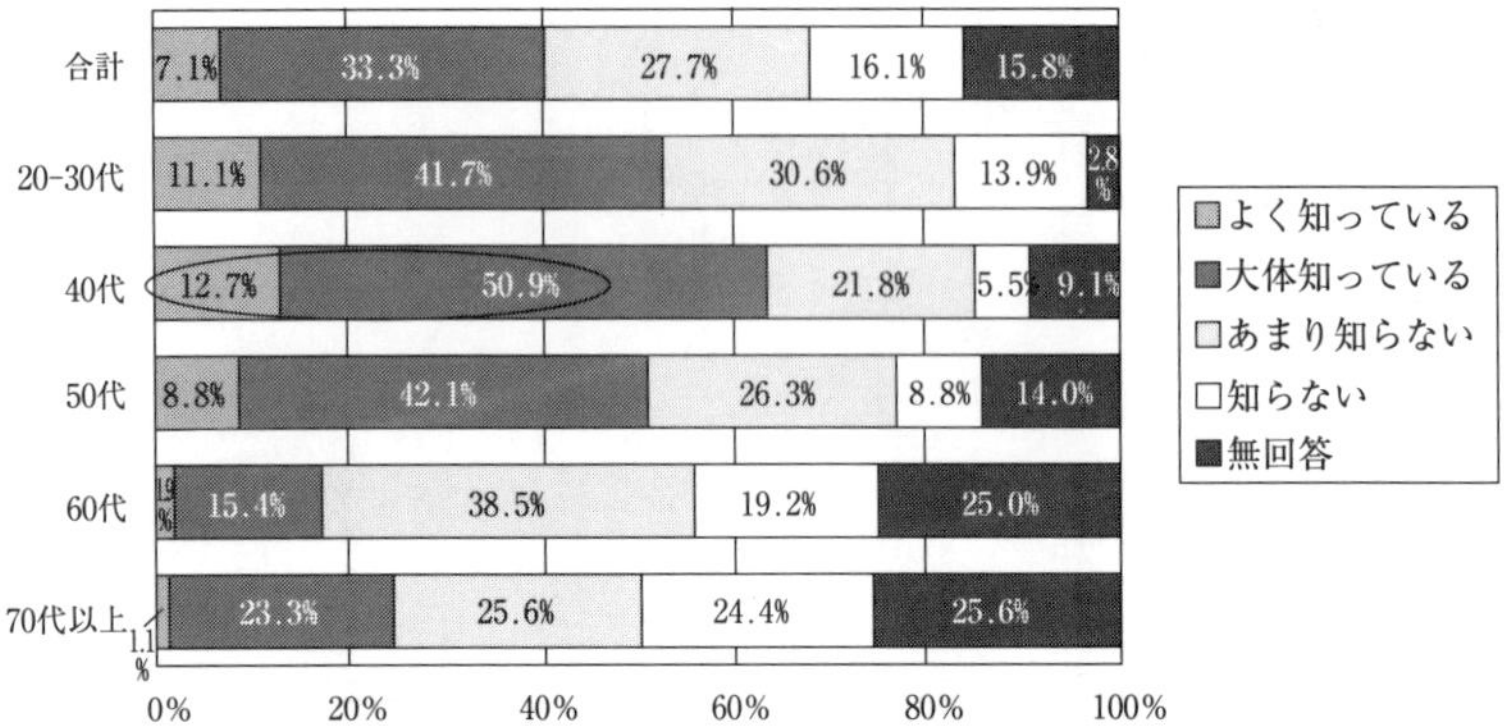

図９－11　各アプリケーションサービスの認知

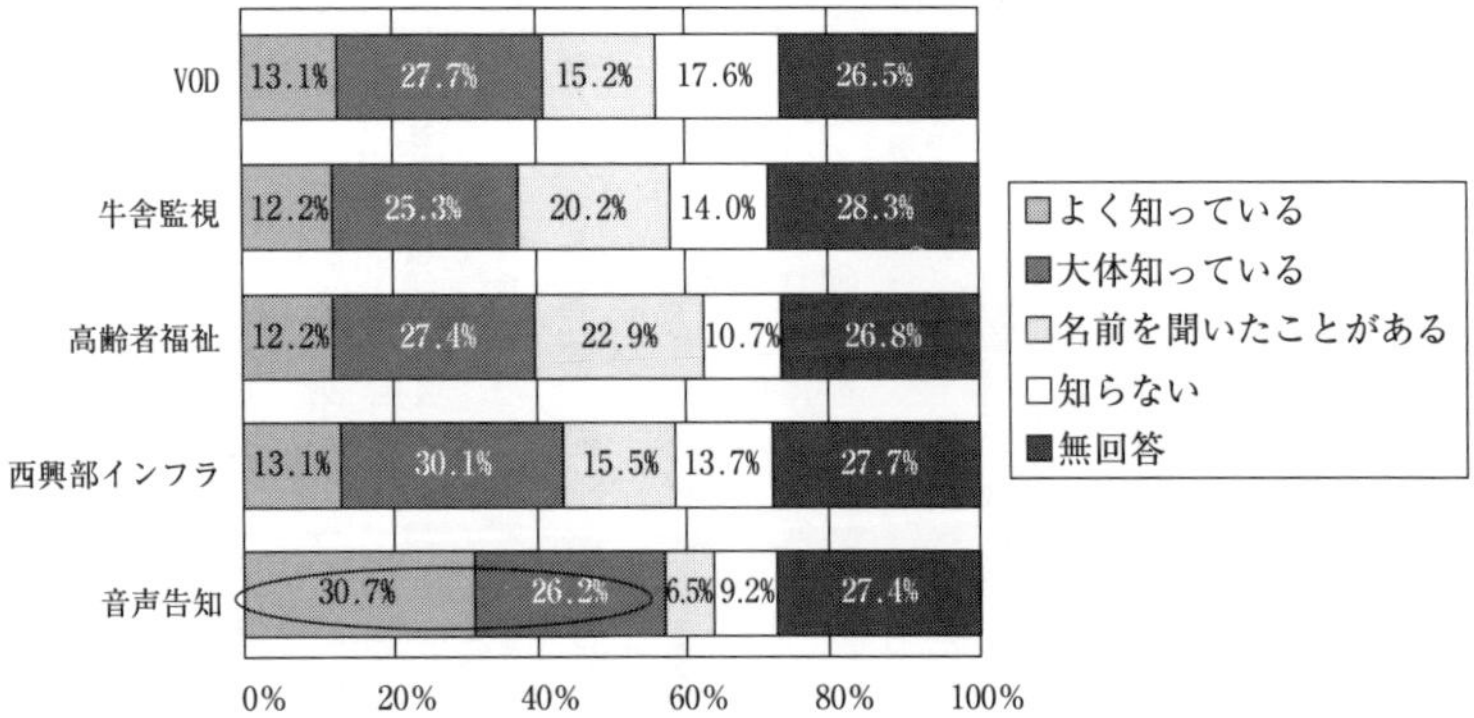

サービスの認知も他と同水準である。

各アプリケーションサービスの認知率（「よく知っている」「大体知っている」計）について、年代別（図９－12）では、全項目で四〇代での認知率がトップになっている。七〇代以上ではすべてで認知率が低い。

高齢者福祉システムについて、属性別に細かく見てみると（図９－13）、四〇代での「よく知っている」が際立って高いところが特徴である。それ以上は年代が上がるに従って認知率は低下している。七〇代以上では、二二％に留まる。ただし、この結果については、「無回答」が四割を超えており、「高齢者福祉システム」という回答項目が何を指すのか不明な人が多数いたようである。

図9-12　各アプリケーションサービスの認知率（年代別）

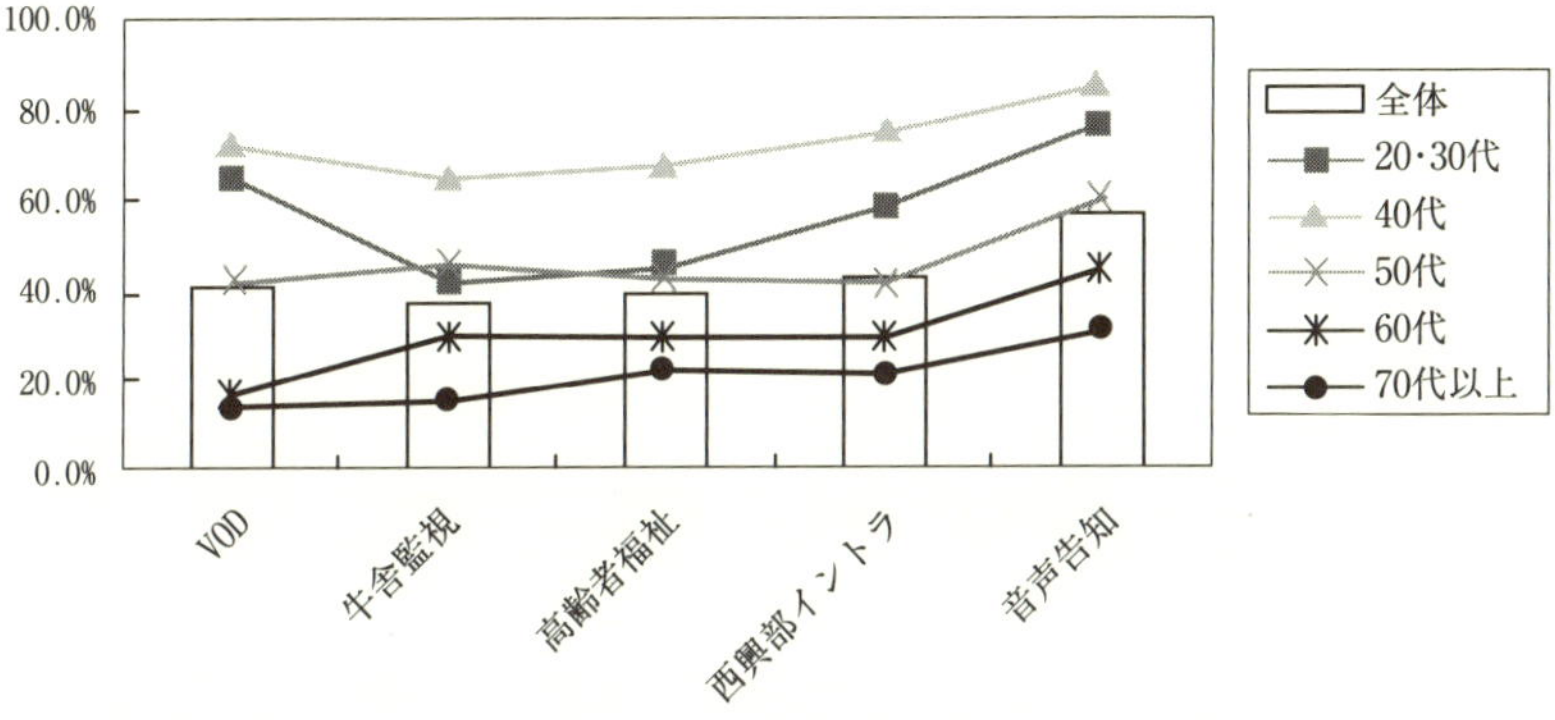

図9-13　各アプリケーションサービスの認知　高齢者福祉システム

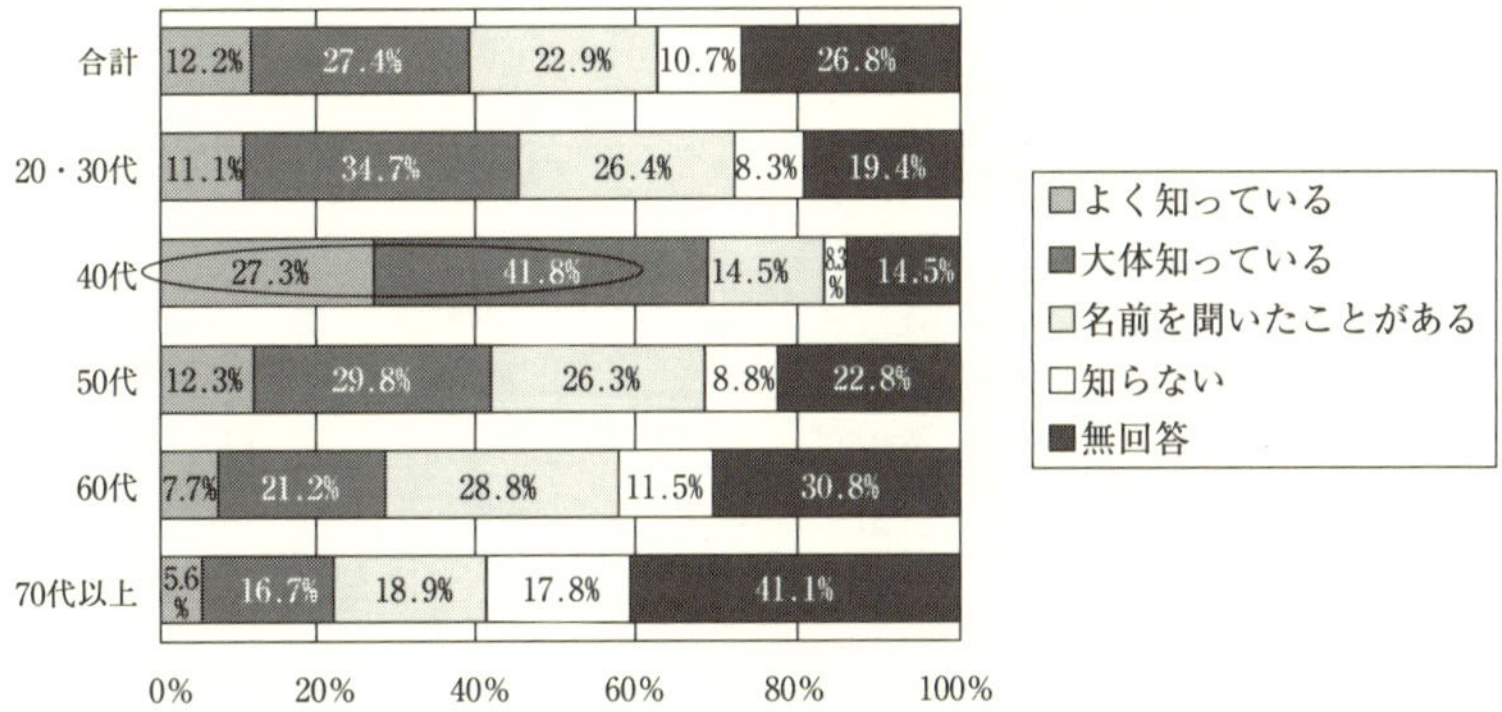

サービス開始から一年で、この名称自体はあまり定着していないことをうかがわせる。また、四〇代だけ突出して高いが、これは自分の親の介護が現実的に問題化されてきていることと関係していることが想定される。機器使用の予備軍になりつつある五〇代、六〇代といった属性で認知が低いことを考えると、今後、村役場の説明等での配慮が必要になってこよう。

（2）サービスの評価

ＦＴＴＨ後のサービスメニューが増えたことについての情報欲求的な評価（表9－20）については、「色々な種類のチャンネルから選べて楽しい」（五二％）、「好きな時に好きな番組が見られる」（四六％）、

表9－20　新サービスにより変化したこと

		好きな時に好きな番組が見られる	色々な種類のチャンネルから選べて楽しい	地域の情報が充実していて便利	今までよりも多くの情報を得られるようになった	テレビの操作が面倒になり,テレビを見る時間が減った	思ったほど見たり知りたいものが少ない	より多くの情報に接し,視野が広がった	村の行政や地域に以前より親しみを感じる	N
合　計		45.7%	51.8%	22.1%	36.4%	7.1%	21.4%	14.6%	19.6%	
年　代	20･30代	40.6%	56.5%	11.6%	24.6%	2.9%	31.9%	10.1%	5.8%	
	40代	50.0%	69.6%	23.9%	43.5%	2.2%	15.2%	19.6%	13.0%	
	50代	44.2%	44.2%	28.8%	38.5%	9.6%	25.0%	13.5%	25.0%	
	60代	41.5%	39.0%	22.0%	39.0%	4.9%	24.4%	24.4%	19.5%	
	70代以上	49.3%	50.7%	25.4%	38.8%	13.4%	11.9%	10.4%	32.8%	
話　題にする	する	53.5%	60.5%	30.6%	47.8%	2.5%	14.6%	19.7%	28.0%	
	しない	34.5%	41.4%	12.1%	22.4%	13.8%	29.3%	8.6%	9.5%	
NCN チャンネルの満足度	満足	49.8%	57.0%	24.7%	40.0%	4.7%	16.6%	15.7%	21.7%	251
	不満足	24.1%	31.0%	10.3%	17.2%	17.2%	62.1%	6.9%	6.9%	32

表9－21　新サービスによるテレビ接触時間の変化

		かなり増えた	多少増えた	変わらない	少し減った	かなり減った	テレビを持っていない	無回答
合計		9.5%	21.1%	54.5%	0.9%	0.9%	0.6%	12.5%
年　代	20･30代	5.6%	18.1%	72.2%	0.0%	0.0%	0.0%	4.2%
	40代	5.5%	27.3%	58.2%	0.0%	0.0%	1.8%	7.3%
	50代	12.3%	28.1%	52.6%	0.0%	0.0%	0.0%	7.0%
	60代	9.6%	19.2%	55.8%	0.0%	0.0%	1.9%	13.5%
	70代以上	12.2%	17.8%	38.9%	3.3%	3.3%	0.0%	24.4%
愛着度	あり	10.2%	25.4%	52.3%	0.4%	0.8%	0.0%	10.5%
	なし	3.6%	9.1%	78.2%	0.0%	1.8%	0.0%	7.3%
話　題にする	する	14.7%	33.7%	46.0%	1.2%	0.0%	0.0%	4.3%
	しない	5.1%	10.9%	76.1%	0.7%	2.2%	0.7%	4.3%
NCN満足	満足	11.6%	27.1%	56.6%	0.0%	0.0%	0.0%	4.4%
	不満足	0.0%	3.1%	84.4%	6.3%	0.0%	0.0%	6.3%

「今までより多くの情報が得られるようになった」(三六%)など、〝接触する情報メニューが増えたこと〟に対する一定の評価が見られる。ところが、「思ったほど見たり知りたいものが多くない」との否定的見解がまとまっており(二一%)、「より多くの情報に接し、視野が広がった」が一五%と少数に留まることを考えると、選択肢は増えたことに好感す

る一方で、それから得られる〝実際的なメリット〟についてはなかなか実感されていないこともうかがえる。属性別では、四〇代、話題にする人では、「色々な種類のチャンネルから選べて楽しい」といった多チャンネル化評価が目立ち、全般的にポジティブな評価付けがあるが、若年層、NCNチャンネルに対して不満足者では、「思ったほど見たり知りたいものが少ない」という〝期待していたほどではなかった〟という意識が見られる。

FTTH後、テレビに接する時間の増減（表9－21）については、「変わらない」という人が過半数であったが、増えたとの回答が三一％あり、減ったという人（二％）よりも大幅に多い。五〇代、話題にする人、NCNチャンネルの満足者では、視聴時間が増えた。七〇代以上、NCNチャンネルの不満足者では、視聴時間の減少という人がやや高い割合であった。

表9－22　各サービスの満点度

		NCNチャンネル	VODリクエスト	西興部イントラ
全体		74.7%	59.2%	60.4%
年　代	20・30代	83.3%	79.2%	80.6%
	40代	72.7%	74.5%	76.4%
	50代	80.7%	71.9%	73.7%
	60代	65.4%	46.2%	44.2%
	70代以上	70.0%	35.6%	37.8%
愛着度	感じる	82.4%	64.8%	67.2%
	感じない	54.5%	49.1%	50.9%
依存関係	近隣	77.8%	56.3%	58.7%
	友人・知人	78.4%	70.3%	75.7%
	血縁	77.8%	66.7%	69.4%
話題にする	する	90.8%	77.3%	77.9%
	しない	68.8%	50.0%	45.7%

（3）サービスの満足度・今後の意向

放送内容の満足度（表9－22）については、「NCNチャンネル」七五％と満足度割合が高い。それに比べると数値はやや落ちるものの、「西興部イントラ」六〇％、「VOD」五九％と、満足者割合が高い。若年層の満足度が高いが、いずれも「まあ満足」比率が高く、積極的というよりも消極的な満足をしていることが原因と考えられる。NCNチャンネルを話題にするような人は、いずれのサービスも「満足」と積極的な評価が高い。

NCNチャンネルの満足度（表9－23）については、七〇代以上、近隣依存、話題にする人で高い満足度を得ている。愛着

表9−23　NCN チャンネルの満足度

		満足している	まあ満足している	あまり満足していない	満足していない	無回答
全体		25.3%	49.4%	7.1%	2.4%	15.8%
年代	20・30代	15.3%	68.1%	9.7%	2.8%	4.2%
	40代	21.8%	50.9%	9.1%	1.8%	16.4%
	50代	28.1%	52.6%	3.5%	1.8%	14.0%
	60代	19.2%	46.2%	9.6%	1.9%	23.1%
	70代以上	34.4%	35.6%	5.6%	3.3%	21.1%
愛着度	感じる	29.3%	53.1%	4.3%	1.2%	12.1%
	感じない	9.1%	45.5%	20.0%	5.5%	20.0%
依存関係	近隣	37.3%	40.5%	6.3%	1.6%	14.3%
	友人・知人	24.3%	54.1%	13.5%	0.0%	8.1%
	血縁	18.1%	59.7%	2.8%	1.4%	18.1%
話題にする	する	35.0%	55.8%	5.5%	1.2%	2.5%
	しない	17.4%	51.4%	9.4%	4.3%	17.4%

を感じない人は、満足度も低いという結果となっている。

今後のサービス充実の方向性（表9－24）としては、「村内情報の充実」（四五％）、「近隣市町村情報内容の充実」（三一％）など、〝情報ソフト面での充実〟欲求が高く、逆にアプリケーション強化の部分である「VOIP化」（二八％）、「高齢者福祉システム」（二五％）、「インターネットアクセス速度」（二〇％）はそれらに比べると、決して高い数字とは言えない。

この結果からうかがえることは、西興部村のケーブルテレビの今後の方向性として、村内情報の充実がまず求められており、これは五〇代、友人・知人依存者では強い要求の傾向である。属性別に見ると、アプリケーションの充実に関しては、若年層で通信速度アップや有料番組の充実、七〇代以上では福祉システムの充実が望まれている傾向が特徴的に見られた。

以上をまとめると、FTTH化によって実現されたことは、音声告知を除き、まだまだ認知・理解不足の感が否めない。チャンネルなどの選択メニューが増えたこと自体については好評価がなされている。今後の充実の方向性としては、通信アプリケーションよりも、地域情報の質的充実を求める意見が強い。

表9-24　サービス充実の希望

		村内情報の内容を充実	近隣市町村情報の内容充実	村民同士の電話の無料化	インターネットアクセス速度向上	福祉システムの内容の充実	無料視聴番組の充実	特にない
全体		44.6%	30.5%	28.2%	20.1%	25.2%	22.5%	19.1%
年代	20・30代	31.9%	23.2%	23.2%	39.1%	13.0%	37.7%	7.2%
	40代	43.4%	37.7%	34.0%	28.3%	18.9%	30.2%	15.1%
	50代	65.5%	47.3%	32.7%	21.8%	27.3%	25.5%	7.3%
	60代	45.2%	33.3%	33.3%	4.8%	26.2%	16.7%	28.6%
	70代以上	43.7%	21.1%	21.1%	5.6%	38.0%	4.2%	35.2%
愛着度	感じる	50.0%	33.6%	27.7%	19.7%	27.3%	21.0%	16.8%
	感じない	19.6%	19.6%	35.3%	23.5%	17.6%	31.4%	23.5%
依存関係	近隣	49.1%	35.3%	29.3%	14.7%	29.3%	17.2%	22.4%
	友人・知人	58.3%	33.3%	25.0%	27.8%	36.1%	19.4%	5.6%
	血縁	38.5%	27.7%	38.5%	21.5%	23.1%	35.4%	13.8%
話題にする	する	51.6%	37.9%	28.1%	26.1%	26.1%	28.1%	13.7%
	しない	36.9%	24.6%	29.5%	13.1%	23.8%	17.2%	23.8%

シニア層、愛着度の高い人にはＦＴＴＨ認知、評価ともに高い（特に四〇代）、これらの層に特に求められているのは村内情報の充実である。

四　量的調査の総括

（1）検証課題への暫定的結論

以下では、課題ごとに本調査によって明らかになったことを確認しておきたい。

(イ)　サービスの利用実態と現状評価

コミュニティチャンネルである「ＮＣＮチャンネル」は、視聴割合、満足度ともに高く、村民から支持されていると考えられる。日常会話の話題提供機能も担っており、村民生活には不可欠なものとして定着している様子がうかがえる。ＮＣＮのその他のアプリケーションとしては、音声告知放送も広く理解されている。

ＮＣＮチャンネルや音声告知も、情報が一方的に送られてくる《プッシュ型メディア》である。それに対して、視聴するまでに何らかのアクションが必要であり、また自分で情報メニューを選択する必要がある《プル型メディア》であるＶＯＤ、西興部イントラネットは理解度、接触頻度ともに低いという結果が鮮明になった。しかしながら、一部の層では活用されている様子も見られ、機能面、コンテンツ面（特に内容面）そしてインターフェイスの簡素化といった側面で、今後の改善が必要ではないか。

高齢者福祉システムは、全体的に認知・理解不足という結果が得られた。特に使い手（あるいは〝予備軍〟）であるシニア層でのそれが低いことに留意したい。

(ロ) ＦＴＴＨ化される前後での変化

具体的な変化として挙げられるのは、テレビ視聴時間が増加傾向を示したことである。本調査結果からは、どの番組やアプリケーションがそれに寄与したのかについては断定できないが、テレビモニターに接した時間が増えたという現象が見られたのは確かなことだと思われる。

また、ＦＴＴＨ化によって、〝選択メニューが増えた〟との肯定的評価が高いものの、地域情報の充実という点については、変化はあまり感じられていないようである。さらには、「より多くの情報に接し、視野が広がった」といった実際的なメリットは、実感されていない。ＦＴＴＨ化一年後では速断のそしりを受けかねないが、調査時点で見れば、ＦＴＴＨ化によって村民に与えた影響はさほど顕在化しているわけではないと考えられる。

(ハ) 住民意識や生活行動と、情報行動との関係

村への愛着や近隣コミュニティへの帰属が強い人ほど、地域情報に対するニーズも高く、ＮＣＮメディアに対する接触率が高いとの傾向が鮮明であった。

特にミドル層は、村内の情報ニーズが高く、ＮＣＮチャンネルやアプリケーションを通じての村内情報の摂取に積極的である。近隣コミュニティへの依存度が高いシニア層、とりわけ七〇歳以上でも村内情報のニーズは高く見られ

る。

逆に村への帰属意識が低く、行動面も広域化・遠隔化している若年層では、村内・近隣情報についてのニーズが乏しく、全国や北海道の〝消費・娯楽情報〟への偏り傾向が見られた。

㈡　今後、放送・通信サービスに対して期待すること

村内や近隣地域の情報の充実であり、通信サービスや他のアプリケーションの充実を求めるものよりもかなり上回る。とりわけ、村内情報の内容の充実を求める声は非常に高い傾きを持っている。NCNメディアにおける地域情報の提供機能の質的向上に向けた今後の期待表明と見ることができよう。

地域情報の充実を求めるのは、NCNの各メディアへの接触率・評価ともに高いミドル（特に五〇代）、村への愛着度が高い層である。シニアは現状に満足しており、要望は高くない。若年層は、地域情報の提供よりも通信サービス充実の方向性へのニーズが見られた。

（2）残された課題

今回はかなり限られた質問項目数であったので、年代や村への愛着度といった非常に素朴な変数でのクロス分析では、あまり意外な数字が見られなかったことも事実である。FTTHサービス開始から一年目だったことも考慮すれば、認知・理解不足などの傾向が色濃く見られたこともやむをえないと感じる。また、世帯の家族構成については、質問していなかったが、同居形態でも二世帯、三世帯では大きく事情は異なるであろうし、さらにはシニア層で多い単身世帯（配偶者と死別、子どもと別居）との比較も重要なテーマになってこよう。

リサーチ上の今後の課題としては、⑴経年的なトレンドを追いつつ、村の情報化がどのように進展していくのかのモデル作りを進める。⑵生活行動とメディア接触や情報摂取行動との関連性を追究していくことにあろう。

（浅岡　隆裕）

第四節　西興部村面接調査からの考察

本節の目的は第三節において明らかになったブロードバンドＣＡＴＶの諸知見を面接調査と観察から肉付けすることである。具体的な検証課題としては、⑴ブロードバンドＣＡＴＶの利用実態、⑵ＣＡＴＶ導入一年後の事後評価、⑶ＣＡＴＶに求められている期待の三点である。なお、面接調査の概要については注を参照されたい[31]。

一　村の生活・人間関係と情報過疎感

第二節で詳述したように、西興部村は北海道北東部、網走支庁管内の西北部に位置する人口一二四〇人（平成一五年九月三〇日現在）の村である。興部川・藻興部川などの河川に沿った一〇の孤立した集落からなる。網走管内の中心地である北見市からの所要時間は三時間余りとへき地の印象が強いものの、上川地方へは至近距離にあり、元来、道央部とのつながりの強い地域である。かつて西興部村は国鉄名寄線によって名寄市・旭川市などと直接結ばれていた。名寄線は廃止された（一九八二年）ものの、国道二三九・二三八号線でオホーツク海岸の興部町や紋別市、上川地方の名寄市などと結ばれ、乗用車を利用してそれぞれ三〇〜四〇分程度で行くことができる。さらに旭川市までは二・五時間の道程である。したがって、自家用車と村外へ出る意思があれば生活行動を広域化することができる環境にある。

このことは質問紙調査においても確認されている。すなわち、村民の商品購買行動を見ると、食料品、日用・衣料品、電化製品いずれの項目でも名寄市・士別市方面が他を圧倒して高くなっているのである。また、娯楽・レジャー行動でも、村内の二四・一％に次いで名寄・士別（二一・一％）が選択されている。さらに約一割は旭川市を挙げている。このように西興部村民の生活行動が村を超えて広域化していることは明らかである（質問紙データ参照）。

この知見は面接調査でも裏付けられた。モータリゼーションが生活のなかに組み込まれているため、住民は生活の不便をあまり感じていないだけでなく、自然環境が豊かで、なおかつ比較的短時間で周辺都市へ出られるこの村を多くの被面接者は「住みやすい」と感じ、人間関係にも満足していた。このことは質問紙調査における「愛郷意識」の高さとも一致している。

・暮らしやすい。シーンとして静かでいい。のんびりしているというのが一番。あまり事件もないし、村の人は顔が分かっている。
・住みやすい。皆が仲間である、知らない人がいない。娯楽的なものが少なく、若者にとっては不満ではないか。若者の村外流出を危惧している。自分も若い頃は遊ぶ場所がなくて困った。このまま仕事があれば、この地に骨を埋めても良いと考えている。
・すばらしいところ。自然が大好きなので。山が好き。ヤマベ（ヤマメ）のメッカ。水がおいしい。ＩＴの村ということもあって考え方が革新的。良いものを取り入れようとする。他人にあまり干渉しない。ある面では都会的。前任地は排他的で受け入れてくれなかった。住みやすいところである。適度に都会、適度に田舎。
・住みやすい。買い物も周辺市町村にいつでも行ける。濃密な人間関係ではないが、当たり障りのない付き合い。
・なんにもないところ。でも別に住んでいて困らないところ。住みやすい…（中略）…付き合いはさらっとしている（本州と比べて）。

・生まれ育った土地であるし、慣れているから、住みやすい。人付き合いはあるし、わりと地域や隣近所と親密に付き合っている。

・自然に包まれた小さな村。皆知り合いである。家族同様の付き合いで、住みやすい。鍵を掛けたことがない。

北海道の県庁所在地、札幌市から遠く離れていることから、村民は情報過疎感・情報飢餓感を持っているものと想定されたが、面接調査ではそうした感情は見られなかった。その理由は西興部村の情報環境から説明されうる。まず、北海道内で最も多く購読されている『北海道新聞』が村の新聞購読世帯の大部分をカバーしており、村民は国内・北海道レベルの情報を容易に入手できる環境にある。また北海道は第一次チャンネルプラン七基幹地区の一つであったため、テレビ局整備は国内他地域に比べて相対的に早かった。西興部村は難視聴地域ではあったものの、共聴施設の整備後、テレビメディアを通じてナショナルな情報・北海道や札幌の情報が流れる環境がすでに整っていた。さらにCATVによって多チャンネル化が実現するとともに村内の情報は口コミやNCN、緊急告知放送で適宜入手できるということになれば、情報飢餓感・情報過疎感を村民が感じないのはむしろ当然といえよう。村の情報環境は充実しており、むしろ「あるもので十分である。これ以上何を見るのかという感じ」「情報はいっぱいあるので選ぶのは自分」という情報飽和感の方が強かった。

二　NCN自主放送および西興部インフォメーション（村内イントラネット）への接触

第三節において、住民の約七割が週一回以上NCNチャンネルに接触しており、無回答を除くと大部分の住民が週に一度以上NCN自主放送に接触していることを指摘した。NCN番組制作は週一本なので、村が制作した番組は住民にほぼ見られているということになる。このことを裏付けるように、被面接者の多くはNCN自主放送チャンネルを週に一度以上視聴していた。

・（NCNについて）視聴は週に一・二回ほど、毎週欠かさず見ている。その時によって面白いものもあれば面白くないものもある。村でこんな行事をやっているんだなあと思いながら見るのが面白い。村議会中継も特に忙しいことがない限り見ている。

・（NCNは）あまり見ていない。子どもが出ている番組は見ることはあるけれど。

・一週間に一回か二回はNCNをチェックしている。（村の）情報がそこから入ってくる。今どんなことを（村で）しているのかがわかる。

・NCNで村の様子がよくわかる。

・NCNは週一・二回見る。好きな時に見られるのが良い。

・NCNは時間帯が合わないから見ない。面白そうな番組はビデオリクエスト（VOD）で見るから。

・週に一度、村のニュース、お知らせ、イベントなどを最初から最後まで見るようにしている。見られない場合にはその次の時に見るようにしている。NCNで村内情報は足りているのか、ほとんどのイベントは映されているし、お悔やみは告知放送されるので、村のこと（行事、お知らせ、議会）は大体わかる。

・NCNは必ず見る。家族も欠かさず見る。妻は知らない人のことをNCNで見る（ママ）。議会中継が始まってからあの議員はよくやっているという声が聞こえるようになった。

全体としてはNCN自主放送番組については少ないスタッフでよくやっている、役場の職員にプロ並みの制作を期待すること自体が酷であるという意見が多いものの、番組の質・内容には少なからず不満も見られた。またパブリック・アクセス的番組への提言が見られることにも留意しておいてよい。

・この土地に合った植物の育て方や苗木の種類についての情報はいい。
・山菜の時期には「こういう料理もいいですよ」といった番組があればいい。例えば、勤めていた知的障害者施設の行事など、施設の職員たちが撮影・制作したものを（CATVで）流していただけますか、といった要望を出した時（役場側は）それは全然かまわないといっていた。だから、そういった面でも活用していければと思っている。
・個人のお宅訪問番組などを見てみたい。以前はそのような番組をやっていたが、来てもらいたくないという声やプライバシーの問題があるので難しい。皆が集まっているところを映すだけならよいが。こういう人もいるのだということであれば見てみたい。村の有志による映像の持ち込みは可能ではないか。例えば個人がイベントで撮ったものを借りて、それを編集するということはできなくもないだろう。
・（CATV自主放送番組の）画質や撮影テクニックは所詮素人。編集しないで、どうせならノーカットで流してもいいんじゃないか、かえってその方がいい。
・放送の形式がこの十何年ずっと変わっていない。そろそろ変えてみたらいいのではないか。もっと違う角度から番組を作ってみたらいいのではないか。この村自体が花を使った町作りを進めているので村の気候に合わせた花の栽培の仕方などはどうか。暮らしに役立つ情報、村作りの情報発信が必要だ。
・他町村（遠紋地区くらい）に出て面白いものを撮ってくるとよいのではないか。

一方、NCNの高視聴率と対照的に、西興部インフォメーションは低い利用率に留まっていた。面接調査では当該サービスを利用している住民も見られたが、これら利用者はTVではなくパソコンを通じて視聴していた（このサービスはテレビ、コンピュータいずれの画面でも視聴可能である）。機械操作性の問題なのか、TVを通じてあまり視聴されていない。また更新の遅さを指摘する声も多かった。

・たまに村長室をクリックしてみて、村長の村作りの方針などについて見てみたり、更新があったかどうか確認する。しかし使いやすいとは思えない。複雑だし、リモコンが小さなボタンで上下左右を押すのだが、使いにくい。

三　ＣＡＴＶの多機能サービス利用

西興部村ＣＡＴＶは平成元年に設置されたＭＰＩＳ施設が古くなったため、その対策として様々な可能性が模索されるなかで、結果として全戸光ファイバー化、多機能のＣＡＴＶが導入された。最初から多機能サービスの戦略があったわけではない。したがって、後述するようにその利用状況やサービスのあり方についてはまだ過渡期的段階で十分な利活用が行われていないと行政関係者、村の有力者は認識している。また村長は使い勝手の良いソフトがないという問題・課題も指摘していたが、こうした点は一般住民に対する面接調査でも確認された。すなわち、ＣＡＴＶの持つ多機能サービスは十分利活用されている状況であるとは言い難いのである。具体的には以下のとおりである。

（1）農業振興に関わるサービス

①　農業気象情報サービス……利用されているものの、「当たらない」という不満が多かった。

・（天気予報は）当たらない。何年かたったら精度が上がると思う。

・天気予報が当たらない。観測点が少ないことの影響かもしれない。（上興部連合町内会長）

②　牛舎遠隔監視サービス……村長や農協関係者との面接聞き取り調査では「非常に評判が良い」「意外と使われているのではないか」という認識が示されたが、面接対象となった先進的な農家・農業法人ではこのサービスは利用されていなかった。その理由は広い牛舎に一台しかなく、それを効率的に動かすシステム構築がなされてないこと、パソコンでは牛の様子がよくわからないこと、パソコンを立ち上げて見るより牛舎へ行った方が早いこと、システ

ムの融通が利かないことなどが指摘された。

・（牛舎遠隔監視サービスは）総じて評判が良い。牛舎が大型化したことにより、牛舎と自宅との距離が遠くなったことから、利便性は高い。冬には特に好評である。牛舎が増えているので、機械をもっと増やしてほしいという要望もある。（高畑村長）

・（牛舎遠隔監視サービスは）そこそこ使われているのではないか。（オホーツクはまなす農協係長）

・（農家に）餌、肥料、資材などを販売する関係上、畜産農家に足を運ぶこともある。監視システムは結構使われているのではないか。音を聞いていたり、牛のお尻にあわせて分娩を待っているとか。きちっと利用できているところはあると思うが、パソコン上だということがなかなか難しいのではないか。

・融通が利かない。かまったら（いじったら）役所に怒られた。余計なものをつけるなと。あまり使っていないし、あまり見ていない（冬場は楽だけど）。

・最初はおもしろがって使っていたが、今ではあまり使っていない。機械自体は性能がいいし、ソフトも使いやすいが、結局、画面を見ただけではわからないことの方が多い。夜二回見回りをすることになっており、毎日のように分娩があるので、特に使う必要がない。企画段階から参加し、レールを移動できるような可動式のものをお願いしたが、結局据え置き型になった。移動できればもっと便利だったと思う。

③　農業支援サービス……コンピュータと連動した経営管理は二軒の農家を除いて、利用されていなかったものの、利用している農業法人からはその利便性について高い評価を受けていた。利用法について農家間で教え合う動きも出てきており、今後、利用が拡大する可能性がある。

・（会計ソフトは）以前から使っていたが、（FTTH導入後は）農協においてある組勘のベースからデータを引っ張ってくることで、手入力をしないで済むようになった。一カ月分くらいの労働力（ママ）削減で、楽になった。

（2）高齢者福祉サービス

健康サービス……利用している住民もいるが、使用法が難しいので使っていない、もしくは使えない人が多いという声も多かった。また監視されているようだという心理的な面での抵抗感も見られた。

・（健康管理システムについて）友人では使っていない人が多い。理由は使用の仕方がよくわからないから。（システムの血圧計は）少し高めに出る。それに合わせて薬を飲むと下がりすぎる。高いときにデータを送信するのに、一カ月遅れで血圧の記録用紙が送られてくる。遅すぎだ。だから使わなくなってしまった。これをどうにか改善してほしい。すぐに反応してくれれば、血圧を記録に入れようと思うんだけど。保健師さんは朝七時半じゃ来てくれないし、土日も役所だからやってない。血圧が高いことに対してアドバイスがされないことに不満がある。

・母のところについているが使い方が難しくて使っていない。

高齢者福祉サービスについて村としては企画課と保健行政を担当している住民課がタイアップした取り組みが必要であるという認識であった。福祉システムをどのように活用していくかがこれからの課題であり、具体的にはテレビカメラのある一四軒に一週間に一回ずつ保健師が訪問することを考えているとのことである。（西興部村鎌谷企画課長）

（3）農村生活改善サービス

①（緊急）音声告知サービス……このサービスに関する効用を強調する被調査者が多い。緊急時だけでなく、村内の行事やお悔やみなど多様な情報の告知に使用されている。もともと死亡（告別式）情報を早く知らせてほしいという要望があって始められたサービスで、「知っている人への義理は欠かせない」というコミュニティならではと

いえる。

・葬式、熊の出没、火事など口コミで事前に入ってくる情報を確認する。

・（音声告知サービスは）よく使っている。火事のときなどどこが燃えているかすぐわかる。

② VOD……頻繁に利用する被面接者はいなかった。他人の訪問時や子どもの帰郷時に見られている程度である。

・NCNを一回見たら、あまり見たいとは思わない。操作方法はしばらく使っていないと忘れてしまう。

・（VOD利用は）最初のうちだけ。（その機材を）家で使えるのは多分子どもだけ。しばらくやってないと忘れちゃう。全然使っていない。

・最初は見ていたが、最近はあまり見ない。最初のうちはリクエストしていたが、映像がアナログで映りが悪いので。

・そんなに見ない。訪ねて来る人には必ず見せるが、（こういうサービスがあることに）皆、びっくりする。

・自分からリクエストして見るということはない。あまり見たいとは思わない。子どもたちや妻は昔の学校の行事などをリクエストして見ているようだ。

・（VODは）あまり見ない。普段から自主放送番組を見ているので、古い番組を見る必要がない。娘たちは帰ってきたときに昔の番組を見ることがあるようだ。

四　インターネット接続サービス

村がパソコンの購入に対して一〇万円の補助を行ったこともあり、村内におけるパソコンの所有者はCATV加入五三八世帯（公共施設・事業所・特養・精薄施設除く）に対して、二年間での補助台数は二三四台、単純割りして四三%の世帯に導入されている。CATV導入の効用として、このインターネット常時接続サービスを指摘する声が高かった。また面接対象となった農家・農業法人ではインターネットをよく利活用していた。しかしながら、商業関係者の間では、その利用（例えば村内広告など）は十分ではないという認識である。
・村内では四七軒ほどが商工会に属しているが、高齢の経営者が多いせいか（インターネットを）活用できているのは、せいぜい一、二軒しかいない。西興部インフォメーション内など、村民に対する情報発信を勧めているが、まだ実現していない。今回のシステムは、そもそも農業関係から始まっている。その点で商業システムに関しては一歩も二歩も遅れている。（西興部商工会事務局長）
ＣＡＴＶの導入によって学校のＩＴ化は著しく進んでおり、インターネットにも常時接続状態にある。情報機器を駆使した総合的な学習活動が盛んであり、小学校一年生からメールを使うなどＩＴへの早い取り組みが見られる。また村内二つの小学校は光回線で結ばれ交流が行われている。

商品の購買においては、予めインターネットで価格を調査したうえで、名寄・旭川方面へ買い物に行くといった行動も見られた。

また、村が行った一〇万円のパソコン購入補助に対して、六五歳以上の高齢者に対する補助実績は二五台であったが、全体として高齢者の利用状況はあまり活発ではない。しかしながら、七〇歳代でもパソコンを毎日利用する（メール、株式情報、商品情報の入手、ニュース、村内イントラネットの閲覧等）能動的利用者も存在し、これは第三節で見られたアクティブなシニア層の存在を傍証するものであった。
・インターネットは午前八時三〇分から九時三〇分の一時間程度、孫からのメールチェックなどをして、その返事に二〇分くらいかける。両手を使い、ローマ字入力でしている。インターネットで見るものはＹａｈｏｏの金融情報、株の一般的なニュース、メーカーの商品情報等、町村合併問題や近くの特産物情報も。インターネットに関しては

「まだまだやり始めたところ」。（七〇歳代面接対象者）

五　CATV導入一年後の評価

次にCATV導入に対する評価について村民からの面接調査を元に考察する。第三節において述べたように、CATVに対する評価は年齢や職業によって異なるが、ここでは村の行政関係者・商業および農業団体関係者と一般住民からのヒアリングの二つにわけて、その全体的評価について考察したい。

（1）村の行政関係者・商業および農業団体関係者からのヒアリング

西興部村は『第三期西興部村総合計画』（平成一四年度～二三年度）おいて村作りの目標テーマを「心安らぐ美しい夢のITタウン」と位置づけ、「IT基盤を活かした事業・生活環境の整備を進め、将来の新たな雇用創出を目指」し、IT活用大作戦として「IT基盤を活かして、村民の情報活用・コミュニケーション能力の向上を図るとともにネットフリーの環境をアピールし、ソーホ（SOHO）事業者など人材の誘致と育成を進め」るという情報化戦略を掲げている[32]。

また、村の「まちづくり検討会」HP記録においてもIT基盤を活用した双方向の観光・交流情報の受発信機能向上、村内の光ファイバー網や情報通信機能を生かしたIT関連事業者の誘致育成、ITを活用した村民の健康管理や各種健診の充実といったIT活用の施策が見られる。さらに平成一六年から「西おこっぺEネット夢民（むーみん）」という名称で村外に住む人たちに村の情報を電子メールで知らせるEメール村民制度を開始するなど、IT活用を村政の機軸に据えていることがうかがわれる[33]。

村の行政関係者・村会議員・商業関係者等に対してCATV導入後一年の評価についてヒアリングしたところ、その反応は概ね肯定的であった。これはこうした人々がCATV導入の主体であったことから考えると当然といえる。しかし、前述したようにCATV機能の利活用に関しては現段階では十分ではなく、将来的な課題との認識であり、CATVの村の行政・産業・経済への寄与はまだ顕在化していないとの意見で一致していた。

・本格稼働から一年余りたち、回線が双方向になったけれど、まだ十分に使い切れていないという実感がある。若い人は最先端の使い方ができているが、お年寄りはそうでもない。ストーブが薪ストーブから石油ストーブに変わったときの戸惑いのような感じ、ちょっと時間がかかるのかなあと感じている。(高畑村長)

・技術面で先行しているところがあり、活用面ではこれからである。(オホーツクはまなす農協支所長)

・ケーブルテレビは使いこなせていない。ホームページ利用などで、ここの商店がアピールする場であるが、使われていない。行政が助けてくれるという意識が強いので、甘えてしまっている。なかなか民間主導で動かないことが多い。使い切れるまでに数年はかかるだろう。(西興部商工会事務局長)

一方、村におけるCATVの位置づけについては村に議会(生)中継があるので、周辺町村のように、変則的に議会を開く必要はないなど、西興部村は「地域情報化の先進地」との自負が見られた。

(2)一般住民からのヒアリング

一般の被面接者においてもCATVに対する意見や要望は見られたものの、CATVの存在を疑問視・否定するような意見は見られず、その評価は肯定的であった。これは西興部村が難視聴地域で、テレビを視聴するために各世帯が金銭的負担をしてきた歴史と関係があると推測される。テレビは料金を負担して見るものという感覚が村民の間に一般化していると思われる。したがって従来のMPIS施設が老朽化し、施設更新が必要になったときの費用負担にも心理的抵抗は比較的少なかったものと考えることができる。

さらに自村を「ＩＴの村」と位置づけ、ＣＡＴＶがないと「ただの田舎」「何もないところ」になってしまうが、光ファイバーによって「他の世界への窓が開かれている」村であるとの認識も少なからず聞くことができた。また住民がＩＴ村としての西興部村に誇りを持てるようになったとの意見も見られた。これは村の情報化戦略が村民に浸透していることと、実際にＣＡＴＶ施設を利用した実感からの感想と考えられるが、行政関係者・村の有力者のみならず、一般住民もＣＡＴＶに関してきわめて肯定的な評価を下していることは注目されうる。西興部村の住民にとってＣＡＴＶは新たな村（地域）アイデンティティ（自村はどのような村かという認識）の象徴としてとらえられているのである。林業の衰退や離農による農業関係者の減少によって、村民は自村のアイデンティティを失っていったと考えられる。こうしたなかで導入されたブロードバンドＣＡＴＶは村民の〈村アイデンティティ〉に求心力を与えているとひとまずは結論づけられる。

村の施設、「木夢」（こむ）が、木材という村の過去から現在につながるアイデンティティを象徴するものとすれば、マルチメディア館「ＩＴ夢」（アトム）は村の二一世紀をシンボライズしたものといえる。そして、この二つが同一の空間（建物）のなかに併存していることは非常に意味深い。

六　ＣＡＴＶに求められている期待と西興部村ブロードバンドＣＡＴＶが示唆するもの

今後のＣＡＴＶの発展方向、すなわち村内の情報提供機能を主とすべきか、通信サービス機能を重視すべきかについては、第三節で考察したように村内情報の充実を望む声が強かった。前述したように、少ないスタッフや公務員という身分からするとよくやっているという消極的満足の意見を底流としつつも、内容面でのマンネリ、技術面での問題を指摘する声が多く、違った角度からの番組づくりや具体的提言も見られ、量的充実というよりも質的な充実を図ってほしいという期待が強いと感じられた。一方、先進的農家や農協関係者、学校関係者、商業関係者の間ではインターネットを含めた多機能サービスやインターネットを使った新たなビジネスへの期待が見られ、質問紙調査における全体的傾向とは異なる見解も見られた。しかしながら、こうした期待と裏腹に、CATVが年間二〇〇〇万円の赤字を計上していること、システムの更新がいずれ来ることとその財源をどのようにするか、市町村合併した場合のCATV施設維持の問題などをよく認識しており、これらに対する不安の声が聞かれた。

西興部村はほとんどの住民が顔見知りという人間関係のなかにあり、口コミが生きた力を持った社会である。一方、ブロードバンド化による音声告知放送やNCN自主放送、インターネット（メール）による地域メディアの重層化は村内情報の伝達や相互情報交換に刺激を与え、新たなコミュニケーション状況を生んでいた。

・テレビで「新村民」が紹介される。知らない人から名前を呼ばれて挨拶される。その情報網は凄いと思いました。情報が伝わるのは早い。

・うわさ話が盛んで、皆他人のことをよく知っている。村内に話題が少ないからか。

・NCNは高齢者世帯では重要な媒体となっており、ないと困る。NCNは情報入手手段の一つ。媒体が色々あるなかで一本に絞るならやっぱりNCN。

・メールを交換するようになってから○○さんとの仲が一層親密になったような気がする。

村の農業者は地域情報サービスよりも多機能サービス、特にインターネットを今後の発展方向として指摘していた。一方、牛舎遠隔監視サービスは先進的といわれる農家、農業法人では利用されていなかった。その最も大きな理由はこれらの農家の個別ニーズに合わないことである。ブロードバンドサービスが、ある地域に普及する場合、個別性の強いサービスはシステムの融通性や機器のカスタマイズを担保しておかないと結果的には利用されない可能性を西興部村の事例は示唆している。したがってこうした点を想定したシステム作りが今後のブロードバンドサービスにおいては必要となるのではなかろうか。

光ファイバーケーブル網の敷設はたとえ機器が古くなっても、幹線が光ファイバーであればそれが将来の財産になるという前村長の判断が契機になった。こうしたかたちで、全戸加入が実現し、毎月の利用料（千円）のなかで、インターネット常時接続という環境が実現している。村では村民向けにコンピュータの講習会を頻繁に開催するとともに、購入補助を行った結果、（高齢者も含めて）村のコンピュータ所有率、利用率は大きく上昇した。このことから農村の情報システム利用では、単なるシステム導入だけではなく効果的な支援バックアップシステムをどのように構築するかが重要となることがわかる。

ＦＴＴＨ導入は長期的には地域の社会構造、住民の相互実践・情報行動によって、受容／抵抗／変容など様々な変化を被ると考えられる。導入して一年という段階での調査のため、さらなる考察が必要であるが、福祉システムの低利用について以下のことが示唆される。すなわち、福祉システムはその利用者から二重の抵抗を受けているといえる。第一は機器への抵抗、第二は心理的抵抗＝監視されたくない、老人扱いされたくないという意識である。こうした二つの抵抗は相互に絡まり合っており、たとえ機器の使いこなしという技術的課題が解決されても、第二の抵抗が残る限り、その利用は容易には高まらない可能性を孕んでいるのである。ＦＴＴＨによってもたらされるプル型メディアや福祉システムなどが地域の問題・課題解決に対して大きな可能性を有していることは事実であるが、システムを導入しさえすれば住民によってその利活用が活発に行われるという「バラ色の理想」を描くことは厳に慎まなければならない。システムの利活用に対してどのような要因が機能的・逆機能的に働くのかを十分に考慮する必要性を西興部村の事例は示唆しているように思われる。

（岩佐　淳一）

（1）村役場担当者に対する聞き取り調査を、二〇〇二年九月に行った。

（2）村民全世帯を対象とした質問紙調査を、二〇〇三年七月に行った。

（3）村民に対する面接調査を、二〇〇三年九月に行った。

（4）村内六五〇世帯ほどが、原則として全戸加入となっていることも、特徴の一つである。

（5）CATVネットワークを通信インフラとして活用することで、インターネットプロバイダー事業、いわゆる「CATVインターネット」が広く展開され、「放送サービスと通信サービスの併存・統合」が進んでいる。

（6）二〇〇五年七月末現在。北海道企画振興部計画室統計課「住民基本台帳人口・世帯数」より。

（7）具体的には、上藻《かみも》、中藻《なかも》、上興部《かみおこつぺ》、西興部《にしおこつぺ》（旧　瀬戸牛《せとうし》）、中興部《なかおこつぺ》、忍路子《おしよろつこ》、六興《ろつこう》、東興《とうこう》、奥興部《おくおこつぺ》、札滑《さつこつ》という一〇の集落から構成されている。

（8）さらに、上興部小学校では児童数一二名（二〇〇三年度）と減少しており、西興部小学校への統廃合が上興部地区の住民に危惧されている。

（9）二〇〇五年七月末現在。北海道企画振興部計画室統計課「住民基本台帳人口・世帯数」より。

（10）酪農も従事者数は減少しているものの、近年は法人化・大型化の流れにあることから、生産高は増加している。

（11）『市町村情報総覧　二〇〇二―〇三東日本編』、市町村情報ネットワークセンター編、ジャパンサービス。

（12）西興部村『第三期西興部村総合計画』、二〇〇二年。

（13）「第3期西興部村総合計画」によると、「IT活用大作戦」として、FTTHのIT基盤をいかに活用するかが課題とされ、「全国一のIT基盤を活用して村民一人ひとりがそれぞれの暮らしを楽しみながら、地域の資源を生かし、力を合わせて産業を活性化」することを目標としている。

（14）産業分野におけるIT活用は、「ネットフリーの環境をアピールし、SOHO事業者など人材の誘致と育成による新たな産業創出」と、「IT基盤を活かした事業環境の整備」により、「新たな雇用創出をめざす」ことに力点が置かれている。また、生活分野においては、「村民一人ひとりがそれぞれの暮らしを楽しむ」ために、「村民の情報活用・コミュニケーション能力の向上」を図り、「生活環境の整備」を進めることで豊かな生活を実現することをめざしている。

(15) 「テレビ組合」の詳細については、浅岡（二〇〇三）を参照のこと。
(16) この後、西興部のテレビ組合では一九七四年に、上興部では一九七五年に、HTB（北海道テレビ放送）、UHB（北海道文化放送）のUHF放送が受信できるようになり、これによって道内全六局が受信可能となった。
(17) 西興部村史によると、一九七五年末での農事放送電話加入台数は農家を中心に二五二台で、公社電話三五一台と合わせると六〇三台である。これは、ほぼ村内世帯数に一致する数字である。
(18) 一九九五年度にWOWOW、一九九八年度に衛星一局が追加され、受信可能となった。
(19) 音声告知放送は災害時等の緊急連絡を目的とし、その受信機は全戸に配布されていた。
(20) 西興部村のFTTH導入の経緯については、浅岡（二〇〇三）を参照のこと。
(21) 「牛舎遠隔監視サービス」、高齢者「福祉システム」の「テレビ相談システム」、「VOD」などFTTHサービス内容の詳細については、浅岡（二〇〇三）を参照のこと。
(22) 千円の利用料金で、CATV視聴、インターネット接続を含むすべてのFTTHサービスが利用可能である。
(23) パソコン助成事業の内容は、一〇万円を上限とし、パソコン購入金額の七割を村が負担するというものである。
(24) 六五〇ほどの世帯のうち、一二〇〜一三〇世帯は特殊世帯（特別養護老人ホーム約五〇世帯、ケアハウス約三〇世帯、知的障害者更正施設約五〇世帯）、四〇〜五〇世帯は老人単身世帯、四五〇世帯が家族世帯という。
(25) その他に、職員が各家庭をまわって端末の操作方法を指導したり、端末の不具合を調整する「訪問指導」も行われている。
(26) 村議場に二台のカメラが据え付けられており、マルチメディア館「IT夢」から操作できるようになっている。
(27) 農村部での主要な情報提供機関としては、行政とともに農協を挙げることができる。西興部村の場合も、農協の影響力の大きさは本文中に散見されるとおりであり、特に農家は農協との連携が密であることが多い。
(28) 具体的な質問項目としては、「あなたは、例えば長い時間、家を空けるような場合とか、子供だけを家に残して外出するような時は、誰に声をかけていきますか。ひとつだけ〇を付けて下さい」。それに対する回答項目は、1近所の人　2友人　3親戚　4親　5その他　6誰にも声をかけない　というものであった。
(29) 原由美子、鈴木祐司（二〇〇三）「地域メディアとしての役割を高めるケーブルテレビ」日本放送協会『放送研究と

面接対象者および属性等

対象者	年齢	性別	職　業
A	50	男性	無職
B	79	女性	無職
C	35	女性	知的障害者施設勤務
D	45	男性	農協職員（課長）
E	55	男性	小学校長
F	44	女性	主婦・パート・児童委員・民生委員
G	39	男性	農業
H	38	男性	農業法人専務
I	72	女性	個人商店・民生委員
J	58	男性	農業法人経営

集団面接調査対象者（行政関係者・有力者）

集団面接1	西興部村村長（高畑秀美氏） 企画課長（鎌谷俊夫氏） 調査情報係長（吉田且志氏）

集団面接2	オホーツクはまなす農協西興部支所長 西興部商工会事務局長 西興部連合町内会長・村議 上興部連合町内会長・村議 オホーツクはまなす農協西興部係長

※面接対象者の年齢・職業は調査時のものである。

調査』二〇〇三・八月、二三―二四頁。

(30) 入手できた資料のうち、参考になるものは、二〇〇三年三月末に行われた内閣府経済社会総合研究所の『平成15年版家計消費の動向』（二四四頁「世帯主の年齢階級別主要耐久消費財等の普及・保有状況［平成15年3月末現在］」）がある。この内閣府調査では「パソコンの普及率」を聞いたものであり、西興部の場合「インターネット接続パソコン」という条件付けがあり、単純な比較はできない。参考までに数値を見ておくと、世代全体六三%、「～二〇代」（六六%）、「三〇代」（七二%）、「四〇代」（七三%）、「五〇代」（六九%）、「六〇代」（五三%）、「七〇代以上」（四〇%）という結果になっている。シニア層での割合を除けば、西興部村での普及率は全国並みに高いといえるのではないか。

(31) 調査の概要は以下のとおりである。
①調査手法　面接法
②調査対象者　個人面接一〇名、集団面接二組（第一グループ＝三名、第二グループ＝五名）
③面接調査対象者　候補者は性別・年齢・属性等の希望を西興部村役場に伝達し、数度にわたる協議のうえ決定した。集団面接は村長をはじめとする行政関係者および、村の商工会、農業団体関係者を対象に行った。
④面接日時　二〇〇三年九月六日（土）―八日（月）

(32)『第3期西興部村総合計画』（平成一四年度―二三年度）
http://www.vill.nishiokoppe.hokkaido.jp/Office/kikaku/sougou/digest.pdf　平成一六年二月一日現在のものから引用。

(33)『第3期西興部村総合計画』（平成一四年度―二三年度）内に掲載されている。
http://www.vill.nishiokoppe.hokkaido.jp/Office/kikaku/sougou/digest.pdf

参考・引用文献（註出以外のもの）

浅岡隆裕「農村ケーブルテレビにおける放送・通信事業の取り組みについて」『中央大学社会科学研究所年報』二〇〇三年、五九―八三頁。

北海道企画振興部計画室統計課ホームページ　http://www.pref.hokkaido.jp/skikaku/sk-kctki/index.html

西興部村村史編纂委員会『西興部村村史』一九七七年。

西興部村ホームページ http://www.vill.nisiokoppe.hokkaido.jp/

西興部村『第3期西興部村総合計画』二〇〇二年。

平塚千尋・横山滋「ケーブルテレビがもたらしたメディア行動の変化」日本放送協会『放送研究と調査』一九九九年七月、一一—五二頁。

平塚千尋・藤田薫「高度情報化社会におけるメディア行動—二〇〇一年・富山県八尾町ケーブル調査から」NHK放送協会『放送研究と調査』二〇〇一年一〇月、一—五三頁。

北海道電気通信監理局監修『テレコム北海道99北海道における情報通信の現状』一九九九年。

※　本調査の実施に際しては村長高畑秀美氏、企画課長（平成一五年面接調査時）鎌谷俊夫氏、調査情報係長（平成一四年聞き取り調査・平成一五年質問紙調査時）日下忠之氏、調査情報係長（平成一五年面接調査・平成一五年質問紙調査時）吉田且志氏をはじめ、村民の皆様に大変お世話になりました。ここに謝意を記します。

〔初出一覧〕

以下に掲げた論文以外はすべて書き下し論文である。

第二章　「ネットワーク」としてのＣＡＴＶ事業者連携

『中央大学社会科学研究所年報』第9号、2005年6月

第三章　地域住民による＜メディア活動＞をどのように捉えるか

『紀要』（社会学科）第15号、中央大学文学部、2005年3月

第四章　地域住民にとってのメディア活動の意味づけに関するノート

『中央大学社会科学研究所年報』第9号、2005年6月

第九章　ブロードバンド技術を活用したＣＡＴＶ事業の動向とその受容

――北海道紋別郡西興部村ケーブルテレビを事例として

『中央大学社会科学研究所年報』第8号、2004年5月

執筆者紹介（執筆順）

林《はやし》　茂《しげ》樹《じゅ》　中央大学教授（まえがき、第一章）

内《うち》田《だ》康《やす》人《と》　育英短期大学専任講師（第二、六、七、九章）

浅《あさ》岡《おか》隆《たか》裕《ひろ》　立正大学専任講師（第三、四、七、九章）

早《はや》川《かわ》善治郎《ぜんじろう》　立教大学名誉教授（第五章）

岩《いわ》佐《さ》淳《じゅん》一《いち》　茨城大学助教授（第八、九章）

地域メディアの新展開 —ＣＡＴＶを中心として—

中央大学社会科学研究所研究叢書17

2006年3月30日　発行

編　者　林　茂樹

発行者　中央大学出版部

代表者　福田孝志

〒192-0393　東京都八王子市東中野742-1

発行所　中央大学出版部

電話　042(674)2351　FAX　042(674)2354

藤原印刷㈱

ISBN4-8057-1317-8

中央大学社会科学研究所研究叢書

坂本正弘・滝田賢治編著

7 現代アメリカ外交の研究

A 5 判264頁・定価3045円

冷戦終結後のアメリカ外交に焦点を当て，21世紀，アメリカはパクス・アメリカーナIIを享受できるのか，それとも「黄金の帝国」になっていくのかを多面的に検討。

鶴田満彦・渡辺俊彦編著

8 グローバル化のなかの現代国家

A 5 判316頁・定価3675円

情報や金融におけるグローバル化が現代国家の社会システムに矛盾や軋轢を生じさせている。諸分野の専門家が変容を遂げようとする現代国家像の核心に迫る。

林　茂樹編著

9 日本の地方CATV

A 5 判256頁・定価3045円
〈品切〉

自主製作番組を核として地域住民の連帯やコミュニティ意識の醸成さらには地域の活性化に結び付けている地域情報化の実態を地方のCATVシステムを通して実証的に解明。

池庄司敬信編

10 体制擁護と変革の思想

A 5 判520頁・定価6090円

A.スミス，E.バーク，J.S.ミル，J.J.ルソー，P.J.プルードン，Φ.N.チュッチェフ，安藤昌益，中江兆民，梯明秀，P.ゴベッティなどの思想と体制との関わりを究明。

園田茂人編著

11 現代中国の階層変動

A 5 判216頁・定価2625円

改革・開放後の中国社会の変貌を，中間層，階層移動，階層意識などのキーワードから読み解く試み。大規模サンプル調査をもとにした，本格的な中国階層研究の誕生。

早川善治郎編著

12 現代社会理論とメディアの諸相

A 5 判448頁・定価5250円

21世紀の社会学の課題を明らかにし，文化とコミュニケーション関係を解明し，さらに日本の各種メディアの現状を分析する。

中央大学社会科学研究所研究叢書

中央大学社会科学研究所編

1 **自主管理の構造分析**

―ユーゴスラヴィアの事例研究―

A５判328頁・定価2940円

80年代のユーゴの事例を通して，これまで解析のメスが入らなかった農業・大学・地域社会にも踏み込んだ最新の国際的な学際的事例研究である。

中央大学社会科学研究所編

2 **現代国家の理論と現実**

A５判464頁・定価4515円

激動のさなかにある現代国家について，理論的・思想史的フレームワークを拡大して，既存の狭い領域を超える意欲的で大胆な問題提起を含む共同研究の集大成。

中央大学社会科学研究所編

3 **地域社会の構造と変容**

―多摩地域の総合研究―

A５判462頁・定価5145円

経済・社会・政治・行財政・文化等の各分野の専門研究者が協力し合い，多摩地域の複合的な諸相を総合的に捉え，その特性に根差した学問を展開。

中央大学社会科学研究所編

4 **革命思想の系譜学**

―宗教・政治・モラリティ―

A５判380頁・定価3990円

18世紀のルソーから現代のサルトルまで，西欧とロシアの革命思想を宗教・政治・モラリティに焦点をあてて雄弁に語る。

高柳先男編著

5 **ヨーロッパ統合と日欧関係**

―国際共同研究Ⅰ―

A５判504頁・定価5250円

EU 統合にともなう欧州諸国の政治・経済・社会面での構造変動が日欧関係へもたらす影響を，各国研究者の共同研究により学際的な視点から総合的に解明。

高柳先男編著

6 **ヨーロッパ新秩序と民族問題**

―国際共同研究Ⅱ―

A５判496頁・定価5250円

冷戦の終了と EU 統合にともなう欧州諸国の新秩序形成の動きを，民族問題に焦点をあて各国研究者の共同研究により学際的な視点から総合的に解明。